Analyse interactive des données (ACP, AFC) avec Excel 2000
– théorie et pratique –

Collection « Didact Statistique »

Dirigée par Éric MATZNER-LOBER

Jean-Pierre GEORGIN et Michel GOUET,
Statistiques avec Excel. Descriptives, tests paramétriques et non paramétriques à partir de la version Excel 2000, 2005, 344 p.

François HUSSON et Jérôme PAGÈS,
Statistiques générales pour utilisateurs, 2. Exercices et corrigés, 2005, 326 p.

Jérôme PAGÈS,
Statistiques générales pour utilisateurs, 1. Méthodologie, 2005, 212 p.

Argentine VIDAL,
Statistique descriptive et inférentielle avec Excel. Approche par l'exemple, 2004, 290 p.

Laurent FERRARA et Dominique GUÉGAN,
Analyser les séries chronologiques avec S-Plus. Une approche paramétrique, 2002, 160 p.

Jean-Pierre GEORGIN,
Analyse interactive des données avec Excel 2000, 2002, 188 p.

Jean-Jacques DAUDIN, Stéphane ROBIN et Colette VUILLET,
Statistique inférentielle. Idées, démarches, exemples, 1999, 186 p.

Brigitte ESCOFIER et Jérôme PAGÈS,
Initiation aux traitements statistiques. Méthodes, méthodologie, 1997, 264 p.

Thierry FOUCART,
L'analyse des données. Mode d'emploi, 1997, 200 p.

En coédition avec la Société Française de Statistique

Jean-Pierre GEORGIN

Analyse interactive des données (ACP, AFC) avec Excel 2000

– théorie et pratique –

2e édition
revue et corrigée

Collection « Didact Statistique »
PRESSES UNIVERSITAIRES DE RENNES
2007

Les noms mentionnés dans cet ouvrage, Excel, Windows, Paint, etc., sont des marques déposées et appartiennent aux sociétés respectives de ces matériels et logiciels.

Du même auteur chez un autre éditeur :
Probabilités et statistiques biomédicales, Éditions R. Atlani, 1991
Statistiques avec Excel, en collaboration avec M. Gouet, Éditions Eyrolles, 1998
Statistiques avec Excel 2000, en collaboration avec M. Gouet, Éditions Eyrolles, 2000

Campus de la Harpe - 2, rue du doyen Denis-Leroy
35044 Rennes Cedex
Dépôt légal : 2e semestre 2007
ISBN : 978-02-7535-0483-7

A Calypso, qui vient de sortir de sa bulle, et qui, tout doucement écarte les flocons de son nuage,

A Chloé et Olivier.

A Jonas qui est né depuis la parution de la première édition,

A mes deux petits-enfants qui vont naître tout prochainement,

A Natacha, Max et Matéo,

A Charlotte,

A Danielle,

A ma Mère,

Et à tous mes amis collègues et étudiants Burkinabé

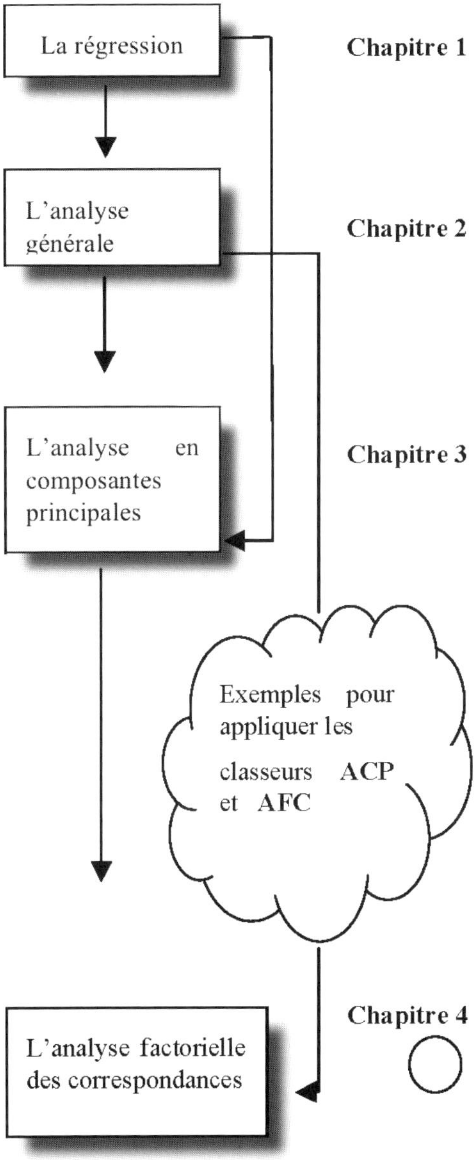

Théorie	*Classeurs interactifs*	*Exemples*
Chapitre 1	ACP	Ex_1
Chapitre 2	ACP	Ex_1
Chapitre 3	ACP	
	§3-1 à §3-4	Ex_1
	§3-5	Ex_2A, Ex_2B
	§3-6	Ex_1, Ex_2A, Ex_3
	§3-7	Ex_3
	§3-8	
	§3-9	Ex_6
	§3-10	Ex_4A, Ex_4B, Ex_4C
	§3-11	Ex_5, Ex_7, Ex_9, Ex_10, Ex_11
Chapitre 4	AFC	
	§4-1 à §4-7	Ex_1, Ex_2
	§4-8	Ex_3
	§4-9	Ex_4
	§4-10	Ex_5, Ex_6, Ex_7

Introduction

L'analyse des données est une méthode de statistique descriptive ou exploratoire de données multidimensionnelles (de plus de deux variables) basée sur des calculs relativement compliqués en algèbre linéaire. Les livres qui en traitent, sont souvent très théoriques et analysent à l'aide de logiciels spécialisés les données. Ces logiciels sont des boites noires : on entre les données à traiter, on sélectionne la méthode à utiliser et on obtient les résultats sans aucun regard sur les calculs intermédiaires. Aucune interactivité n'est donc possible et l'étudiant qui veut se confronter à des traitements numériques, ou celui qui veut s'initier à ces méthodes, doit se procurer ces logiciels, coûteux pour la plupart d'entre eux, et n'aura de plus aucune interface entre la méthode et les résultats.

L'idée de ce livre est donc toute simple : faire un ouvrage qui rappellera la théorie de façon simple et progressive, faire des « calculs à la main » sur des exemples, créer des classeurs Excel qui permettront l'automatisation des calculs et la comparaison aux calculs effectués manuellement. Ces classeurs seront ensuite généralisés assurant l'interactivité et la reproductibilité des calculs sur d'autres exemples.

Comme pour mes autres ouvrages, références 8 et 9 de la bibliographie, des classeurs d'Excel, figurant sur le CD-Rom joint, sont liés au livre qui permettent de multiples applications sur le modèle étudié : ceci est particulièrement utile pour l'étudiant, le chercheur ou le professeur (ce dernier est souvent confronté pour l'établissement des exemples de son cours à des données qu'il doit traiter à la main et ensuite sur un logiciel, notre méthode lui permet de faire des simulations et lui épargner ainsi un temps considérable...) et ceci dans beaucoup de domaines : des sciences expérimentales aux sciences humaines.

Les classeurs sont protégés, seules les cellules apparaissant en jaune clair ou en orangé à l'écran sont déprotégées (il s'agit de données, de critères ou de paramètres à entrer). En effectuant les modifications sur ces cellules, l'ensemble de la feuille est recalculée et les graphes mis à jour.

Cette interactivité est essentielle, elle permet par exemple de voir :

- les positions des projections sur les axes factoriels et les comparer aux coordonnées calculées : ce qui permet de bien comprendre le changement de repère et les calculs effectués dans la base des vecteurs propres ;
- à partir de quelle origine sont calculées les coordonnées ;
- les transformations des coordonnées selon le choix de la matrice de travail ;
- les proximités entre individus ou variables en effectuant des simulations sur les données initiales ;
- et bien d'autres choses encore qui apparaîtront dans l'ouvrage.

Je me limite aux trois analyses usuelles, l'analyse en composantes principales, l'analyse factorielle des correspondances qui découlent de l'analyse générale. Des classeurs tout prêts permettront la compréhension de ces analyses et leur interprétation.

Cet ouvrage à un but essentiellement didactique et permettra la résolution et l'interprétation de la régression linéaire et orthogonale (chapitre 1) pour 100 individus au plus, de l'analyse générale (chapitre2), de l'analyse en composantes principales (ACP, chapitre 3) et de l'analyse factorielle des correspondances (AFC, chapitre 4) pour des matrices à diagonaliser de tailles au plus égales à 10, pour au plus 100 individus ou lignes.

L'algèbre linéaire est l'outil de base dans cette théorie. Nous décrirons, dans l'annexe 1, les outils de calcul en algèbre linéaire, disponibles dans Excel et utilisés dans cet ouvrage, avec des exemples d'application. Un classeur interactif (PEDAGO) permettra au lecteur d'effectuer ces calculs et de les confronter à ses propres calculs "à la main".

Deux outils essentiels pour cette étude manquent cruellement au tableur Excel :

- dans la version Excel 2000 (voir Annexe 4 pour la version 97), qui est celle requise pour cet ouvrage, on ne peut inscrire l'étiquette d'un point d'un graphe par un libellé qui le nomme : par exemple si le point « var 1 » a pour coordonnées (1,2) on ne saura inscrire le libellé « var 1 » sur ce point du graphe. Ce problème a été résolu par François Sermier (réf. 14) par la création d'une macro instruction utilisant le langage VBA d'Excel ;
- le calcul des valeurs propres et des vecteurs propres de certaines matrices est à la base de la méthode utilisée dans le traitement des données multidimensionnelles. Il n'existe pas dans dans la version Excel 2000 de fonction qui permet le calcul des valeurs propres d'une matrice. Nous devons à nouveau à François Sermier la mise en forme dans le langage VBA d'Excel d'une routine, utilisant la méthode de Jacobi, qui crée une fonction personnalisée qui calcule les valeurs propres et les vecteurs propres d'une matrice.

Ces deux outils, sans lesquels cet ouvrage n'aurait pas lieu d'être, conservent à nos classeurs l'interactivité qui nous est si précieuse. L'annexe 2 sera consacrée à leur description.

Nous donnons ci-après un organigramme permettant au lecteur de se repérer selon le niveau d'intervention qu'il désire.

Dans les classeurs que nous vous proposons, nous avons crée des macros instructions qui vous permettront de vous déplacer très facilement. Dans le texte nous avons écrit en caractères gras « **Comic Sans MS** » les instructions que vous devez effectuer sur le classeur Excel, il s'agit essentiellement de cliquer sur des boutons de commande ou des icônes. Les procédures à effectuer qui sont propres à Excel, les noms de référence d'une cellule ou d'une plage de cellules, les noms d'individus ou de variables apparaissant sur les graphes seront généralement écrites dans la police « `Courrier New` ».

Pour un lecteur débutant dans cette théorie, il est évidemment souhaitable qu'il fasse une « lecture linéaire » de l'ouvrage, en ayant sous les yeux l'écran du classeur sur lequel il travaille, de simples coups de clic le mettront en relation avec la feuille concernée. Néanmoins nous avons prévu dans le texte de cet ouvrage des balises, sous la forme de bandeaux (comme celui en marge de ce paragraphe), en marge du texte, qui isoleront soit les calculs théoriques, qui peuvent être ignorés en première lecture, soit les applications numériques. Le lecteur initié à ces méthodes pourra commencer son étude au paragraphe 3.7 pour l'analyse en composantes principales où de multiples exemples sont traités et au paragraphe 4.7 pour l'analyse factorielle des correspondances. Des tableaux résumés consignent à la fin de chaque chapitre les notations et les principales formules. Des exemples tout prêts, dans divers domaines, sont « chargeables » directement à partir des classeurs ACP et AFC mais le lecteur pourra aussi entrer directement ses propres données qu'il pourra traiter ainsi de façon extrêmement simple.

Je tiens à remercier François Sermier pour ses encouragements à m'inciter à poursuivre dans ma « méthode d'interactivité » et ses aides par les deux macros instructions mises à notre disposition ; Belaïd Ghermani et Boualem Méliani pour leur relecture attentive, critique et perspicace de la version alpha du manuscrit ; Gildas Brossier et Pierre Cazes qui, par leurs critiques positives et leurs soutiens dans ce projet, ont permis la rédaction définitive et la publication aux éditions PUR de cet ouvrage.

Je suis à la disposition des lecteurs pour toute remarque concernant ce travail. On peut m'écrire à l'adresse :

georgin@univ-paris12.fr

1

Régressions linéaires sur deux variables

Dans ce chapitre nous étudions les diverses régressions linéaires qui permettent d'exprimer une relation linéaire entre deux variables x et y. Nous envisagerons successivement le cas classique de la recherche des droites de régression Dy/x et Dx/y puis celle de la droite de régression orthogonale. La méthode d'obtention de cette droite de régression orthogonale nous mettra sur la voie utilisée en analyse multidimensionnelle car les principaux concepts apparaissent dans cette construction. Une partie du classeur ACP sera associée à cette étude, classeur utilisable sur tout jeu de données (100 observations au plus, 10 variables prises 2 à 2) et qui sera généralisé dans un paragraphe ultérieur. Donnons pour commencer les différentes méthodes d'approximation linéaire d'un nuage.

1.1. Les différentes méthodes d'approximation linéaire d'un nuage

Nous allons utiliser, pour commencer, les notations classiques en x pour les abscisses et y pour les ordonnées. Ces notations seront plus tard respectivement remplacées par x_1 et x_2, notations qui ont l'avantage d'être généralisables à plus de deux variables.

Dans ce paragraphe nous allons nous intéresser à l'étude simultanée de deux variables quantitatives liées à un même individu i sur lequel ont été effectuées deux mesures x_i et y_i c'est-à-dire un couple d'observation. L'ensemble des couples $\{(x_i , y_i)\ i = 1 \ldots n\}$ s'appelle le nuage des points. On cherche très souvent à prouver une relation linéaire entre ces variables, c'est ce type d'étude que nous allons mener qui porte de nom de « recherche de la régression linéaire entre x et y ». A partir d'un point i observé de coordonnées (x_i , y_i) et une droite D du plan orthonormé usuel trois types de projections sont possibles :

- $P||y'y$: une projection du point i parallèlement à l'axe des y (point M_i sur la figure 1.1-1);

- P||x'x :une projection du point i parallèlement à l'axe des x (point N_i sur la figure 1.1-1) ;
- P⊥D : une projection du point i perpendiculairement (ou orthogonalement) à la droite D (point P_i sur la figure 1.1-1).

Le schéma suivant précise ces différentes projections :

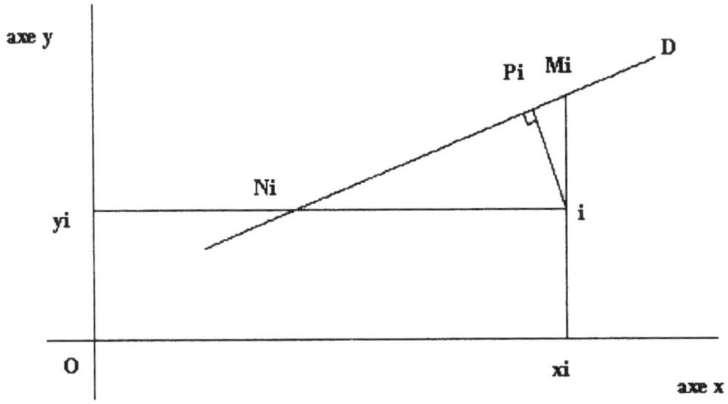

Figure 1.1-1: Les différentes projections possibles.

Pour chacune de ces projections nous chercherons une droite qui minimise une somme de carrés :

- la somme $\sum_{i=1}^{n} iM_i^2$ pour la projection P||y'y ;

- la somme $\sum_{i=1}^{n} iN_i^2$ pour la projection P||x'x ;

- la somme $\sum_{i=1}^{n} iP_i^2$ pour la projection P⊥D .

Ces différentes minimisations nous conduiront aux équations des droites de régression. Etudions tout d'abord les droites de régression classiques obtenues par la méthode des moindres carrés. Ce paragraphe nous permettra de plus de rappeler un grand nombre de formules de paramètres statistiques qui seront utilisés au cours de cet ouvrage.

1.1.1. Droite de régression observée de y par rapport à x

Sur le nuage traçons les distances parallèlement à l'axe des y, pour le point i on obtient la distance iM_i entre l'observation et la droite. On suppose que la droite cherchée a pour équation y = a x + b, on doit donc trouver les deux coefficients a (la pente) et b (l'ordonnée à l'origine). Le schéma ci-dessous précise cette distance iM_i :

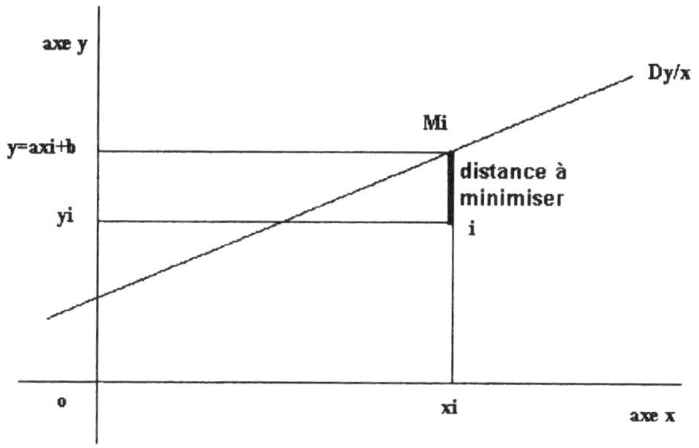

Figure 1.1-2: Pour la recherche de la droite de régression Dy/x.

La méthode des moindres carrés consiste à minimiser la somme des carrés des distances entre les ordonnées des points observés (y_i) et « théoriques » ($ax_i + b$), correspondant à l'abscisse x_i sur la droite cherchée, c'est à dire minimiser S(a,b) où :

$$S(a,b) = \sum_{i=1}^{n} (y_i - ax_i - b)^2$$

Les extremums de cette équation seront obtenus en résolvant le système :

$$\frac{\partial S(a,b)}{\partial a} = 0 \text{ (éq.1)}, \quad \frac{\partial S(a,b)}{\partial b} = 0 \text{ (éq.2)}$$

et ces extremums seront nécessairement des minimums (en toute rigueur, nous devrions vérifier que les solutions obtenues vérifient les conditions suffisantes à l'aide des dérivées partielles du second ordre qui doivent être >0).

Résolvons ce système :

(éq.2) $$\frac{\partial}{\partial b}\sum_{i=1}^{n}[y_i^2 - 2ax_iy_i - 2by_i + a^2x_i^2 + 2abx_i + b^2] = 0$$

$$\sum_{i=1}^{n}[2ax_i - 2y_i + 2b] = 0$$

$$2a\sum_{i=1}^{n}x_i - 2\sum_{i=1}^{n}y_i + 2b\sum_{i=1}^{n}1 = 0$$

d'où (éq. 2') $a\sum_{i=1}^{n}x_i + n\,b = \sum_{i=1}^{n}y_i$ soit $b = \bar{y} - a\,\bar{x}$.

Reportons cette valeur b dans $S(a,b) = \sum_{i=1}^{n}(y_i - ax_i - b)^2$

$$S(a,b) = \sum_{i=1}^{n}(y_i - ax_i - b)^2 = \sum_{i=1}^{n}(y_i - ax_i - \bar{y} + a\bar{x})^2 = \sum_{i=1}^{n}(y_i - ax_i - \bar{y} + a\bar{x})^2$$

$$= \sum_{i=1}^{n}[(y_i - \bar{y}) - a(x_i - \bar{x})]^2 = S(a)$$

Donc $\dfrac{\partial S(a,b)}{\partial a} = \dfrac{dS(a)}{da} = -2\sum_{i=1}^{n}(x_i - \bar{x})[(y_i - \bar{y}) - a(x_i - \bar{x})]$

Qui s'annule pour $a = \dfrac{\sum_{i=1}^{n}(x_i - \bar{x})(y_i - \bar{y})}{\sum_{i=1}^{n}(x_i - \bar{x})^2} = \dfrac{\frac{1}{n}\sum_{i=1}^{n}(x_i - \bar{x})(y_i - \bar{y})}{\frac{1}{n}\sum_{i=1}^{n}(x_i - \bar{x})^2} = \dfrac{cov_e(x,y)}{s_{ex}^2}$

en notant $cov_e(x,y)$ le numérateur de a, qui représente la covariance empirique entre x et y, paramètre sur lequel nous allons revenir, et s^2_{ex} la variance empirique de x.

Définissons dès à présent le coefficient de corrélation linéaire r = r (x,y), coefficient sur lequel nous allons aussi revenir

$$r = r(x,y) = cov_e(x,y) / s_{ex}\, s_{ey}$$

avec ce coefficient r la pente a s'écrit :

$$a = r\, s_{ex}\, s_{ey} / s^2_{ex} = r\, s_{ey} / s_{ex}$$

L'équation y = a x + b s'exprime donc sous la forme :

$$(Dy/x) : \frac{y-\bar{y}}{s_{ey}} = r\frac{x-\bar{x}}{s_{ex}} \text{ ou } y = ax + b \text{ avec } a = r\frac{s_{ey}}{s_{ex}} \text{ et } b = \bar{y} - a\bar{x}$$

Cette première forme a l'avantage de présenter une parfaite symétrie, le membre de gauche représente la variable y centrée et réduite, de même pour le membre de droite multiplié par le coefficient de corrélation linéaire r. Cette équation est celle de la droite de régression de y par rapport à x que nous avons noté Dy/x.

Avant d'aborder la signification des deux nouveaux paramètres que nous avons utilisés ci-dessus (la covariance empirique et le coefficient de corrélation linéaire) réitérons rapidement la méthode précédente pour la recherche de la droite de régression observée de x par rapport à y.

1.1.2. Droite de régression observée de x par rapport à y

Sur le nuage traçons cette fois les distances parallèlement à l'axe des x, pour le point i on obtient la distance iN_i entre l'observation et la droite. On suppose que la droite cherchée a pour équation $x = \alpha\, y + \beta$, on doit donc trouver les deux coefficients α et β (la pente sera ici $a' = 1/\alpha$ et l'ordonnée à l'origine sera ici $b' = -\beta/\alpha$ pour une équation $y = a'\, x + b'$). Le schéma ci-dessous précise cette distance iN_i :

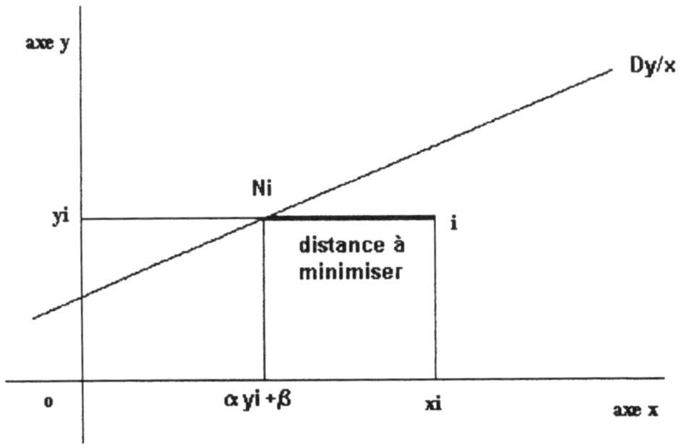

Figure 1.1-3: Pour la recherche de la droite de régression Dx/y.

La méthode des moindres carrés consistera à minimiser la somme des carrés des distances entre les abscisses des points observés (x_i) et celles correspondant pour l'ordonnée y_i sur la droite cherchée ($\alpha\, y_i + \beta$), c'est à dire minimiser $\Sigma(\alpha,\beta)$ où :

$$\Sigma(\alpha,\beta) = \sum_{i=1}^{n} [x_i - (\alpha y_i + \beta)]^2$$

On est ainsi conduit à résoudre le système :

$$\frac{\partial \Sigma(\alpha,\beta)}{\partial \alpha} = 0 \text{ (éq.3)}, \quad \frac{\partial \Sigma(\alpha,\beta)}{\partial \beta} = 0 \text{ (éq.4)}$$

Cette résolution nous conduit aux deux coefficients : $\alpha = r\, s_{ex} / s_{ey}$ et $\beta = \bar{x} - \alpha\, \bar{y}$ en utilisant le coefficient r précédent.

L'équation de la droite de régression de x par rapport à y (Dx/y) aura ainsi pour équation sous la forme symétrique précédente :

$$(\text{Dx/y}) : \frac{x - \bar{x}}{s_{ex}} = r \frac{y - \bar{y}}{s_{ey}} \text{ ou } x = \alpha y + \beta \text{ avec } \alpha = r \frac{s_{ex}}{s_{ey}} \text{ et } \beta = \bar{x} - \alpha \bar{y}$$

Mise sous la forme y = a' x + b' cette équation devient :

$$y = a'x + b' \text{ avec } a' = \frac{1}{\alpha} \text{ et } b' = -\frac{\beta}{\alpha}$$

1.1.3. Interprétation intuitive de la covariance empirique entre x et y et du coefficient de corrélation linéaire r(x,y)

La covariance empirique entre x et y est un indicateur du sens de la variation simultanée entre x et y, c'est à dire une sorte de variance éclatée entre deux variables. Remarquons en effet que si l'on remplace dans $cov_e(x,y) = \frac{1}{n}\sum_{i=1}^{n} x_i y_i - \bar{x}\,\bar{y}$ la variable y par x on obtient

$cov_e(x,x) = \frac{1}{n}\sum_{i=1}^{n} x_i x_i - (\bar{x})^2$ c'est-à-dire s^2_{ex} la variance empirique de x.

La covariance peut-être négative si les variables varient en sens contraires, par exemple

$$cov_e(x,-x) = \frac{1}{n}\sum_{i=1}^{n} x_i(-x_i) - (\bar{x})(-\bar{x}) = -s^2_{ex}.$$

Comme pour la variance on peut facilement montrer que la covariance s'écrit aussi :

$$cov_e(x,y) = \frac{1}{n}\sum_{i=1}^{n} (x_i - \bar{x})(y_i - \bar{y})$$

Le coefficient de corrélation linéaire r = r(x,y) (on notera simplement r s'il n'y a pas d'ambiguïté sur le choix des variables) est défini par :

$r = r(x,y) = cov_e(x,y) / s_{ex}\, s_{ey}$, donnons dans les cas extrêmes précédents (x = y, x = -y) la valeur de ce coefficient et les pentes des deux droites de régression associées :

	r	Pente $a = r\, s_{ey} / s_{ex}$ de Dy/x	Pente $a' = (1/r)(s_{ey} / s_{ex})$ de Dx/y
x = y	$r = cov_e(x,y) / s_{ex}\, s_{ey}$ $= cov_e(x,x) / s^2_{ex}$ $=1$	$a = s_{ey} / s_{ex} = 1$	$a' = s_{ey} / s_{ex} = 1$
x = - y	$r = cov_e(x,-x) / s_{ex}\, s_{e(-x)x}$ $= - cov_e(x,x) / s^2_{ex}$ $= -1$	$a = -s_{ey} / s_{ex} = -1$	$a' = -s_{ey} / s_{ex} = -1$

Tableau 1.1-1: Les pentes des droites de régression dans les cas extrêmes.

Ainsi quand x = y le coefficient de corrélation linéaire r prend la valeur 1, l'équation y = x est celle de la première bissectrice et marque la linéarité parfaite entre les deux variables, cette droite est croissante. De même quand y = -x , la linéarité est à nouveau parfaite mais pour une droite décroissante.

De façon intuitive on s'aperçoit donc que r est un coefficient qui varie de –1 à +1 qui caractérise la linéarité du nuage que l'on étudie, plus on s'approche des valeurs extrêmes meilleure sera la linéarité du nuage.

Que se passe-t-il quand r prend la valeur 0 ? Si r = 0 la pente a devient nulle alors que a' devient infinie, c'est à dire deux droites perpendiculaires aux axes : quelle que soit la valeur de x on obtient la même valeur de y (a = 0) et quelle que soit la valeur de y on obtient la même valeur de x (a' = 0), il y aura donc dans ce cas absence de corrélation linéaire entre les deux variables x et y (ce qui n'exclue pas un autre type de corrélation, par exemple de type quadratique ou autre).

Il est d'usage en statistiques descriptives (c'est à dire en dehors du champ de la statistique mathématique) de considérer l'approximation linéaire du nuage valable si r^2 (appelé coefficient de détermination) est supérieur à 0,8 (un r d'environ 0,9). Donnons un schéma récapitulatif :

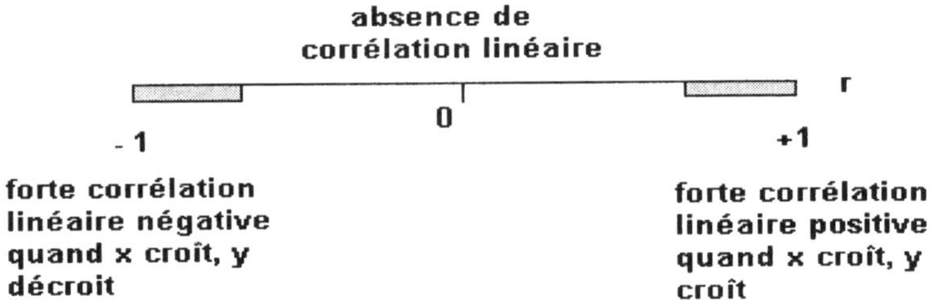

Figure 1.1-4: Le champ des valeurs du coefficient de corrélation linéaire r (la partie ombrée correspondant à $|r|>0,9$) .

Quel est le lien entre ces deux droites de régression ?

A partir du tableau de l'étude ci-dessus nous allons construire simultanément les deux droites de régression dans le cas d'un r positif ou nul afin de les positionner dans le cas général et dans les cas extrêmes. Remarquons avant d'en donner les tracés que pour r>0, la pente a est toujours inférieure à a' ($r\, s_{ey} / s_{ex} < (1/r)(s_{ey} / s_{ex})$).

Ces deux droites passent par leur point moyen $(\bar{x}, \bar{y})$ noté G.

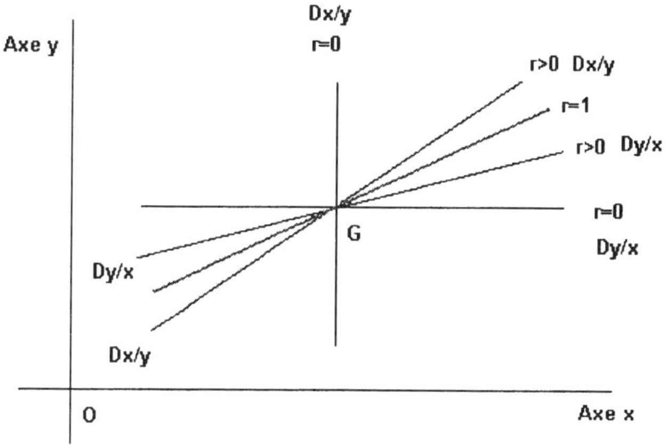

Figure 1.1-5: Les positions relatives des deux droites de régression selon la valeur de r.

On remarque ainsi que la tendance est au resserrement des deux droites en passant de l'absence de corrélation linéaire (r = 0) à la corrélation linéaire maximum (r = 1), cet angle entre les deux droites pourrait être un critère de bonne linéarité du nuage.

1.1.4. Le calcul à la main des droites de régression

Nous allons calculer sur un exemple, que nous étudierons tout le long de ce chapitre, les deux droites de régression précédentes. Cet exemple concerne deux variables x et y (appelées v_1 et v_2, et notées par la suite x_1 et x_2) mesurées sur 10 individus (i = 1…10), la taille de l'échantillon est donc n = 10 (ces individus sont notés i_1 …i_{10}). Dans le tableau ci-dessous figurent les données x_i et y_i et différents calculs permettant de calculer les paramètres nécessaires :

	Variable x	Variable y			
i (individu)	x_i	y_i	x_i^2	y_i^2	$x_i\, y_i$
1	0,5	0	0,25	0	0
2	-0,1	1,2	0,01	1,44	-0,12
3	-0,5	0,5	0,25	0,25	-0,25
4	-0,3	0,1	0,09	0,01	-0,03
5	0	2,5	0	6,25	0
6	1,6	-0,7	2,56	0,49	-1,12
7	2	2	4	4	4
8	2,4	1,2	5,76	1,44	2,88
9	0,5	3,5	0,25	12,25	1,75
10	2,7	-0,9	7,29	0,81	-2,43
Total :	8,8	9,4	20,46	26,94	4,68

Taille :	10	
Calculs pour :	x	y
Moyenne :	8,8/10 =0,88	9,4/10=0,94
Variance empirique :	$(20,46)/10-(0,88)^2=1,27$	$(26,94/10)-(0,94)^2=1,81$
Ecart type empirique :	$(1,27)^{1/2}=1,13$	$(1,81)^{1/2}=1,34$
Covariance empirique :	(4,68/10)- 0,88x0,94=-0,36	
r :	0,36/(1,13x1,34)=-0,24	

Droites de régression :

	pente	ordonnée à l'origine
Dy/x :	a = -0,36/1,27=-0,28	b = 0,94+0,28x0,88 = 1,19
Dx/y :	a' = -1,81/0,36=-5,04	b' = 0,94+5,04x0,88 = 5,37

(les résultats finaux des calculs sont donnés exactement, les valeurs intermédiaires prises ici sont approximées).

Les deux droites de régression ont donc pour équation :

Dy/x : y = -0,28 x + 1,19 et Dx/y : y = -5,04 x + 5,37

Remarquons que le coefficient de corrélation linéaire est r = -0,24, qui présume une très mauvaise approximation linéaire de ce nuage, sa tendance décroissante est confirmée par la présence du signe négatif.

1.1.5. Le calcul des droites de régression à l'aide du classeur ACP

Le classeur qui contient les données est ACP (ACP pour Analyse en Composantes Principales : le but de toute cette présentation). Ce classeur de référence sera utilisé dans toute notre étude concernant deux variables mais de façon générale jusqu'à dix variables que vous pourrez analyser deux par deux.

Comme nous l'avons dit dans l'introduction, vous pourrez entrer vos données soit directement (en frappant vos données sur la feuille `Données` du classeur ACP) soit utiliser les automatismes que nous avons prévus. Utilisons cette dernière méthode.

A l'ouverture du classeur ACP vous serez sur la feuille de navigation, feuille qui vous permettra de vous diriger rapidement et facilement dans ce classeur en suivant les instructions que nous vous donnerons dans cet ouvrage mais aussi pour vos propres applications. Une icône **Navig** figure sur chaque feuille de ce classeur et vous ramène à cette feuille de navigation.

Pour charger vos données, cliquez sur le bouton **Exemples**, cette action vous renvoie sur la feuille de navigation des exemples. Cliquez alors sur le bouton **Ex_1**, les données de l'exemple 1 qui correspondent à notre étude actuelle seront automatiquement entrées sur la feuille `Données` du classeur ACP et vous êtes sur cette feuille. Revenez à la feuille de navigation par l'icône **Navig** et cliquez sur le bouton **Régressions**. Vous êtes sur la feuille d'étude des régressions pour deux variables, la feuille `Reg_param`. Comme nous pourrons choisir deux variables parmi dix variables, il se peut, qu'à l'ouverture de la feuille

Reg_param les variables x et y de l'étude de la régression ne soient pas sélectionnées (vous verrez alors apparaître des noms différents de v1 et v2 dans le libellé des variables, bloc B8:C8, et les expressions #DIV/0 ! et #NOMBRE ! dans les colonnes B ou C, car le tableur ne trouve pas les valeurs pour ses calculs). Il faudra alors sélectionner les variables en donnant à la variable x (axe horizontal) la valeur 1 et à la variable y (axe vertical) la valeur 2, soit manuellement en tapant ces valeurs dans le bloc C3:C4, soit en utilisant les toupies. Les libellés v1 et v2 des variables s'inscriront alors en B8:C8.

Sur la feuille Reg_param sont calculés, à l'aide des fonctions internes d'Excel, les différents paramètres utiles pour le calcul des deux droites de régression. A partir des données de la feuille Données sont ainsi calculées la moyenne (=MOYENNE()), la variance empirique (=VAR.P()) dont on déduit l'écart type empirique, la covariance empirique (=COVARIANCE(;)) et le coefficient de corrélation linéaire (=COEFFICIENT.CORRELATION(;)). La colonne B donne les résultats pour la variable x (notée pour v1) et la colonne C pour la variable y (notée pour v2). D'autres paramètres sont aussi calculés sur cette feuille et peuvent être utiles pour l'étude individuelle de ces variables.

A partir de ces résultats la pente (notée pente a) et l'ordonnée à l'origine (notée ordonnée b) de chacune des deux droites (ligne 23 pour Dy/x, ligne 24 pour Dx/y) sont calculées par les formules précédentes et leurs équations sont données sous la forme classique y = ax + b (notée équation y = ax + b).

Les valeurs de x sont reportées sur le bloc A31:A130 (la présence de #N/A signifie simplement que ces cellules sont vides mais prêtes à recevoir des données, en effet nous avons prévus pour nos études 100 individus au plus) et sont utilisées pour le calcul des ordonnées de Dy/x (bloc C31:C130) et de celles de Dx/y (bloc D31:D130). Ces ordonnées nous permettront d'effectuer les représentations graphiques de ces deux droites.

Tous ces calculs seront automatiquement mis à jour si vous remplacez les données figurant dans le cadre jaune de la feuille Données (le bloc C16:D115) par d'autres valeurs.

Voici la copie d'écran de le feuille Reg_param :

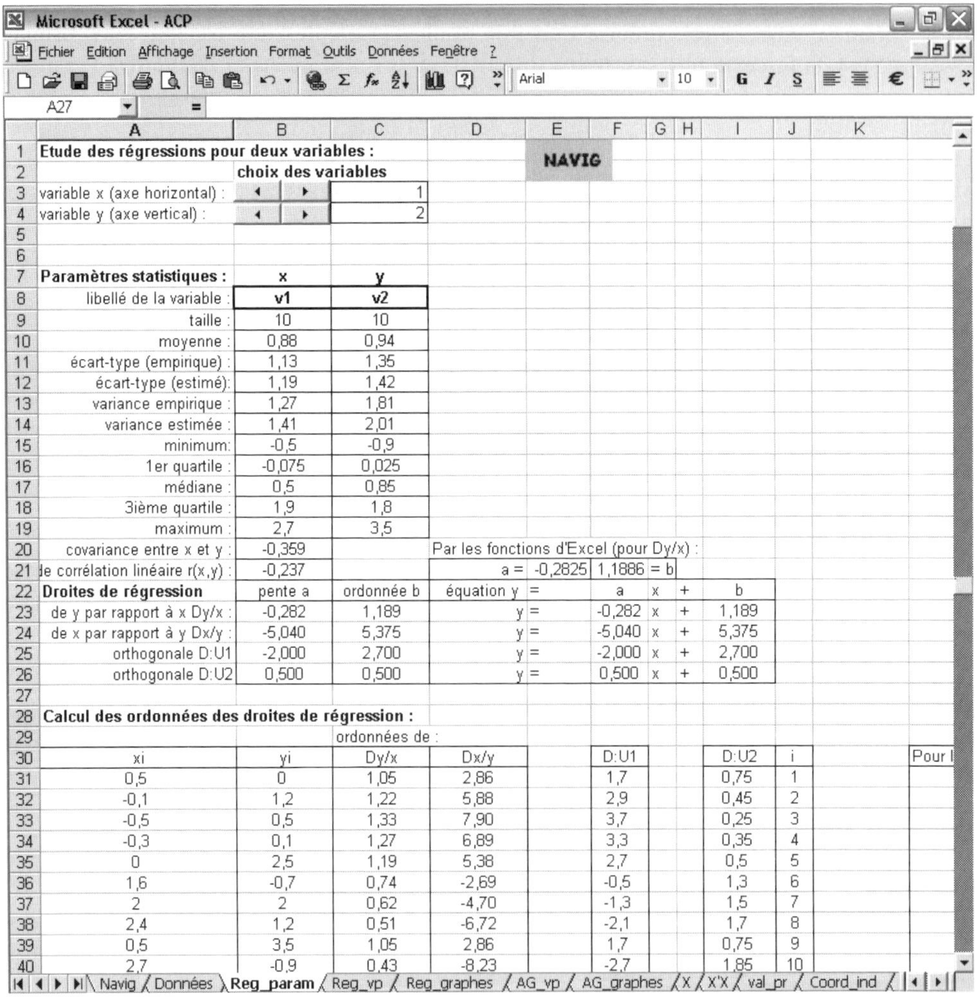

	A	B	C	D	E	F	G	H	I	J	K
1	**Etude des régressions pour deux variables :**				NAVIG						
2		**choix des variables**									
3	variable x (axe horizontal) :	◂ ▸	1								
4	variable y (axe vertical) :	◂ ▸	2								
5											
6											
7	**Paramètres statistiques :**	x	y								
8	libellé de la variable :	**v1**	**v2**								
9	taille :	10	10								
10	moyenne :	0,88	0,94								
11	écart-type (empirique) :	1,13	1,35								
12	écart-type (estimé):	1,19	1,42								
13	variance empirique :	1,27	1,81								
14	variance estimée :	1,41	2,01								
15	minimum:	-0,5	-0,9								
16	1er quartile :	-0,075	0,025								
17	médiane :	0,5	0,85								
18	3ième quartile :	1,9	1,8								
19	maximum :	2,7	3,5								
20	covariance entre x et y :	-0,359		Par les fonctions d'Excel (pour Dy/x) :							
21	]e corrélation linéaire r(x,y) :	-0,237		a =	-0,2825	1,1886	= b				
22	**Droites de régression**	pente a	ordonnée b	équation y	=	a	x	+	b		
23	de y par rapport à x Dy/x :	-0,282	1,189	y	=	-0,282	x	+	1,189		
24	de x par rapport à y Dx/y :	-5,040	5,375	y	=	-5,040	x	+	5,375		
25	orthogonale D:U1	-2,000	2,700	y	=	-2,000	x	+	2,700		
26	orthogonale D:U2	0,500	0,500	y	=	0,500	x	+	0,500		
27											
28	**Calcul des ordonnées des droites de régression :**										
29			ordonnées de :								
30	xi	yi	Dy/x	Dx/y		D:U1			D:U2	i	Pour l
31	0,5	0	1,05	2,86		1,7			0,75	1	
32	-0,1	1,2	1,22	5,88		2,9			0,45	2	
33	-0,5	0,5	1,33	7,90		3,7			0,25	3	
34	-0,3	0,1	1,27	6,89		3,3			0,35	4	
35	0	2,5	1,19	5,38		2,7			0,5	5	
36	1,6	-0,7	0,74	-2,69		-0,5			1,3	6	
37	2	2	0,62	-4,70		-1,3			1,5	7	
38	2,4	1,2	0,51	-6,72		-2,1			1,7	8	
39	0,5	3,5	1,05	2,86		1,7			0,75	9	
40	2,7	-0,9	0,43	-8,23		-2,7			1,85	10	

Figure 1.1-6: La feuille Reg_param du classeur ACP (Ex_1) pour le calcul des droites de régression.

Remarques : Le tableur Excel permet par des fonctions prédéfinies de calculer directement la pente de la droite de régression de y par rapport à x et les paramètres de cette droite :

Sélectionnez une zone assez large pour recevoir les résultats, d'au moins deux colonnes et cinq lignes s'il n'y a qu'une variable indépendante.

Dans la cellule supérieure gauche du bloc ainsi réservé, écrivez la fonction

`=DROITEREG(`*Bloc des y*`,` *Bloc des x*`,VRAI/FAUX,VRAI/FAUX)`

On ne valide pas par `[Entrée]`, mais, s'agissant d'une opération sur une matrice, par `[Ctrl][Maj][Entrée]`.

Le premier VRAI/FAUX précise que l'on souhaite calculer une ordonnée à l'origine (VRAI) ou la forcer à zéro (FAUX).

Le second précise si l'on veut obtenir des coefficients statistiques supplémentaires : FAUX ne donne que la pente et l'ordonnée à l'origine, VRAI permet d'obtenir le tableau ci-dessous (dans le cas d'une seule variable indépendante) .
Voici ce que l'on obtiendrait pour nos deux variables :

Pente a	→	-0,198	1,067	Ordonnée à l'origine b
Erreur-type sur a	→	0,288	0,473	Erreur-type sur b
R2, coeff. de détermination	→	0,056	1,225	Erreur-type sur y estimé
Statistique F	→	0,475	8	Degrés de liberté
Somme des régressions des carrés	→	0,713	12,003	Somme résiduelle des carrés

En choisissant =DROITEREG(*Reg_vary*, *Reg_varx*, VRAI, FAUX) nous avons obtenu dans le bloc E21 : F21 la pente et l'ordonnée à l'origine de la droite de régression Dy/x.

1.1.6. La représentation graphique des droites de régression à l'aide du classeur ACP

Revenez à la feuille de navigation par l'icône **Navig** et cliquez sur le bouton **Reg_graphes**. Vous êtes sur la feuille de représentation graphique des régressions pour deux variables, la feuille Reg_graphes.

Cette feuille est en partie réservée aux régressions classiques, c'est-à-dire aux deux droites de régression que nous venons d'étudier. A partir des données initiales de la feuille Données (le bloc C16:D115), nous avons représenté par des points le nuage des points, à chaque point correspond son libellé noté de i1 à i10. Cet étiquetage n'est pas automatique sous Excel, il nécessite une macro instruction relativement compliquée, nous y reviendrons en détail dans l'annexe 2 consacrée aux macros instructions. Les ordonnées calculées sur la feuille Reg_param nous permettent de représenter ces deux droites ; la droite de régression Dy/x (en trait bleu à l'écran) et la droite de régression Dx/y (en trait vert à l'écran). Ces deux droites se coupent au point moyen G. Notez que l'axe x correspond à la variable v1, et que l'axe y correspond à la variable v2. L'angle entre ces deux droites est important, ce qui ne fait que confirmer la très mauvaise approximation linéaire du nuage. Voici la copie d'écran de cette feuille Reg_graphes :

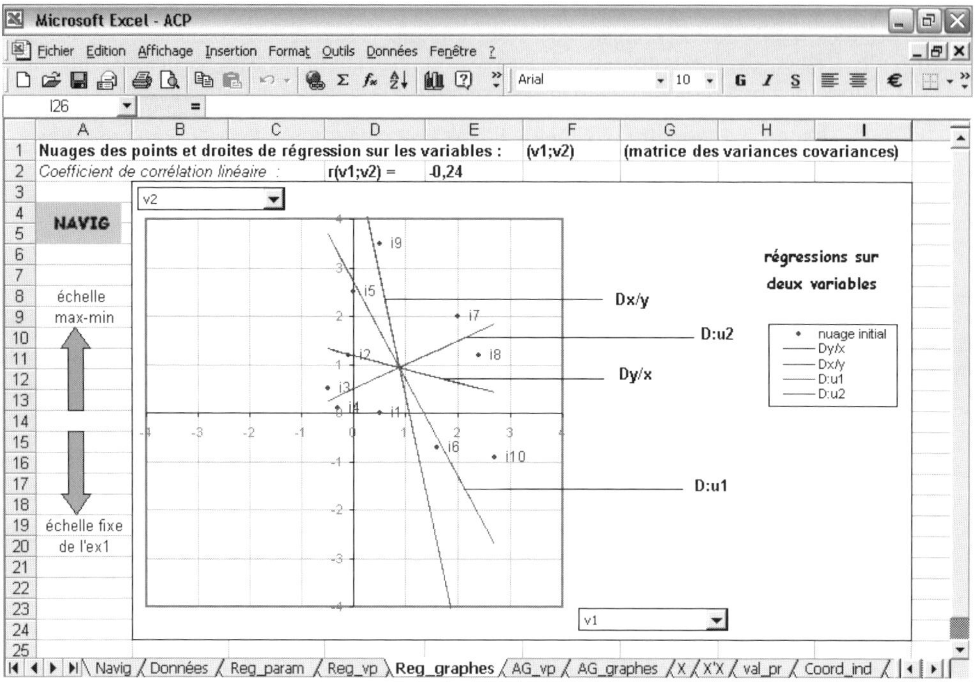

Figure 1.1-7: Les deux droites de régression Dy/x et Dx/y de la feuille Reg_graphes du classeur ACP (Ex_1).

Remarques :

- Vous remarquerez que sur cet écran graphique les légendes des axes sont représentées par des barres de défilement, ce qui signifie qu'en cliquant sur ces barres vous sélectionnez la variable correspondante de l'axe. Vous pouvez ainsi, par exemple sélectionner la variable 1 pour l'axe vertical : tous les points deviennent évidemment alignés, le coefficient de corrélation linéaire rappelé en `E2` est égal à 1 et les deux droites Dy/x et Dx/y sont confondues. Cette approche sera particulièrement intéressante quand on entre dans la feuille `Données` plus de deux variables. Nous y reviendrons après la remarque suivante.
- L'affichage d'un graphe d'Excel suppose que les plages des x et y sont comprises entre leur minimum et leur maximum, ce qui produit généralement des axes non normés et donc des droites perpendiculaires dans un repère orthonormé n'apparaissent pas perpendiculaires. Pour y remédier nous avons créé un bouton qui modifie l'échelle des axes pour cet exemple, il s'agit de la flèche verte dirigée vers le bas, nommée `échelle fixe de l'ex1`, il suffit de cliquer sur cette flèche pour sélectionner les valeurs des x et y dans la plage [-4 ,+4]. Vous remarquerez alors que vos axes deviennent orthonormés pour la zone de traçage que nous avons prise. Pour revenir aux échelles antérieures cliquez sur la flèche verte dirigée vers le haut, nommée `échelle max-min`.

- Prenons un exemple où nous aurions plus de deux variables. Nous allons charger le fichier de l'exemple 6 en suivant la procédure décrite ci-dessus que nous rappelons brièvement : il suffira d'exécuter à la suite les actions suivantes

Navig / Exemples / Flèche bleue bas / Ex_6 / Navig / Reg_graphes

Si vous avez quitté la feuille `Reg_graphes` avec l'option `échelle fixe de l'ex1` vous ne verrez rien apparaître il vous faut cliquer sur `échelle max-min` pour révéler le nuage et les droites.

Cet exemple contient six variables (les dépenses par type d'aliment) et douze individus (des catégories socio-professionnelles associées au nombre d'enfants du ménage). Sélectionnez par exemple comme variable x le `pain` et comme variable y les `légumes`, le nuage et les droites de régression apparaissent ainsi que le coefficient de corrélation linéaire de 0,59 calculé en `E2`. Vous pourriez évidemment sélectionner deux variables quelconques parmi les six proposées. Les calculs associés à ces choix sont effectués sur la feuille `Reg_param`.

Vous pourrez encore améliorer le graphe en modifiant les échelles des axes, en prenant pour ces deux variables la plage [300 , 700] pour x et [400 ,1200] pour y.

Si vous avez exécuté ces actions refaites la même démarche pour recharger l'exemple 1 précédent sur la feuille `Données`.

1.2. Régression orthogonale ou droite des moindres rectangles

Dans le paragraphe précédent nous avons rappelé comment, par des projections parallèles aux axes y et x, nous obtenions les droites de régression Dy/x et Dx/y, en minimisant la somme des carrés des distances de ces projections (méthode des moindres carrés). Nous allons utiliser ici un autre type de projection : une projection orthogonale du point observation par rapport à une droite qui sera supposée représenter le mieux le nuage au sens des moindres rectangles.

Cette méthode, que nous allons développer dans le cas simple de deux variables, est en fait généralisable à plus de deux variables et sera la base de nos travaux futurs qui nous conduiront à l'étude de l'analyse en composantes principales (ACP) et à celle de l'analyse factorielle des correspondances (AFC).

1.2.1. La recherche de la droite de régression orthogonale

Dans la suite, afin de généraliser notre propos, nous noterons x_1 la variable précédemment notée x et x_2 celle notée y. A chaque individu i (i = 1...n) correspond le couple d'observation $(x_i , y_i) = (x_1(i) , x_2(i))$. L'ensemble de ces couples donne le nuage de points. Nous cherchons à approximer ce nuage par une droite D de vecteur directeur $u' = [\alpha_1 , \alpha_2]$, qui sera déterminée en minimisant la somme des carrés des distances mesurées perpendiculairement entre les points observés et la droite D. Le schéma suivant précise ce critère et les notations.

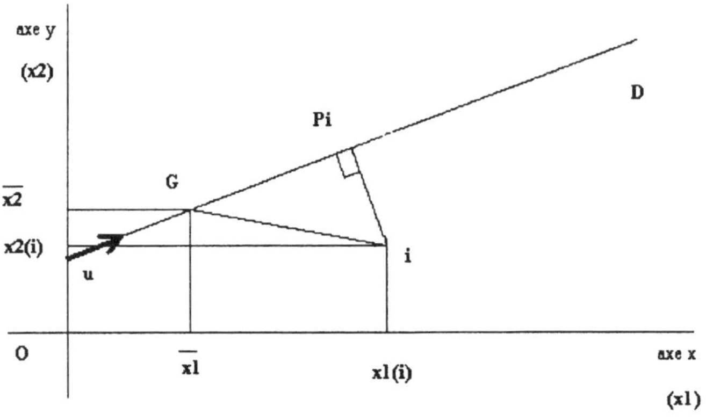

Figure 1.2-1: Schéma pour l'étude de la régression orthogonale

Le point i se projette orthogonalement en P_i sur la droite D. G, de coordonnées $\overline{X} = (\overline{x_1}, \overline{x_2})'$, représente le point moyen du nuage, c'est à dire son centre de gravité.

On cherche à minimiser la somme des carrés des longueurs de ces projections, soit $\sum_{i=1}^{n} iP_i^2$.

Comme le carré de la distance de i à G est fixée, cette minimisation revient à maximiser le carré de la distance de la projection P_i au centre de gravité G :

$$\text{minimiser} \sum_{i=1}^{n} iP_i^2 \Leftrightarrow \text{maximiser} \sum_{i=1}^{n} GP_i^2$$

Cette distance GP_i est la projection du vecteur $\overrightarrow{Gi}$ sur la droite D, de vecteur directeur $\vec{u}$. En notant X' = ($x_1(i)$, $x_2(i)$)', la longueur de cette projection est le produit scalaire :

$$\overrightarrow{iG} \cdot \vec{u} = (X(i) - \overline{X}) \cdot \vec{u} = \left[x_1(i) - \overline{x_1}, x_2(i) - \overline{x_2}\right] \begin{bmatrix} \alpha_1 \\ \alpha_2 \end{bmatrix} = \left[\alpha_1(x_1(i) - \overline{x_1}) + \alpha_2(x_2(i) - \overline{x_2})\right]$$

La somme des carrés de ces longueurs vaut donc :

$$\sum_{i=1}^{n} GP_i^2 = \sum_{i=1}^{n} [\alpha_1{}^2(x_1(i) - \overline{x_1})^2 + \alpha_2{}^2(x_2(i) - \overline{x_2})^2 + 2\alpha_1\alpha_2(x_1(i) - \overline{x_1})(x_2(i) - \overline{x_2})]$$

En divisant par n cette quantité on fait apparaître les variances et covariance empiriques de x_1 et x_2 :

$$\frac{1}{n}\sum_{i=1}^{n} GP_i^2 = \alpha_1^2 Var(x_1) + \alpha_2^2 Var(x_2) + 2\alpha_1\alpha_2 Cov(x_1, x_2) \quad \text{(équation 1)}$$

En effet, $Var(x_1) = \frac{1}{n}\sum_{i=1}^{n} (x_1(i) - \overline{x_1})^2$ désigne la variance empirique de x_1.

La covariance empirique entre x_1 et x_2 étant donnée par :

$$Cov(x_1, x_2) = \frac{1}{n}\sum_{i=1}^{n} (x_1(i) - \overline{x_1})(x_2(i) - \overline{x_2})$$

Notons V la matrice des variances-covariances, $V = \begin{bmatrix} Var(x_1) & Cov(x_1, x_2) \\ Cov(x_1, x_2) & Var(x_2) \end{bmatrix}$.

Ainsi en utilisant les notations matricielles l'équation 1 s'écrit :

$$\frac{1}{n}\sum_{i=1}^{n} GP_i^2 = [\alpha_1 \quad \alpha_2] \begin{bmatrix} Var(x_1) & Cov(x_1, x_2) \\ Cov(x_1, x_2) & Var(x_2) \end{bmatrix} \begin{bmatrix} \alpha_1 \\ \alpha_2 \end{bmatrix} = u'Vu \quad \text{(équation 2)}$$

où $u' = [\alpha_1 , \alpha_2]$ désigne le vecteur transposé du vecteur u.

Cette écriture matricielle a l'avantage de présenter des résultats qui pourront facilement se généraliser à plus de deux variables comme nous le verrons par la suite.

Nous cherchons à rendre maximale la valeur de cette équation 2. Remarquons qu'elle représente la variance des points projetés (P_i) en prenant G comme origine (l'observation serait la longueur algébrique GP_i), ce qui revient donc à chercher la variance maximale de la longueur GP_i de ces projections, notons alors Var(D) cette quantité.

Le problème mathématique soulevé par cette maximisation est lié à la dérivation matricielle. Remarquons tout d'abord qu'il s'agit de trouver $[\alpha_1 , \alpha_2]$, on doit donc imposer à ces deux coefficients une condition de normalisation car sinon on pourrait toujours avoir une variance aussi grande que possible en multipliant α_1 par un facteur aussi grand que l'on veut. Nous prendrons u de norme 1, c'est-à-dire qu'il vérifie $\alpha_1^2 + \alpha_2^2 = 1$. Il reste maintenant à trouver $u' = [\alpha_1 , \alpha_2]$ qui maximise u'Vu avec u'u = 1. La démonstration fait appel à la dérivation matricielle pour le calcul d'extrema sous contraintes (méthode de Lagrange). Nous rappelons en annexe 1 ces formules de dérivation. En notant $\mathcal{L}$ le Lagrangien $\mathcal{L} = u'Vu - \lambda\,(u'u - 1)$, où λ désigne le multiplicateur de Lagrange.

La dérivée par rapport au vecteur u de ce Lagrangien nous conduit à :

$$d\mathcal{L}/du = 2Vu - 2\lambda u$$

Cette dérivée s'annule quand $Vu - \lambda u = 0$ c'est-à-dire quand $Vu = \lambda u$. Ce qui signifie que u est vecteur propre de V associé à la valeur propre λ. La variance de la longueur GP_i de ces projections sera donc maximale quand la valeur propre λ de la matrice V associée au vecteur propre u sera maximale, en effet :

$$\frac{1}{n}\sum_{i=1}^{n} GP_i^2 = u'Vu = \lambda\ u'u = \lambda.$$

L'équation de la droite de régression orthogonale de direction u passant par G sera donc :

$$\frac{x_2 - \overline{x_2}}{x_1 - \overline{x_1}} = \frac{\alpha_2}{\alpha_1} \text{ ou } x_2 = \frac{\alpha_2}{\alpha_1} x_1 + \overline{x_2} - \frac{\alpha_2}{\alpha_1}\overline{x_1}$$

où $u' = [\alpha_1 , \alpha_2]$ maximise $u'Vu$ avec $u'u = 1$, V désignant la matrice des variances-covariances des observations.

Soit en reprenant les notations x pour x_1 et y pour x_2 :

$$y = \frac{\alpha_2}{\alpha_1} x + \overline{y} - \frac{\alpha_2}{\alpha_1}\overline{x}$$

On peut montrer que la pente de cette droite de régression orthogonale est comprise entre les pentes des deux droites de régression $D_{y/x}$ et $D_{x/y}$, c'est-à-dire qu'elle passe par G et se situe entre ces deux droites.

Résumons ces résultats avant de les exploiter sur un exemple :

Régression orthogonale sur un nuage $\{(x_1(i) , x_2(i)), i = 1 \ldots n\}$
Matrice initiale : $X = \begin{bmatrix} x_1(1) & x_2(1) \\ \ldots & \ldots \\ x_1(n) & x_2(n) \end{bmatrix}$ matrice des données initiales
Matrice de travail : $V = \begin{bmatrix} Var(x_1) & Cov(x_1, x_2) \\ Cov(x_1, x_2) & Var(x_2) \end{bmatrix}$ matrice des variances-covariances
Critère à maximiser : on cherche $u' = [\alpha_1 , \alpha_2]$ qui maximise $u'Vu$ avec $u'u = 1$
Résultat de la maximisation : la valeur propre λ de la matrice V associée au vecteur propre u est maximale. Cette valeur propre correspond à la variance Var(D) de la longueur des projections, longueur comptée à partir de G, centre de gravité du nuage.
Equation de la droite de régression orhogonale :

$$x_2 = \frac{\alpha_2}{\alpha_1} x_1 + \overline{x_2} - \frac{\alpha_2}{\alpha_1} \overline{x_1}$$

[α_1 , α_2] sont les coordonnées du vecteur propre correspondant à la plus grande valeur propre de V. Cette droite passe par G et se situe entre les deux droites de régression Dx_2/x_1 et Dx_1/x_2.

Tableau 1.2-1: Résumé de l'analyse d'une régression orthogonale.

1.2.2. Le calcul à la main de la droite de régression orthogonale

A partir des données que nous avons utilisées dans le paragraphe 1.1.4 nous pouvons établir la matrice V des variances-covariances :

$$V = \begin{bmatrix} 1{,}27 & -0{,}36 \\ -0{,}36 & 1{,}81 \end{bmatrix}$$

Cherchons les valeurs propres de cette matrice en résolvant l'équation du second degré :

$$P(\lambda) = \text{Dét}\,(V - \lambda I) = \begin{vmatrix} 1{,}27-\lambda & -0{,}36 \\ -0{,}36 & 1{,}81-\lambda \end{vmatrix} = \lambda^2 - \lambda.\text{trace}(V) + \text{Dét}\,(V)$$

$$= \lambda^2 - \lambda.(1{,}27+1{,}81) + (1{,}27.1{,}81 - (-0{,}36)^2)$$

$$= \lambda^2 - 3{,}08\,\lambda + 2{,}17$$

Cette équation admet les deux racines réelles $\lambda_1 = 1{,}99$ et $\lambda_2 = 1{,}09$, en convenant d'associer λ_1 à la plus grande des deux valeurs propres.

Pour trouver les vecteurs propres associés à ces valeurs propres, nous devons résoudre

$(V - \lambda I).u = 0$, où I est la matrice identité 2x2 et u le vecteur propre associé à la valeur propre λ. D'après le développement théorique précédent, seule nous importe la plus grande valeur propre λ_1. Mais, dans la suite de notre propos, nous aurons aussi besoin de la deuxième valeur propre, aussi nous allons calculer les deux vecteurs propres u_1 et u_2 associés aux valeurs propres λ_1 et λ_2.

- Le vecteur propre u_1 associé à la valeur propre λ_1 :

$$(V - \lambda_1 I).u_1 = \begin{bmatrix} 1{,}27-1{,}99 & -0{,}36 \\ -0{,}36 & 1{,}81-1{,}99 \end{bmatrix} \begin{bmatrix} x_1 \\ x_2 \end{bmatrix} = \begin{bmatrix} -0{,}72 & -0{,}36 \\ -0{,}36 & -0{,}18 \end{bmatrix} \begin{bmatrix} x_1 \\ x_2 \end{bmatrix} = \begin{bmatrix} 0 \\ 0 \end{bmatrix}$$

ce qui nous conduit à résoudre le système :

$-0,72\ x_1 - 0,36\ x_2 = 0$ (éq.1)

$-0,36\ x_1 - 0,18\ x_2 = 0$ (éq.2)

comme l'équation (2) est la double de l'équation (1) on aura $2\ x_1 + x_2 = 0$, c'est-à-dire $u_1' = (x_1, -2x_1)$. Il reste à normer ce vecteur à 1 : $\| u_1 \|^2 = 1 = (x_1^2 + 4x_1^2) = 5\ x_1^2$, on en déduit que $x_1 = 1/\sqrt{5}$. Ainsi $u_1' = (0,4472,\ -\ 0,8944)$. Remarquons que ce vecteur est défini à une orientation des axes près, ce sera toujours le cas des vecteurs propres.

- Le vecteur propre u_2 associé à la valeur propre λ_2 :

$$(V - \lambda_2 I).u_2 = \begin{bmatrix} 1,27 - 1,09 & -0,36 \\ -0,36 & 1,81 - 1,09 \end{bmatrix} \begin{bmatrix} x_1 \\ x_2 \end{bmatrix} = \begin{bmatrix} 0,18 & -0,36 \\ -0,36 & 0,72 \end{bmatrix} \begin{bmatrix} x_1 \\ x_2 \end{bmatrix} = \begin{bmatrix} 0 \\ 0 \end{bmatrix}$$

ce qui nous conduit à résoudre le système :

$0,18\ x_1 - 0,36\ x_2 = 0$ (éq.1)

$-0,36\ x_1 + 0,72\ x_2 = 0$ (éq.2)

comme l'équation (2) est la double de l'équation (1) on aura $x_1 - 2\ x_2 = 0$, c'est-à-dire $u_2' = (x_1, x_1/2)$. Il reste à normer ce vecteur à 1 : $\| u_2 \|^2 = 1 = (x_1^2 + x_1^2/4) = 5\ x_1^2/4$, on en déduit que $x_1 = 2/\sqrt{5}$. Ainsi $u_2 = (0,8944\ ;\ 0,4472)'$.

On obtient ainsi la droite de régression orthogonale, portée par le vecteur $u_1' = (0,4472\ ;\ -0,8944)$ correspondant à la plus grande valeur propre $\lambda_1 = 1,99$ en résolvant :

$$x_2 = \frac{-0,8944}{0,4472} x_1 + 0,94 - \frac{-0,8944}{0,4472} 0,88 \text{ soit } x_2 = -2\ x_1 + 2,7$$

Donnons dès à présent l'équation de l'autre droite, associée à la deuxième valeur propre, orthogonale à la précédente :

$$x_2 = \frac{0,4472}{0,8944} x_1 + 0,94 - \frac{0,4472}{0,8944} 0,88 \text{ soit } x_2 = 0,5\ x_1 + 0,5$$

1.2.3. Le calcul de la droite de régression orthogonale à l'aide du classeur ACP

Nous avons déjà présenté le classeur ACP lors de l'étude et de la représentation des deux droites de régression Dx_2/x_1 et Dx_1/x_2, notées alors $D_{y/x}$ et $D_{x/y}$. Nous allons compléter l'étude de ce classeur.

- **La feuille Reg_vp** :

Cette feuille est consacrée aux calculs des valeurs propres et des vecteurs propres de la matrice des variances-covariances V sur les données de l'exemple 1.

Pour atteindre cette feuille exécutez les actions **Navig / Reg_vp**.

Comme la matrice V est une matrice 2x2, il suffit de résoudre l'équation du second degré :

$$\text{Dét} (V - \lambda I) = \lambda^2 - \lambda.\text{trace}(V) + \text{Dét} (V) = 0$$

Le calcul de la trace de V (notée `trace V`) est effectué en `B4`, celui du déterminant de V (noté `det(V)`) figure en `F8`. Les deux racines, qui correspondent aux deux valeurs propres, sont calculées en `C9` et `C10`. Bien que pour l'instant, nous ne nous consacrions qu'à la plus grande de ces deux valeurs propres soit λ_1 = 1,99 (notée `Val. Propre 1`), remarquons qu'en `C10` est reportée la deuxième valeur propre λ_2 = 1,092 (notée `Val. Propre 2`).

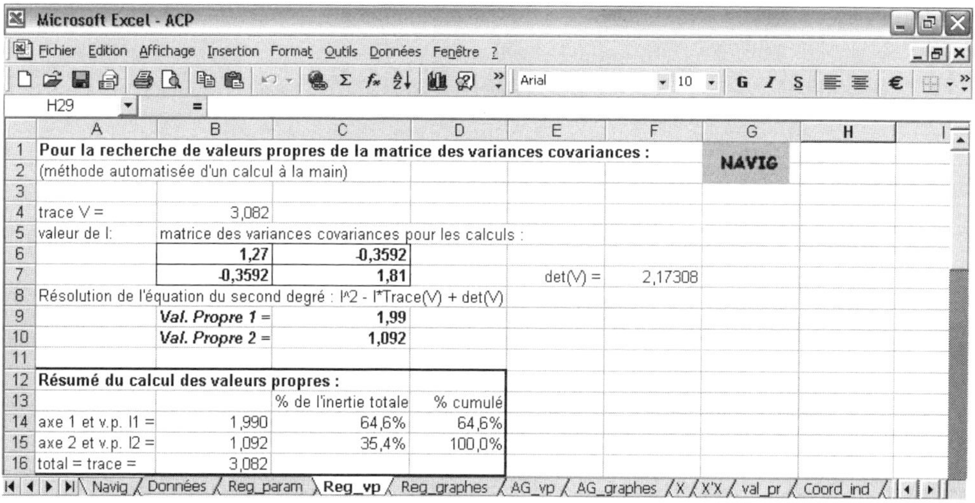

	A	B	C	D	E	F	G
1	Pour la recherche de valeurs propres de la matrice des variances covariances :						NAVIG
2	(méthode automatisée d'un calcul à la main)						
3							
4	trace V =	3,082					
5	valeur de l:	matrice des variances covariances pour les calculs :					
6		1,27	-0,3592				
7		-0,3592	1,81		det(V) =	2,17308	
8	Résolution de l'équation du second degré : l^2 - l*Trace(V) + det(V)						
9		Val. Propre 1 =	1,99				
10		Val. Propre 2 =	1,092				
11							
12	Résumé du calcul des valeurs propres :						
13			% de l'inertie totale	% cumulé			
14	axe 1 et v.p. l1 =	1,990	64,6%	64,6%			
15	axe 2 et v.p. l2 =	1,092	35,4%	100,0%			
16	total = trace =	3,082					

Figure 1.2-2: La partie haute de la feuille Reg_vp. du classeur ACP (Ex_1).

Les coordonnées des vecteurs propres sont ensuite calculées. Ces coordonnées vérifient l'équation $(V - \lambda I)u = 0 = (0,0)'$, où I est la matrice identité 2x2. Les calculs correspondant à la plus grande valeur propre λ_1 = 1,99 sont effectués dans le bloc `A27:E45` à partir de la matrice $(V - \lambda I)$ du bloc `B18:C19` (notée matrice `A-I1xId`, l'indice 1 correspond à la plus grande valeur propre). Cette résolution utilise la méthode de la réduite triangulaire et le vecteur propre u (noté `u1`) apparaît en `C44:C45`. La condition $\alpha_1^2 + \alpha_2^2 = 1$ revient à normer ce vecteur, ce calcul est effectué en `B81:B82` (on note `u1N` le vecteur normé) : le vecteur $u_1' = (-0{,}45\ ;\ 0{,}89)$ est le vecteur propre normé de V associé à la plus grande valeur propre $\lambda_1 = 1{,}99$.

Le cas de l'indice 2 correspond à la deuxième valeur propre. La méthode précédente est reprise dans le bloc `A47:E65`, qui conduit au deuxième vecteur propre u (noté `u2`) en `C64:C65`. Le vecteur normé associé est donné en `C81:C82` (on note `u2N` le vecteur normé) : le vecteur $u_2' = (\ 0{,}89\ ;\ 0{,}45)$ est le vecteur propre normé de V associé à la deuxième valeur propre $\lambda_2 = 1{,}09$.

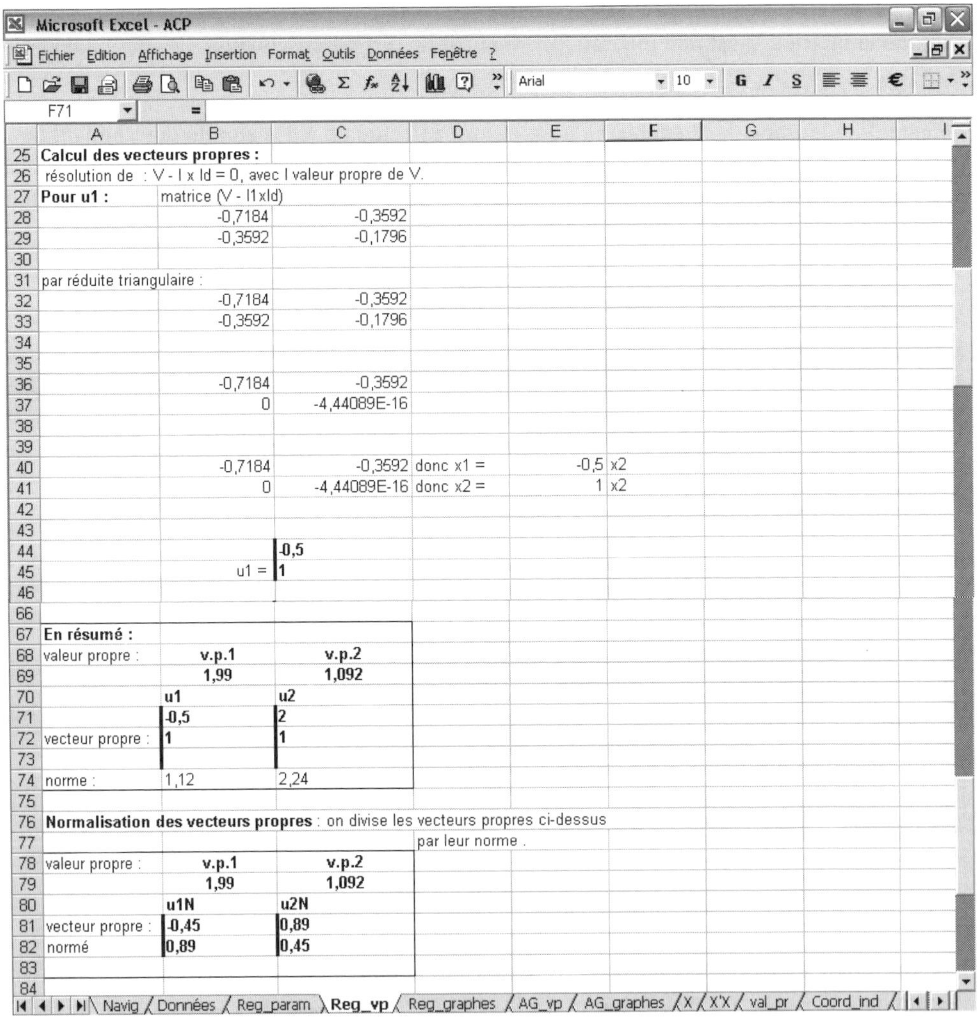

	A	B	C	D	E	F
25	**Calcul des vecteurs propres :**					
26	résolution de : V - l x Id = 0, avec l valeur propre de V.					
27	**Pour u1 :**	matrice (V - l1xId)				
28		-0,7184	-0,3592			
29		-0,3592	-0,1796			
30						
31	par réduite triangulaire :					
32		-0,7184	-0,3592			
33		-0,3592	-0,1796			
34						
35						
36		-0,7184	-0,3592			
37		0	-4,44089E-16			
38						
39						
40		-0,7184	-0,3592	donc x1 =	-0,5	x2
41		0	-4,44089E-16	donc x2 =	1	x2
42						
43						
44			**-0,5**			
45		u1 =	**1**			
46						
66						
67	**En résumé :**					
68	valeur propre :	**v.p.1**	**v.p.2**			
69		**1,99**	**1,092**			
70		**u1**	**u2**			
71		**-0,5**	**2**			
72	vecteur propre :	**1**	**1**			
73						
74	norme :	1,12	2,24			
75						
76	**Normalisation des vecteurs propres** : on divise les vecteurs propres ci-dessus					
77				par leur norme .		
78	valeur propre :	**v.p.1**	**v.p.2**			
79		**1,99**	**1,092**			
80		**u1N**	**u2N**			
81	vecteur propre :	**-0,45**	**0,89**			
82	normé	**0,89**	**0,45**			
83						
84						

Figure 1.2-3: La partie basse de la feuille Reg_vp du classeur ACP (Ex_1). pour le calcul de u_1.

Remarque : u_{1N} et u_{2N} correspondent aux vecteurs u_1 et u_2 que nous avons calculés dans le paragraphe 1.2.2 précédent. Remarquons que le vecteur u_{1N} que nous obtenons ici a ses coordonnées opposées à celles que nous avons obtenues lors du calcul à la main. Mais ceci n'a aucune incidence puisque les coordonnées des vecteurs propres sont toujours calculées à une orientation des axes près.

- **La feuille Reg_graphes** :

Comme pour les régressions classiques nous allons représenter la droite de régression orthogonale obtenue (nous disons « la droite » car il s'agit de celle associée à la plus grande des deux valeurs propres). Nous notons D_{U1} cette droite de régression (notée `D:U1` sur les feuilles `Reg_param` et `Reg_graphes`). Les coordonnées de D_{U1} sont calculées à partir de la connaissance de la pente et de l'ordonnée à l'origine : cellules `B97` et `B98` de la feuille `Reg_vp`, valeurs utilisées dans la feuille `Reg_param` pour le calcul des ordonnées (bloc `F31:F130`), l'équation de la droite D_{U1} ($x_2 = -2\ x_1 + 2{,}7$) est donnée dans le bloc `D25:I25` de cette feuille.

Les représentations simultanées du nuage, des deux droites de régression usuelles et de la droite de régression orthogonale figurent sur la feuille `Reg_graphes` que vous atteignez comme précédemment en effectuant **Navig / Reg_graphes**. On s'aperçoit, comme prévu, que cette droite se situe entre les deux droites de régression usuelles et qu'elle approxime donc « mieux » ce nuage.

On procède de même pour le calcul de la deuxième droite de régression orthogonale, nous notons D_{U2} cette droite de régression (notée `D:U2` sur les feuilles `Reg_param` et `Reg_graphes`). La pente et de l'ordonnée à l'origine figurent dans les cellules `C97` et `C98` de la feuille `Reg_vp` . L'équation de la droite D_{U2} ($x_2 = 0{,}5\ x_1 + 0{,}5$) est donnée dans le bloc `D26:I26` de la feuille `Reg_param`.

Tous ces calculs et graphiques seront automatiquement mis à jour si vous remplacez les données figurant dans le cadre jaune de la feuille `Données` (le bloc `C16:D115`) par d'autres valeurs, les remarques de la fin du paragraphe 1.1.6 restent toujours valables.

La représentation de ces graphes est donnée sur la figure 1-7 ci-dessus.

Remarque : dans le développement théorique ci-dessus nous avons prouvé que

$$\frac{1}{n}\sum_{i=1}^{n} GP_i^2 = u'Vu = \lambda$$

représente la variance, Var(P), de la longueur GP_i des projections sur la droite D_U. Nous allons vérifier, par calcul que la valeur propre λ est bien égale à cette variance. Sur la feuille `Reg_param` nous calculons dans le bloc `L31:L130` le carré de la longueur de la projection GP_i par la formule :

$$GP_i^2 = [\alpha_1(x_1(i) - \overline{x_1}) + \alpha_2(x_2(i) - \overline{x_2})]^2 \text{ avec } \alpha_1^2 + \alpha_2^2 = 1.$$

En effectuant la moyenne de ces valeurs on retrouve bien, en `L132` de la feuille `Reg_param`, la valeur propre $\lambda = 1{,}99$.

On procéderait de la même façon pour la deuxième valeur propre. Les calculs et résultats sont fournis dans le bloc `L31:M130` de la feuille `Reg_param`.

2

L'analyse générale

Les méthodes que nous allons développer, que l'on appelle méthodes factorielles, utilisent des calculs d'ajustement dans le cadre de l'algèbre linéaire. Nous supposons connues les calculs de base en algèbre linéaire, l'annexe 1 donnera néanmoins un résumé de ces notions fondamentales avec l'utilisation des fonctions internes d'Excel en calcul matriciel. Nous traiterons parallèlement le cadre général de la théorie sur une matrice nxp (n lignes qui correspondent aux individus, p colonnes qui correspondent aux variables) et le cas particulier d'une matrice 10x2 (n = 10 individus, p = 2 variables). Cette matrice correspond aux données de l'exemple 1 déjà étudiées dans le paragraphe précédent ; à chaque notion théorique correspondra un calcul à la main et ce calcul sera automatisé sur le classeur ACP précédent.

Ces méthodes, que l'on pourrait qualifier de statistique descriptive ou exploratoire multidimensionnelle, fournissent des représentations graphiques pour un grand nombre d'individus et de variables. L'intérêt de prendre seulement 2 variables et 10 individus comme exemple réside dans la facilité de la présentation des calculs, dans l'automaticité de la résolution par un classeur et surtout dans les simulations que nous effectuerons en modifiant les données d'origine.

La méthode générale est une méthode commune à l'ensemble des méthodes factorielles. Quelques modifications suffisent pour passer de l'analyse générale à l'analyse en composantes principales (ACP), à l'analyse factorielle des correspondances (AFC) ou à l'analyse factorielle des correspondances multiples (AFCM). Nous n'envisageons dans cet ouvrage que les deux premières méthodes (ACP et AFC).

Ce chapitre est consacré à la description de l'analyse générale.

2.1. Présentation de l'analyse générale

2.1.1. La matrice des données

La matrice des données est un tableau contenant les valeurs numériques qui serviront aux calculs. Cette matrice, notée au départ R, contient n lignes et p colonnes. Il est pratique de se représenter les p colonnes comme p variables statistiques composées de n individus, leurs observations. On note $R = (r_{ij})$ $i = 1 \ldots n$, $j = 1 \ldots p$ cette matrice où i est l'indice des lignes et j l'indice des colonnes.

$$R = \begin{bmatrix} r_{11} & \cdots & r_{1p} \\ \cdots & r_{ij} & \cdots \\ r_{n1} & \cdots & r_{np} \end{bmatrix}$$

La matrice des données de notre exemple est celle que nous avons déjà étudiée dans le classeur ACP. Ce classeur contient des feuilles spécifiques à l'analyse générale dans le cas de deux variables : les feuilles `AG_vp` et `AG_graphes` que vous atteindrez à partir du bouton **Navig,** mais aussi le traitement par l'analyse générale de tout tableau d'au plus dix colonnes et cent lignes. Pour que ces traitements soient cohérents entre eux pour un même jeu de données vous allez, après avoir chargé l'exemple 1 par les procédés habituels :

Navig / Exemples / Ex_1

« formater » le classeur ACP dans le mode de l'analyse générale, pour cela vous allez à la ligne 5 de la feuille `Données` sélectionner `1` pour `choix de la matrice` (soit directement en frappant `1`, soit en utilisant la toupie), vous verrez alors s'afficher en `D7` : « `Vous allez faire votre étude avec la matrice de l'analyse générale R'R` ».

Votre classeur ACP est désormais prêt à effectuer l'analyse générale à la fois dans son module propre (cas particulier à deux variables) et dans les autres feuilles du classeur (cas particulier du cas général à plus de deux variables).

Dans ce classeur la matrice R figure dans le bloc `C16:D25` de la feuille `Données` . Les analyses dérivant de l'analyse générale que nous verrons plus tard transforment les données initiales de la matrice R, la nouvelle matrice ainsi créée sera appelée X. Comme dans la méthode générale la matrice R n'est pas transformée nous aurons X = R. Dans la suite nous utiliserons donc la matrice X comme nom pour la matrice de travail. Les libellés des colonnes sont `v1` et `v2` (v comme variable et 1 ou 2 pour leur numéro), ceux des lignes sont `i1`...`i10` (i comme individu et 1…10 pour leur numéro).

Voici la copie d'écran de cette feuille `Données` :

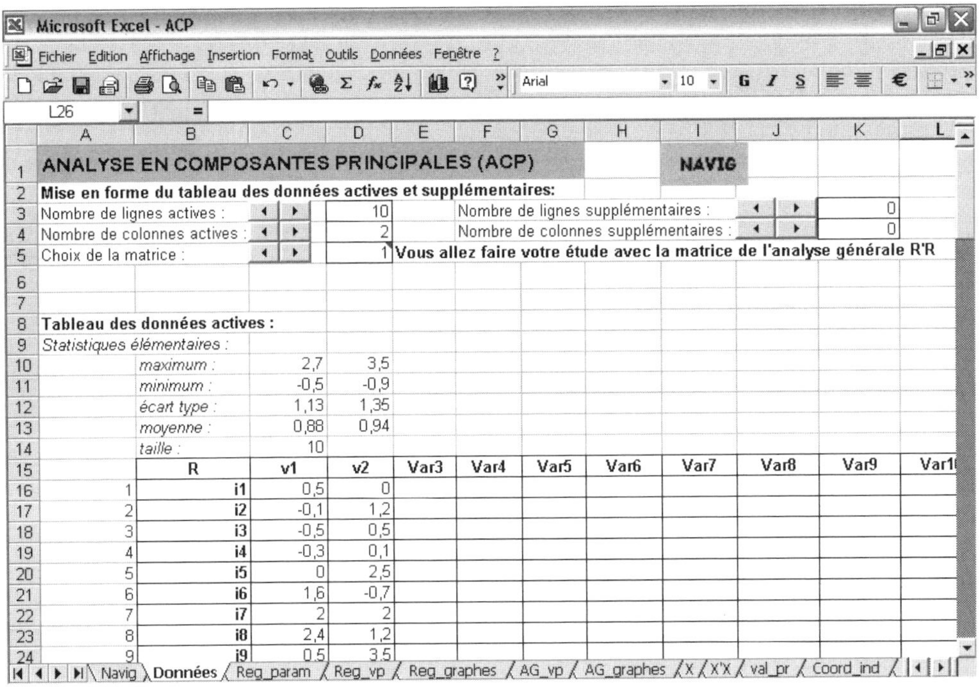

Figure 2.1-1: Extrait de la feuille Données du classeur ACP (Ex_1).

2.1.2. Généralités

On cherche à résoudre le problème d'approximation numérique suivant. Soit X une matrice à n lignes et p colonnes $X = (x_{ij})$ $i = 1 \ldots n$, $j = 1 \ldots p$, est-il possible de reconstituer les np valeurs x_{ij} à partir d'un plus petit nombre de valeurs numériques ? Autrement dit, cela revient à approximer le nuage des n points dans un sous espace $\mathbf{R}^q$ avec $q < p$ variables, ou plus simplement dans notre exemple à approximer le nuage des 10 points par seulement une variable (rappelons à ce stade que c'est exactement ce que nous avons fait dans le paragraphe précédent en approximant le nuage par la droite de régression orthogonale correspondant à la plus grande valeur propre).

Ainsi on cherche une approximation de rang q ($q < p$) pour X de la forme :

$X = v_1u_1' + v_2u_2' + \ldots + v_qu_q' + E$, où v_i est (n,1), u_i est (p,1) et E est (n,p).

Remarque : rappelons que la notation (p,1) signifie (p lignes, 1 colonne), c'est-à-dire un vecteur à p composantes et que u'_i est le vecteur transposé de u_i (donc écrit en ligne, alors que u_i est écrit en colonne) ; ces notations sont ici très importantes pour contrôler les tailles des produits matriciels : par exemple v_iu_i' est de taille (n,1)x(1,p) = (n,p).

E est une matrice résiduelle (n,p) dont on souhaiteraient les termes suffisamment petits pour que X soit bien approximée par seulement les q(n + p) valeurs des q premiers termes de la décomposition de X. Afin de se fixer les idées, pour n = 100 et p = 10 si q = 5 on pourrait remplacer les 100.10 = 1000 valeurs de X par seulement 5(100 + 10) = 550 valeurs.

Deux ajustements sont concevables selon la lecture de X en lignes ou en colonnes :

- Les n lignes de X peuvent être considérées comme n points d'un espace euclidien $\mathbf{R}^p$ ($\mathbf{R}$ désigne l'ensemble des réels). C'est-à-dire la ligne i de X : $(x_{i1},\ldots,x_{ip}) \in \mathbf{R}^p$ est une observation dans $\mathbf{R}^p$. Pour notre exemple les 10 lignes de X sont des points de $\mathbf{R}^2$, le plan euclidien usuel, qui ont été représentés sur la figure 1.1-7 du paragraphe précédent et libellés par `i1`,...,`i10`.
- Les p colonnes de X peuvent être considérées comme p points d'un espace euclidien $\mathbf{R}^n$. C'est-à-dire que la colonne j de X $((x_{1j},\ldots,x_{nj}) \in \mathbf{R}^n)$ est une observation dans $\mathbf{R}^n$. Pour notre exemple les 2 colonnes de X sont des points de $\mathbf{R}^{10}$, ce qui est bien sûr beaucoup plus difficile à imaginer...

A chacune de ces lectures correspondra deux ajustements : l'ajustement du nuage des n observations (les individus) par un sous-espace de $\mathbf{R}^p$, l'ajustement du nuage des p observations (les variables) par un sous-espace de $\mathbf{R}^n$.

Tous les espaces sur lesquels nous travaillons sont munis de la distance euclidienne usuelle qui est , rappelons-le par exemple dans $\mathbf{R}^p$:

La distance de $M = (x_1, x_2,\ldots,x_p)'$ à $N = (y_1, y_2,\ldots,y_p)'$ est $MN = \sqrt{\sum_{i=1}^{p}(x_i - y_i)^2}$

Ce qui donne dans $\mathbf{R}^2$: $MN = \sqrt{(x_1 - y_1)^2 + (x_2 - y_2)^2}$.

2.2. L'ajustement du nuage des n observations (les individus) par un sous-espace de $\mathbf{R}^p$

2.2.1. Cas particulier de 2 variables (p = 2)

Reprenons d'abord les grandes lignes du paragraphe 1.2 du chapitre précédent, qui correspondent à notre exemple et qu'ensuite nous généraliserons.

L'ensemble des individus i (i = 1...n, les lignes de X), auxquels correspondent le couple d'observation $(x_1(i) , x_2(i)) = (x_{i1} , x_{i2})$, forme le nuage des n points dans $\mathbf{R}^2$. Nous avons approximé ce nuage par une droite D de vecteur directeur $u' = [\alpha_1 , \alpha_2]$, qui a été déterminée en minimisant la somme des carrés des distances mesurées perpendiculairement entre les points observés et la droite D, en prenant comme origine sur cette droite D le point moyen $G = (\bar{x}_1,\bar{x}_2)'$du nuage. La figure 1.2-1 de ce chapitre précisait ce critère et les notations. Nous allons ici procéder de la même façon mais sans prendre le point moyen G comme origine mais simplement le point 0 = (0,0), l'origine usuelle de $\mathbf{R}^2$.

Le schéma suivant précise ce nouveau critère et les notations.

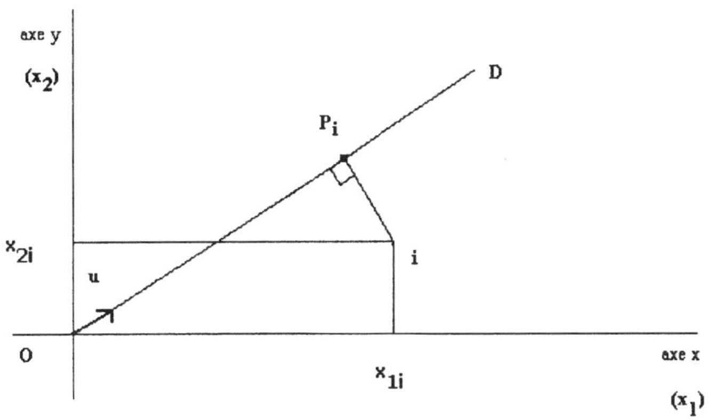

Figure 2.2-1: Schéma pour l'étude générale.

Le point i se projette orthogonalement en P_i sur la droite D.

On cherche à minimiser la somme des carrés des longueurs de ces projections, soit $\sum_{i=1}^{n} iP_i^2$.

Cette minimisation revient à maximiser le carré de la distance de la projection P_i à l'origine O :

$$\text{minimiser} \sum_{i=1}^{n} iP_i^2 \Leftrightarrow \text{maximiser} \sum_{i=1}^{n} OP_i^2$$

Cette distance OP_i est la projection du vecteur $\overrightarrow{Oi}$ sur la droite D, de vecteur directeur $\vec{u}$.
La longueur de cette projection est le produit scalaire $X_i \ \vec{u}$, où X_i représente la ligne i de X :

$$X_i \ \vec{u} = [x_{i1}, x_{i2}] \begin{bmatrix} \alpha_1 \\ \alpha_2 \end{bmatrix} = [\alpha_1.x_{i1} + \alpha_2.x_{i2}]$$

La somme des carrés de ces longueurs vaut donc :

$$\sum_{i=1}^{n} OP_i^2 = \sum_{i=1}^{n} [X_i.u].[X_i.u] = [X_1.u, \ldots, X_n.u] \begin{bmatrix} X_1.u \\ \ldots \\ X_n.u \end{bmatrix}$$

Comme $\begin{bmatrix} X_1.u \\ \ldots \\ X_n.u \end{bmatrix} = \begin{bmatrix} x_{11} & x_{12} \\ \ldots & \ldots \\ x_{n1} & x_{n2} \end{bmatrix} . \begin{bmatrix} \alpha_1 \\ \alpha_2 \end{bmatrix} = X.u$, matrice (n,1) et que

$\begin{bmatrix} X_1.u \\ \ldots \\ X_n.u \end{bmatrix}$ admet pour transposé $[X_1.u, \ldots, X_n.u]$, c'est-à-dire (Xu)', matrice (1,n) on aura la

formule fondamentale $\sum_{i=1}^{n} OP_i^2 = (Xu)' \, (Xu)$.

Cette écriture semble un peu compliquée pour notre problème où nous avons seulement 2 variables, et nous aurions, bien sûr, pu l'écrire plus simplement. Son intérêt réside dans le fait qu'elle se généralise au cas de plus de deux variables en remplaçant les 2 variables précédentes par p variables.

Il suffit maintenant que nous trouvions l'axe, que nous appellerons F_1 (F comme factoriel), porté par u (cet axe correspond à la droite D précédente). Cela revient à trouver le vecteur $u = [\alpha_1 , \alpha_2]$ qui rend maximale la valeur de (Xu)'(Xu) = u'X'Xu.

Le problème mathématique soulevé par cette maximisation est lié à la dérivation matricielle. Remarquons tout d'abord qu'il s'agit de trouver $[\alpha_1 , \alpha_2]'$, on doit donc imposer à ces deux coefficients une condition de normalisation car sinon on pourrait toujours avoir une valeur aussi grande que possible en multipliant α_1 par un facteur aussi grand que l'on veut. Nous prendrons u de norme 1, c'est-à-dire qu'il vérifie $\alpha_1^2 + \alpha_2^2 = 1$. Il reste maintenant à trouver $u' = [\alpha_1 , \alpha_2]$ qui maximise (Xu)'(Xu). avec u'u = 1. La démonstration fait appel à la dérivation matricielle pour le calcul d'extrema sous contraintes (méthode de Lagrange). Nous rappelons en annexe 1 ces formules de dérivation. En notant $\mathcal{L}$ le Lagrangien $\mathcal{L} = u'X'Xu - \lambda\,(u'u - 1)$, où λ désigne le multiplicateur de Lagrange.

La dérivée par rapport au vecteur u de ce Lagrangien nous conduit à :

$d\mathcal{L}/du = 2X'Xu - 2\lambda u$

Cette dérivée s'annule quand $X'Xu - \lambda u = 0$ c'est-à-dire quand $X'Xu = \lambda u$. Ce qui signifie que u est vecteur propre de X'X associé à la valeur propre λ (remarquons que la matrice X'X est symétrique). La somme des carrés des longueurs de ces projections, étant égale à λ, qui représentent l'inertie maximum du nuage, sera donc maximale quand la valeur propre λ de la matrice X'X associée au vecteur propre u sera maximale. Nous noterons λ_1 la valeur propre maximale de X'X et u_1 le vecteur propre normé associé à cette valeur propre.

Résumons les résultats de cette approche théorique :

> F_1 est le sous espace de $\mathbf{R}^2$ associé au vecteur propre u_1 correspondant à la plus grande valeur propre λ_1 de X'X.

Nous allons maintenant réitérer ce procédé pour chercher un deuxième axe, porté par le vecteur unitaire u_2 (u_2 est de norme égale à 1), orthogonal à u_1. Nous appellerons F_2 ce deuxième axe.

La démonstration fait à nouveau appel à la dérivation matricielle pour le calcul d'extrema sous contraintes. Ici nous cherchons le vecteur u_2 sous les contraintes : $u_2'u_1 = 0$ (orthogonalité de u_1 et u_2) et $u_2'u_2 = 1$ (normalisation de u_2).

En notant $\mathcal{L}$ le Lagrangien $\mathcal{L} = u_2'X'Xu_2 - \lambda\,(u_2'u_2 - 1) - \mu\,(u_2'u_1)$, où λ et μ désignent les deux multiplicateurs de Lagrange.

La dérivée par rapport au vecteur u_2 de ce Lagrangien nous conduit à :

$$d\mathcal{L}/du_2 = 2X'Xu_2 - 2\lambda u_2 - \mu u_1$$

Cette dérivée s'annule quand $2X'Xu_2 - 2\lambda.u_2 - \mu u_1 = 0$

En multipliant à gauche par u_1' : $2u_1'X'Xu_2 - 2\lambda u_1'u_2 - \mu u_1'u_1 = 0$

ou $2\,[u_1'X'X - \lambda u_1']\,u_2 - \mu\, u_1'u_1 = 0$, ainsi

pour $\lambda = \lambda_1$, $X'Xu_1 = \lambda_1 u_1$ ou par transposition $u_1'X'X = \lambda_1 u_1'$ (X'X est symétrique), le terme entre crochets est donc nul et on obtient $\mu u_1'u_1 = 0$, soit $\mu = 0$;

Si $\lambda \neq \lambda_1$, $X'Xu_2 - \lambda u_2 = 0$, c'est-à-dire $X'Xu_2 = \lambda u_2$. Ce qui signifie que u_2 est vecteur propre de X'X associé à la deuxième valeur propre $\lambda = \lambda_2$.

Résumons nos résultats :

> F_2 est le sous espace de $\mathbf{R}^2$ associé au vecteur propre u_2 correspondant à la deuxième valeur propre λ_2 de X'X.

On a ainsi constitué une nouvelle base orthonormée de $\mathbf{R}^2$, la base $\{u_1 , u_2\}$formée des vecteurs propres de X'X associés respectivement aux deux valeurs propres λ_1 et λ_2 ($\lambda_1 > \lambda_2$).

Remarque : l'éventualité que les valeurs propres soient égales est extrêmement rare, puisque dans la pratique le tableau X est composé de valeurs expérimentales.

Avant de poursuivre, reprenons notre exemple numérique pour le calcul des valeurs propres et vecteurs propres.

2.2.2. Calcul des valeurs propres et des vecteurs propres sur un exemple

Nous allons d'abord calculer à la main les valeurs propres et les vecteurs propres correspondant aux données de l'exemple 1 de la matrice R du classeur ACP, puis nous étudierons ce classeur pour en montrer les automatismes.

- Calcul à la main des valeurs propres et des vecteurs propres sur un exemple

La matrice R, égale à la matrice X nous permet de calculer la matrice X'X :

X'

0,5	-0,1	-0,5	-0,3	0	1,6	2	2,4	0,5	2,7
0	1,2	0,5	0,1	2,5	-0,7	2	1,2	3,5	-0,9

x

X

0,5	0
-0,1	1,2
-0,5	0,5
-0,3	0,1
0	2,5
1,6	-0,7
2	2
2,4	1,2
0,5	3,5
2,7	-0,9

=

20,46	4,68
4,68	26,94

$$\text{Donc } X'X = \begin{bmatrix} 20{,}46 & 4{,}68 \\ 4{,}68 & 26{,}94 \end{bmatrix}$$

Cherchons les valeurs propres de cette matrice en résolvant l'équation du second degré :

$$P(\lambda) = \text{Dét}\,(X'X - \lambda I) = \begin{vmatrix} 20{,}46 - \lambda & 4{,}68 \\ 4{,}68 & 26{,}94 - \lambda \end{vmatrix} = \lambda^2 - \lambda\ \text{trace}(X'X) + \text{Dét}\,(X'X)$$

$$= \lambda^2 - \lambda(20{,}46+26{,}94) + (20{,}46.26{,}94 - (4{,}68)^2)$$

$$= \lambda^2 - 47{,}4\,\lambda + 529{,}29$$

Cette équation admet les deux racines réelles $\lambda_1 = 29{,}39$ et $\lambda_2 = 18{,}01$ en convenant d'associer λ_1 à la plus grande des deux valeurs propres.

Pour trouver les vecteurs propres associés à ces valeurs propres, nous devons résoudre $(X'X - \lambda I)u = 0$, où I est la matrice identité 2x2 et u le vecteur propre associé à la valeur propre λ.

- Le vecteur propre u_1 associé à la valeur propre λ_1 :

$$(X'X - \lambda_1 I)u_1 = \begin{bmatrix} 20{,}46 - 29{,}39 & 4{,}68 \\ 4{,}68 & 26{,}94 - 29{,}39 \end{bmatrix} \begin{bmatrix} x_1 \\ x_2 \end{bmatrix} = \begin{bmatrix} -8{,}93 & 4{,}68 \\ 4{,}68 & -2{,}45 \end{bmatrix} \begin{bmatrix} x_1 \\ x_2 \end{bmatrix} = \begin{bmatrix} 0 \\ 0 \end{bmatrix}$$

ce qui nous conduit à résoudre le système :

$-8{,}93\ x_1 + 4{,}68\ x_2 = 0$ (éq.1)

$4{,}68\ x_1 - 2{,}45\ x_2 = 0$ (éq.2)

comme l'équation (2) est proportionnelle à l'équation (1) (et c'est toujours le cas) on aura $x_1 - 0{,}52\ x_2 = 0$, c'est-à-dire $u_1' = (0{,}52\ x_2 , x_2)$. Il reste à normer ce vecteur à 1 : $\| u_1 \|^2 = 1 = ((0{,}52\ x_2)^2 + x_2^2) = 1{,}27\ x_2^2 = (1{,}13\ x_2)^2$, on en déduit que $x_2 = 1/1{,}13 = 0{,}89$. Ainsi $u_1' = (0{,}46 ; 0{,}89)$. Remarquons que ce vecteur est défini à une orientation des axes près, ce sera toujours le cas des vecteurs propres.

- Le vecteur propre u_2 associé à la valeur propre λ_2 :

$$(X'X - \lambda_1 I).u_1 = \begin{bmatrix} 20{,}46-18{,}01 & 4{,}68 \\ 4{,}68 & 26{,}94-18{,}01 \end{bmatrix}\begin{bmatrix} x_1 \\ x_2 \end{bmatrix} = \begin{bmatrix} 2{,}45 & 4{,}68 \\ 4{,}68 & 8{,}93 \end{bmatrix}\begin{bmatrix} x_1 \\ x_2 \end{bmatrix} = \begin{bmatrix} 0 \\ 0 \end{bmatrix}$$

ce qui nous conduit à résoudre le système :

$2{,}45\ x_1 + 4{,}68\ x_2 = 0$ (éq.1)

$4{,}68\ x_1 + 8{,}93\ x_2 = 0$ (éq.2)

comme l'équation (2) est proportionnelle à l'équation (1) on aura $x_1 + 1{,}91\ x_2 = 0$, c'est-à-dire $u_1 = (-1{,}91\ x_2 , x_2)'$. Il reste à normer ce vecteur à 1 : $\| u_2 \|^2 = 1 = ((-1{,}91\ x_2)^2 + x_2^2) = 4{,}65\ x_2^2 = (2{,}16\ x_2)^2$, on en déduit que $x_2 = 1/2{,}16 = 0{,}46$. Ainsi $u_2 = (-0{,}89 ; 0{,}46)'$.

Remarques :

- des résultats légèrement différents peuvent apparaître selon la précision de vos calculs.

- comme les vecteurs propres d'une matrice réelle symétrique sont orthogonaux deux à deux il n'était pas nécessaire de calculer u_2, on aurait pu le déduire à partir de u_1, on peut d'ailleurs le vérifier en effectuant leurs produit scalaire : $u_1\ u_2 = (0{,}46)(-0{,}89) + (0{,}89)(0{,}46) = 0$

2.2.3. Utilisation du classeur ACP

- Calcul des valeurs propres et des vecteurs propres à l'aide du classeur ACP :

Les calculs à l'aide de ce classeur sont en tout point identiques à ceux effectués dans le paragraphe 1.2.3 ; seuls le nom et le choix de la matrice de travail sont changés.

Pour accéder à ces résultats il vous suffira d'effectuer les actions suivantes qui vous amèneront sur le feuille de calcul des valeurs propres et des vecteurs propres, la feuille `AG_vp`, dans le cadre de l'analyse générale :

Navig / AG_vp

Quand vous cliquez sur le bouton **Analyse générale** de la feuille de navigation, vous aboutissez à la feuille `Reg_param` que nous avons déjà vue, c'est sur cette feuille que vous sélectionnerez les variables (si vous choisissez de charger un autre exemple), variables qui apparaîtront avec leurs libellés en `D3:E3` de la feuille `AG_vp`.

Nous reportons simplement ci-dessous des extraits de la feuille `AG_vp` :

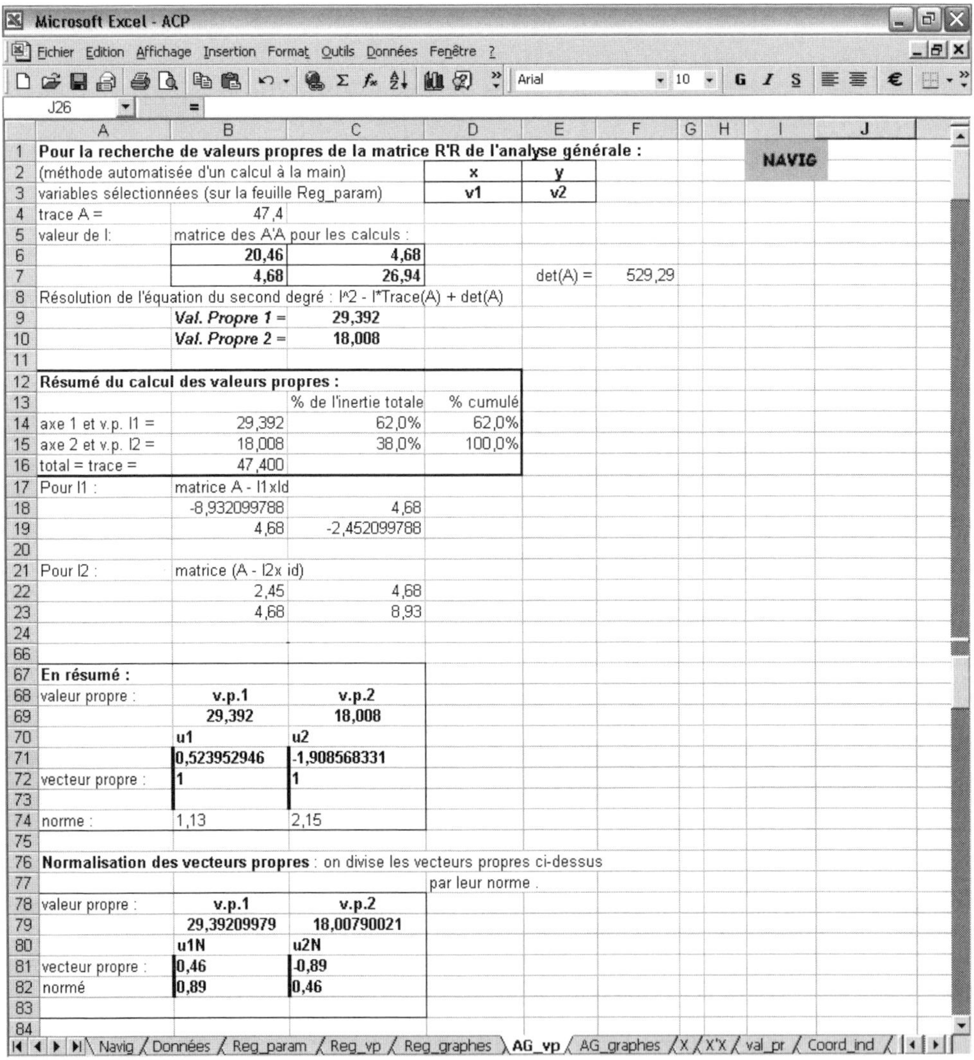

	A	B	C	D	E	F
1	**Pour la recherche de valeurs propres de la matrice R'R de l'analyse générale :**					
2	(méthode automatisée d'un calcul à la main)			x	y	
3	variables sélectionnées (sur la feuille Reg_param)			v1	v2	
4	trace A =	47,4				
5	valeur de l:	matrice des A'A pour les calculs :				
6		**20,46**	**4,68**			
7		**4,68**	**26,94**		det(A) =	529,29
8	Résolution de l'équation du second degré : l^2 - l*Trace(A) + det(A)					
9		***Val. Propre 1 =***	**29,392**			
10		***Val. Propre 2 =***	**18,008**			
11						
12	**Résumé du calcul des valeurs propres :**					
13			% de l'inertie totale	% cumulé		
14	axe 1 et v.p. l1 =	29,392	62,0%	62,0%		
15	axe 2 et v.p. l2 =	18,008	38,0%	100,0%		
16	total = trace =	47,400				
17	Pour l1 :	matrice A - l1xId				
18		-8,932099788	4,68			
19		4,68	-2,452099788			
20						
21	Pour l2 :	matrice (A - l2x id)				
22		2,45	4,68			
23		4,68	8,93			
24						
66						
67	**En résumé :**					
68	valeur propre :	**v.p.1**	**v.p.2**			
69		**29,392**	**18,008**			
70		**u1**	**u2**			
71		**0,523952946**	**-1,908568331**			
72	vecteur propre :	**1**	**1**			
73						
74	norme :	1,13	2,15			
75						
76	**Normalisation des vecteurs propres** : on divise les vecteurs propres ci-dessus					
77				par leur norme .		
78	valeur propre :	**v.p.1**	**v.p.2**			
79		**29,39209979**	**18,00790021**			
80		**u1N**	**u2N**			
81	vecteur propre :	**0,46**	**-0,89**			
82	normé	**0,89**	**0,46**			
83						
84						

Figure 2.2-2: La feuille AG_vp. du classeur ACP (EX_1).

- Représentation des axes factoriels à l'aide du classeur ACP :

Si vous exécutez **Navig / AG_graphes** vous arrivez sur la feuille de représentation graphique des régressions et axes factoriels pour deux variables.

Sur la feuille `AG_param` du classeur ACP, nous avions calculé et représenté la droite de régression orthogonale (celle associée à la plus grande valeur propre de la matrice des variances covariances) et aussi celle associée à la deuxième valeur propre. Cette démarche a été reprise sur la feuille `AG_vp` à partir de la ligne `100`, à ceci près que les droites de régression orthogonale deviennent les axes factoriels qui passent par l'origine du repère.

Pour effectuer les représentations des axes factoriels, nous avons seulement à modifier les ordonnées à l'origine des équations des droites de régression orthogonales qui sont dorénavant nulles (cellules `C103:C104` de cette feuille) et à remplacer les libellés `D:U1` et `D:U2` par `Axes factoriels F1` et `F2` (cellules `A103:A104`).

Il ne faudra pas oublier que les axes factoriels F_1 (associé à u_1) et F_2 (associé à u_2) sont orientés, cette remarque est importante pour la suite.

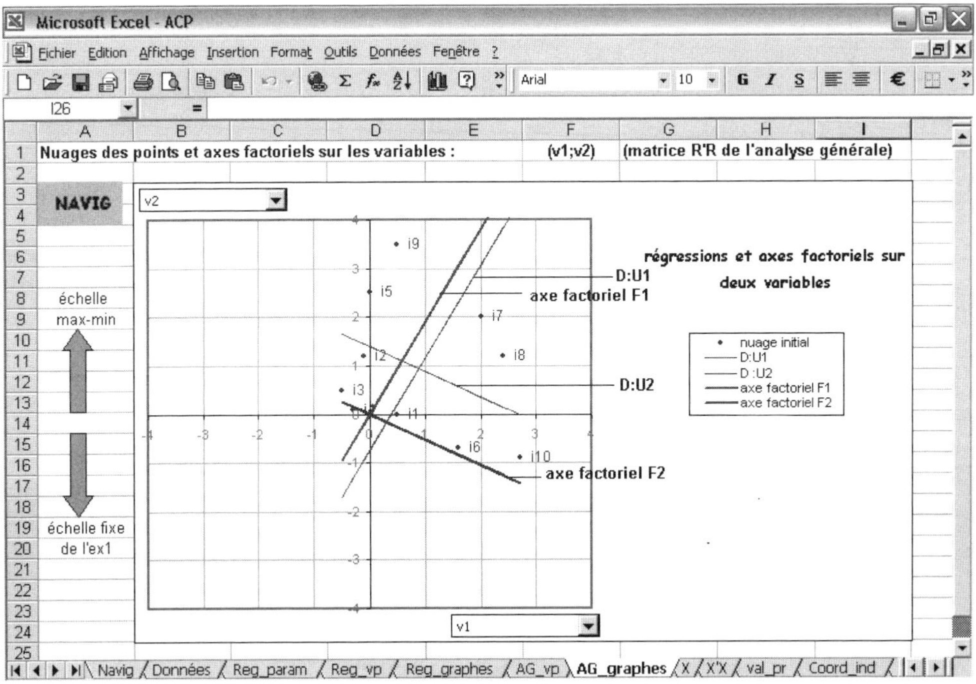

Figure 2.2-3: Représentation des axes factoriels F1 et F2 sur la feuille AG_graphes du classeur ACP (EX_1).

Remarques :

- Les remarques de la fin du paragraphe 1.2.3 restent toujours valables et en particulier celle concernant l'orthogonalité des deux axes factoriels en sélectionnant la flèche `échelle fixe de l'ex1`.

- Dès à présent vous pouvez utiliser le classeur ACP dans sa généralité. Ce classeur est prévu pour au plus dix variables et permet d'effectuer l'analyse générale sur un tel tableau. Si vous avez respecté les consignes fournies au début du paragraphe 2.1.1 (sinon effectuez les) les valeurs propres et les vecteurs propres de l'exemple 1 ont été calculés comme cas particuliers. Pour accéder à ces résultats nous allons utiliser les feuilles consacrées à l'analyse en composantes principale, qui est, rappelons-le et nous le verrons plus tard, un cas particulier de l'analyse générale. Effectuez les actions suivantes :

Navig / Flèche bleue bas / Val_pr

Vous sélectionnez ainsi le module dans l'analyse en composantes principale (ACP) consacré au calcul des valeurs propres et des vecteurs propres, mais comme vous avez pris le choix `1`, les calculs seront effectués sur la matrice R'R.

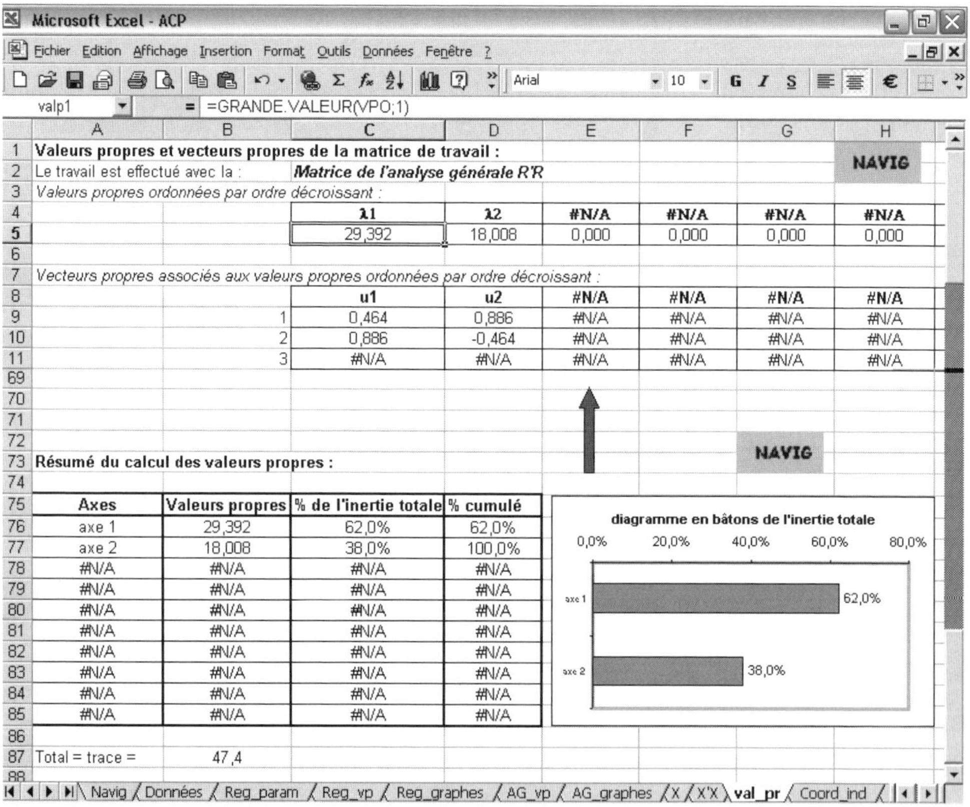

Figure 2.2-4: La feuille val_pr du classeur ACP (Ex_1) pour le choix 1 (analyse générale).

Ces actions vous ont amené sur la feuille `Val_pr` et vous retrouvez les valeurs propres précédemment calculées, ainsi qu'un diagramme en bâtons de leur représentation. Le bloc `C9:C10`, situé en haut de cette feuille, vous donne les coordonnées des deux vecteurs propres associés à ces deux valeurs propres ordonnées dans le sens décroissant (remarquez la formule d'Excel `=GRANDE.VALEUR( ; )` dans la barre des formules qui permet d'ordonner les valeurs propres).

2.2.4. Cas général de p variables

Il suffit de généraliser le cas précédent de 2 variables au cas où p est quelconque. X est cette fois une matrice (n,p) et la matrice X'X une matrice (p,p). On cherche le vecteur u, normé, qui maximise (Xu)'(Xu) et la méthode précédente revient à trouver une valeur propre de X'X qui correspond à la plus grande valeur propre. Nous noterons λ_1 la valeur propre maximale de X'X et u_1 le vecteur propre normé associé à cette valeur propre.

> F_1 est le sous espace de $\mathbf{R}^p$ associé au vecteur propre u_1 correspondant à la plus grande valeur propre λ_1 de X'X.

Nous allons maintenant réitérer ce procédé pour chercher un deuxième axe, porté par le vecteur unitaire u_2 (u_2 est de norme égale à 1), orthogonal à u_1. Nous appellerons F_2 ce deuxième axe.

> F_2 est le sous espace de $\mathbf{R}^p$ associé au vecteur propre u_2 correspondant à la deuxième valeur propre λ_2 de X'X ($\lambda_1 \geq \lambda_2$).

En poursuivant cette procédure p fois, on constitue une nouvelle base orthonormée de $\mathbf{R}^p$, la base $\{u_1, u_2, \ldots, u_p\}$ formée des p vecteurs propres de X'X associés aux p valeurs propres $\lambda_1, \lambda_2, \ldots, \lambda_p$ ($\lambda_1 \geq \lambda_2 \geq \ldots \geq \lambda_p$). En se restreignant aux q premiers vecteurs propres associés aux q premières valeurs propres ($q < p$) nous avons résolu le problème de l'approximation du nuage des n points individus dans $\mathbf{R}^p$ par le sous espace $\mathbf{R}^q$ de $\mathbf{R}^p$.

2.3. L'ajustement du nuage des p observations (les variables) par un sous-espace de $\mathbf{R}^n$

Il serait ici illusoire de prendre notre exemple précédent pour illustrer dans un espace visible les calculs car il s'agit de l'espace $\mathbf{R}^{10}$. Mais la méthode précédente va s' appliquer à nouveau à l'aide de quelques changements.

On cherche une droite G_1 de $\mathbf{R}^n$, qui passe par l'origine O, de vecteur unitaire v (v est (n,1)). Notons X^j, le vecteur de $\mathbf{R}^n$, qui représente la colonne j de la matrice des données X.

La projection de la variable j (point N_j) sur G_1 est : $v'X^j = \sum_{i=1}^{n} z_i x_{ij}$, maximiser la somme des carrés de ces projections revient donc à maximiser

$$\sum_{j=1}^{p} ON_j^2 = \sum_{j=1}^{p} [v'X^j].[v'X^j] = \left[v'X^1,...,v'X^p\right]\begin{bmatrix} v'X^1 \\ ... \\ v'X^p \end{bmatrix} = v'XX'v \text{ où } v = \begin{bmatrix} z_1 \\ ... \\ z_n \end{bmatrix}$$

Ainsi le vecteur v de $\mathbf{R}^n$ doit rendre maximal v'XX'v sous la contrainte v'v = 1. La démarche précédente s'applique à nouveau (en remplaçant u par v, F_j par G_i , X'X (matrice symétrique (p,p) par XX' (matrice symétrique (n,n)).

En poursuivant cette procédure n fois, on constitue une nouvelle base orthonormée de $\mathbf{R}^n$, la base $\{v_1 , v_2 ,..., v_n\}$formée des n vecteurs propres de XX' associés aux n valeurs propres $\mu_1, \mu_2, ..., \mu_n$ ($\mu_1 \geq \mu_2 \geq .. \geq \mu_n$). En se restreignant aux q premiers vecteurs propres associés aux q premières valeurs propres (q < n) nous avons résolu le problème de l'approximation du nuage des p points variables dans $\mathbf{R}^n$ par le sous espace $\mathbf{R}^q$ de $\mathbf{R}^n$.

2.4. Relations entre les deux sous espaces R^q de R^p et de R^n

Cherchons les relations qui lient les deux sous espaces $\mathbf{R}^q$ qui approximent $\mathbf{R}^p$ et $\mathbf{R}^n$. Notons u_α et λ_α , α = 1,...,q les q premiers vecteurs propres et valeurs propres de X'X et de même v_α et μ_α , α = 1,...,q les q premiers vecteurs propres et valeurs propres de XX' (nous supposons dans ce qui suit que les valeurs propres λ_α et μ_α sont non nulles).

Nous avons les relations :

dans $\mathbf{R}^p$ $X'X\, u_\alpha = \lambda_\alpha u_\alpha$ (éq.1)

dans $\mathbf{R}^n$ $XX'\, v_\alpha = \mu_\alpha v_\alpha$ (éq.2)

Si on note r le rang de X'X (resp. de XX'), on sait que r est aussi le rang de X et $r \leq \min(n,p)$. Comme $XX'\, v_\alpha = \mu_\alpha v_\alpha$ (éq.2)

$$X'[XX'\, v_\alpha] = X'[\mu_\alpha v_\alpha]$$

$$[X'X][X'\, v_\alpha] = \mu_\alpha [X'\, v_\alpha]$$

ce qui signifie qu'à chaque vecteur propre v_α ($\alpha \leq r$) de XX' correspond un vecteur propre $X'\, v_\alpha$ de X'X relatif à la même valeur propre μ_α. Toute valeur propre de X'X est donc valeur propre de XX'.

Comme tout vecteur propre est défini à une homothétie près, les vecteurs propres u_α et $X'\, v_\alpha$ sont proportionnels, soit k_α ce coefficient de proportionnalité :

$$u_\alpha = k_\alpha X'\, v_\alpha \quad \text{(éq.3)}$$

or $X'X\, u_\alpha = \lambda_\alpha u_\alpha$ (éq.1)

donc $X[X'X\, u_\alpha] = X[\lambda_\alpha u_\alpha]$

$$[XX'][X\, u_\alpha] = \lambda_\alpha [X\, u_\alpha]$$

ce qui signifie qu'à chaque vecteur propre u_α ($\alpha \leq r$) de X'X correspond un vecteur propre X u_α de XX' relatif à la même valeur propre λ_α. Toute valeur propre de XX' est donc valeur propre de X'X. Ces vecteurs propres v_α et X u_α sont donc proportionnels, soit k'_α ce coefficient de proportionnalité :

$$v_\alpha = k'_\alpha X u_\alpha \qquad \text{(éq.4)}$$

Ainsi pour $\alpha \leq r$, $\mu_\alpha = \lambda_\alpha$, cherchons le lien entre ces deux constantes k_α et k'_α. Les vecteurs propres étant normés on a :

$u'_\alpha u_\alpha = v'_\alpha v_\alpha = 1$, en remplaçant par les équations 3 et 4 on obtient

$$[k_\alpha X' v_\alpha]'[k_\alpha X' v_\alpha] = [k'_\alpha X u_\alpha]'[k'_\alpha X u_\alpha]$$

$$k_\alpha^2 v_\alpha' X X' v_\alpha = k'^2_\alpha u_\alpha' X' X u_\alpha$$

$$k_\alpha^2 \mu_\alpha = k'^2_\alpha \lambda_\alpha = 1 \text{ et comme } \mu_\alpha = \lambda_\alpha$$

$$k_\alpha^2 = k'^2_\alpha = 1 / \lambda_\alpha \text{ et donc } k_\alpha = k'_\alpha = 1 / \sqrt{\lambda_\alpha}$$

On obtient ainsi le système de relations fondamentales suivantes qui lient les deux espaces :

dans $\mathbf{R}^p$: $u_\alpha = X' v_\alpha / \sqrt{\lambda_\alpha}$ et dans $\mathbf{R}^n$: $v_\alpha = X u_\alpha / \sqrt{\lambda_\alpha}$

L'axe F_α qui porte le vecteur unitaire u_α est appelé α-ième axe factoriel de $\mathbf{R}^p$, l'axe G_α qui porte le vecteur unitaire v_α est appelé α-ième axe factoriel de $\mathbf{R}^n$.

2.5. Coordonnées des points individus et variables dans les deux sous espaces R^q de R^p et de R^n

2.5.1. Les formules générales

A l'aide des résultats précédents nous pouvons en déduire les coordonnées des points dans les deux espaces :

- Sur l'axe F_α dans $\mathbf{R}^p$, les coordonnées des n points individus sont par construction les composantes (les lignes) de X u_α matrice (n,1) = (n,p) x (p,1), comme $X u_\alpha = \sqrt{\lambda_\alpha}\ v_\alpha$ la ligne i de X u_α sera $(X u_\alpha)_i = \sqrt{\lambda_\alpha}\ (v_\alpha)_i$
- Sur l'axe G_α dans $\mathbf{R}^n$, les coordonnées des p points variables sont par construction les composantes (les lignes) de X' v_α matrice (p,1) = (p,n) x (n,1), comme $X' v_\alpha = \sqrt{\lambda_\alpha}\ u_\alpha$ la ligne j de X' v_α sera $(X' v_\alpha)_j = \sqrt{\lambda_\alpha}\ (u_\alpha)_j$
  (ce sont ces formules que nous utiliserons pour le calcul des coordonnées des p points variables).

Il y a ainsi proportionnalité entre les coordonnées d'un point sur un axe α dans un espace et les composantes unitaires de l'axe α dans l'autre espace : par exemple la composante i du point individu sur l'axe F_α dans $\mathbf{R}^p$ est proportionnelle à la i-ème composante du vecteur unitaire v_α de l'axe G_α dans $\mathbf{R}^n$.

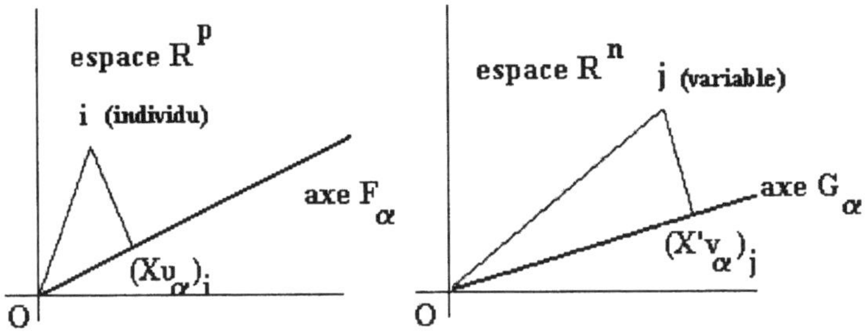

Figure 2.5-1: Schéma pour le calcul des coordonnées sur les axes factoriels.

2.5.2. Calculs à la main sur l'exemple

Nous reprenons l'exemple précédent pour calculer les coordonnées d'un point individu (l'individu 7, par exemple) sur les axes F_1 et F_2, puis les coordonnées de la variable 1 (par exemple sur les axes G_1 et G_2.

- coordonnées de l' individu 7 sur les axes F_1 et F_2 :

pour l'axe F_1 (7ième ligne de X) x (les 2 lignes de u_1) = $[2\ ,\ 2]\begin{bmatrix}0{,}46\\0{,}89\end{bmatrix} = 2{,}7$

pour l'axe F_2 (7ième ligne de X) x (les 2 lignes de u_2) = $[2\ ,\ 2]\begin{bmatrix}-0{,}89\\0{,}46\end{bmatrix} = -0{,}86$

Ainsi l'individu 7 aura (2,7 ; -0,86) comme nouvelles coordonnées sur le repère $\{F_1\ ,\ F_2\}$ passant par l'origine.

- coordonnées de la variable 1 sur les axes G_1 et G_2 :

la première coordonnée est calculée par $(X'\ v_1)_1 = \sqrt{\lambda_1}\ (u_1)_1 = \sqrt{29{,}39} \times 0{,}46 = 2{,}49$

la deuxième coordonnée est calculée par $(X'\ v_2)_1 = \sqrt{\lambda_2}\ (u_2)_1 = \sqrt{18{,}01} \times (-0{,}89) = -3{,}77$

Remarque : des résultats légèrement différents peuvent apparaître selon la précision de vos calculs.

2.5.3. Calculs à l'aide du classeur ACP sur l'exemple 1

La feuille `Coord_ind` du classeur ACP, que vous atteignez en effectuant

Navig / Flèche bleue bas / Coord_ind

contient les calculs des coordonnées des individus sur les axes factoriels. Les coordonnées des individus sur l'axe 1 figurent dans le bloc `C6:C15` et sont calculées par le produit matriciel de X par le vecteur propre associé ; par exemple la cellule `C12` donne la coordonnée de l'individu `i7` sur l'axe F_1.

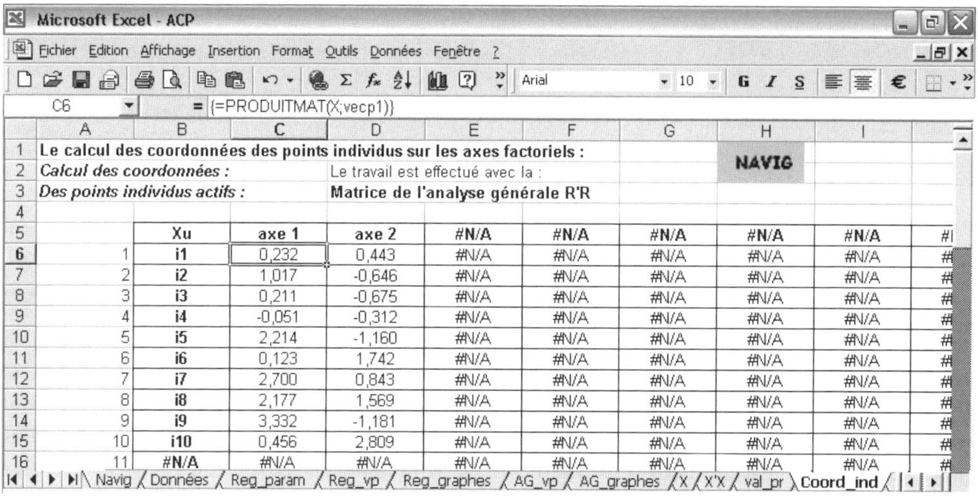

Microsoft Excel - ACP

C6 = {=PRODUITMAT(X;vecp1)}

Le calcul des coordonnées des points individus sur les axes factoriels :

Calcul des coordonnées : Le travail est effectué avec la :

Des points individus actifs : **Matrice de l'analyse générale R'R**

NAVIG

A	B	C	D	E	F	G	H	I
	Xu	axe 1	axe 2	#N/A	#N/A	#N/A	#N/A	#N/A
1	i1	0,232	0,443	#N/A	#N/A	#N/A	#N/A	#N/A
2	i2	1,017	-0,646	#N/A	#N/A	#N/A	#N/A	#N/A
3	i3	0,211	-0,675	#N/A	#N/A	#N/A	#N/A	#N/A
4	i4	-0,051	-0,312	#N/A	#N/A	#N/A	#N/A	#N/A
5	i5	2,214	-1,160	#N/A	#N/A	#N/A	#N/A	#N/A
6	i6	0,123	1,742	#N/A	#N/A	#N/A	#N/A	#N/A
7	i7	2,700	0,843	#N/A	#N/A	#N/A	#N/A	#N/A
8	i8	2,177	1,569	#N/A	#N/A	#N/A	#N/A	#N/A
9	i9	3,332	-1,181	#N/A	#N/A	#N/A	#N/A	#N/A
10	i10	0,456	2,809	#N/A	#N/A	#N/A	#N/A	#N/A
11	#N/A	#N/A	#N/A	#N/A	#N/A	#N/A	#N/A	#N/A

Figure 2.5-2: La feuille Coord_ind des coordonnées des individus du classeur ACP (EX_1) pour le choix 1 de l'analyse générale.

La feuille `Coord_var` du classeur ACP, que vous atteignez en effectuant

Navig / Flèche bleue bas / Coord_var

contient les calculs des coordonnées des variables sur les axes factoriels. Les coordonnées des variables sur l'axe 1 figurent dans le bloc `C8:C9` et sont calculées par le produit $(X' v_1)_1 = \sqrt{\lambda_1}\ (u_1)_1$ pour la variable 1 (notée `v1`) et $(X' v_1)_2 = \sqrt{\lambda_1}\ (u_1)_2$ pour la variable 2 (notée `v2`) ; par exemple la cellule C8 donne la coordonnée de la variable 1 sur l'axe G_1, la valeur 2,516 est légèrement différente de la valeur 2,49 que nous obtenions avec les calculs à la main mais cela provient des approximations effectuées.

Voici la copie d'écran de la feuille `Coord_var` :

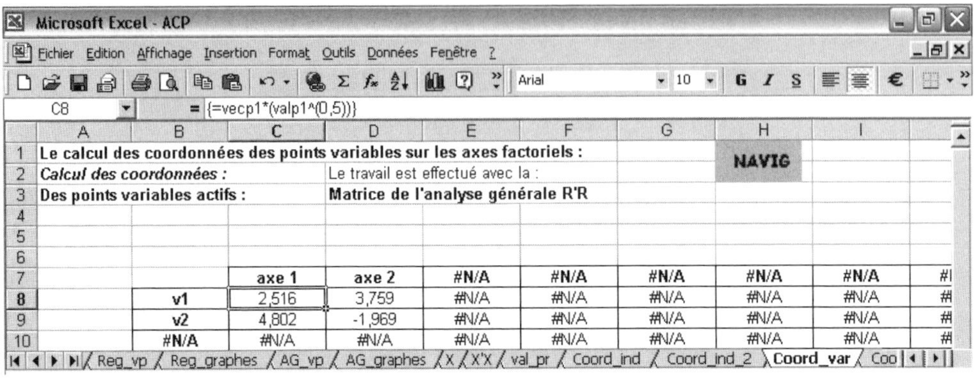

	A	B	C	D	E	F	G	H	I
1	Le calcul des coordonnées des points variables sur les axes factoriels :							NAVIG	
2	*Calcul des coordonnées :*			Le travail est effectué avec la :					
3	Des points variables actifs :			Matrice de l'analyse générale R'R					
4									
5									
6									
7			axe 1	axe 2	#N/A	#N/A	#N/A	#N/A	#N/A
8		v1	2,516	3,759	#N/A	#N/A	#N/A	#N/A	#N/A
9		v2	4,802	-1,969	#N/A	#N/A	#N/A	#N/A	#N/A
10		#N/A	#N/A	#N/A	#N/A	#N/A	#N/A	#N/A	#N/A

Figure 2.5-3: La feuille Coord_var des coordonnées des variables du classeur ACP (EX_1) pour le choix 1 de l'analyse générale.

2.5.4. Estimation graphique des coordonnées des points individus par la feuille AG_graphes de ACP

La feuille `AG_graphes` du classeur ACP nous permet d'estimer graphiquement les coordonnées des points individus ; nous allons effectuer cette estimation qui aidera à la compréhension de ces calculs en algèbre linéaire relativement compliqués. Reprenons la figure 2.2-3, où nous allons reproduire ci-dessous la partie graphique. Considérons le point individu 7. Projetons orthogonalement ce point sur l'axe u_1 (axe factoriel F_1) et sur l'axe u_2 (axe factoriel F_2). En prenant la norme des axes d'origine Ox et Oy, on retrouve bien les coordonnées (2,7 ; 0,84) comme longueur des projections sur ces deux axes.

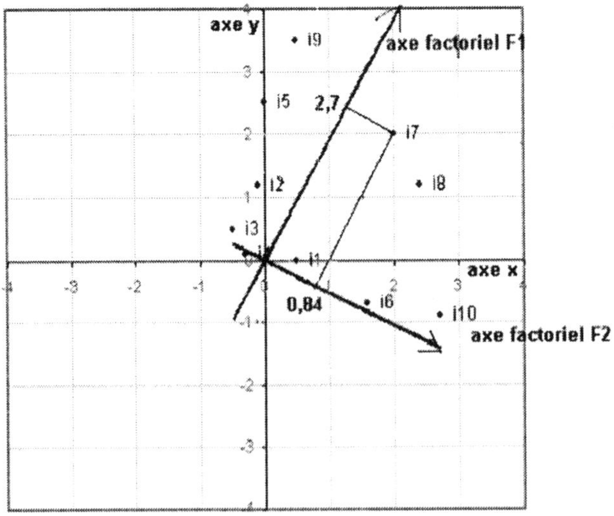

Figure 2.5-4: La projection du point 7 pour l'estimation graphique de ses coordonnées par projection sur les axes factoriels F_1 et F_2.

2.6. Reconstitution et reconstitution approchée du tableau X de départ

De la relation $X\,u_\alpha = \sqrt{\lambda_\alpha}\;v_\alpha$ établie précédemment on déduit $(X\,u_\alpha)\,u_\alpha' = \sqrt{\lambda_\alpha}\;v_\alpha\;u_\alpha'$. En sommant sur l'ensemble des vecteurs propres dans $\mathbf{R}^p$, $\alpha = 1 \ldots p$, il vient :

$$X \sum_{\alpha=1}^{p} u_\alpha\,u_\alpha' = \sum_{\alpha=1}^{p} \sqrt{\lambda_\alpha}\;v_\alpha\;u_\alpha'$$

Or $\sum_{\alpha=1}^{p} u_\alpha\,u_\alpha' = u_1\,u_1' + \ldots + u_p\,u_p'$, matrice (p,1)x(1,p) = (p,p),

en multipliant à gauche par u_1', on obtient :

$$u_1'\,(u_1\,u_1' + \ldots + u_p\,u_p') = u_1'\,u_1\,u_1' + u_1'\,u_2\,u_2' + \ldots + u_1'\,u_p\,u_p' = u_1'\,1 + 0 + \ldots + 0 = u_1'$$

car $u_1\,u_1' = 1$ (vecteur u_1 normé) et $u_1'\,u_i = 0$ (vecteurs u_1 et u_i orthogonaux pour $i \neq 1$), ainsi $u_1\,u_1' + \ldots + u_p\,u_p' = I_p$, matrice unité d'ordre p.

Donc $X = \sum_{\alpha=1}^{p} \sqrt{\lambda_\alpha}\;v_\alpha\;u_\alpha'$, matrice (n,1)x(1,p) = (n,p), qui est la formule de reconstitution du tableau X.

Si on se limite aux q premiers axes ($q \leq p$) et si les valeurs propres $\lambda_{q+1}, \ldots, \lambda_p$ sont négligeables par rapport aux q premières, on obtient la reconstitution approchée X^* du tableau de départ X, composé de q termes :

$$X^* = \sum_{\alpha=1}^{q} \sqrt{\lambda_\alpha}\;v_\alpha\;u_\alpha'$$

Les np valeurs initiales de X sont remplacées par les q(n + p) valeurs de X^*. Nous verrons dans le paragraphe suivant que la qualité globale de la reconstitution peut-être mesurée par la quantité :

$$\tau_q = \frac{\sum_{\alpha=1}^{q} \lambda_\alpha}{\sum_{\alpha=1}^{p} \lambda_\alpha}$$

appelée taux d'inertie ou part de variance qui mesure la part de la « dispersion » du nuage expliquée par le sous espace à q dimensions.

Pour notre exemple précédent, les calculs des taux d'inertie par axe sont donnés sur la feuille `Val_pr` (bloc `A75:D85`) : l'axe 1 représente 62 % de l'inertie totale, donc l'axe 2 seulement 38 % de cette inertie ($\tau_1 = 62$ %). C'est-à-dire que si l'on résumait notre nuage à deux dimensions, correspondant aux variables v_1 et v_2, à une seule dimension, correspondant à l'axe factoriel u_1, on conserverait dans cette approximation 62 % de l'information.

Dans le chapitre suivant nous ferons des transformations de la matrice des données initiales qui nous permettront de faire des liens avec les paramètres statistiques usuels et donc d'utiliser leurs interprétations. La méthode mathématique, relativement difficile, qui a été développée dans ce chapitre sera, bien sûr, réutilisée dans les chapitres ultérieurs qui seront des cas particuliers de cette analyse.

Résumons dans un tableau les différents résultats et formules accumulées au cours de ce chapitre :

Analyse générale

Tableau des valeurs numériques X :

$$X = \begin{bmatrix} x_{11} & \cdots & x_{1p} \\ \cdots & x_{ij} & \cdots \\ x_{n1} & \cdots & x_{np} \end{bmatrix}$$

Individus : i = 1…n (les n lignes)

Variables : j = 1…p (les p colonnes)

On calcule les valeurs propres de X' X :

Si λ_α désigne la α-ième valeur propre de X' X

dans $\mathbf{R}^p$: u_α est le α-ième vecteur propre de X' X : $X' X u_\alpha = \lambda_\alpha u_\alpha$

dans $\mathbf{R}^n$: v_α est le α-ième vecteur propre de X X' : $X X' v_\alpha = \lambda_\alpha v_\alpha$

avec $\| u_\alpha \| = \| v_\alpha \| = 1$

Les vecteurs directeurs des axes factoriels :

dans $\mathbf{R}^p$: u_α est le vecteur directeur du α-ième axe factoriel :

$$u_\alpha = (1/\sqrt{\lambda_\alpha}\,)\, X' v_\alpha$$

dans $\mathbf{R}^n$: v_α est le α-ième vecteur propre de X X' : $X X' v_\alpha = \lambda_\alpha v_\alpha$

$$v_\alpha = (1/\sqrt{\lambda_\alpha}\,)\, X u_\alpha$$

Les coordonnées des points du nuage sur l'axe α sont :

dans $\mathbf{R}^p$: les composantes de $X u_\alpha$ (matrice (n,1))

dans $\mathbf{R}^n$: les composantes de $X' v_\alpha$ (matrice (p,1))

La quantité globale de la reconstitution du tableau par q axes est :

$$\tau_q = \frac{\sum_{\alpha=1}^{q} \lambda_\alpha}{\sum_{\alpha=1}^{p} \lambda_\alpha}$$, appelé le taux d'inertie.

Tableau 2.6-1: Résumé de l'analyse générale.

3

L’analyse en composantes principales

Nous allons nous appuyer sur les résultats de l’analyse générale dont la théorie et la pratique ont été développées dans le chapitre 2. Nous traiterons parallèlement au cas général d’une matrice (n,p) (que nous noterons aussi nxp : n lignes qui correspondent aux individus, p colonnes qui correspondent aux variables) le cas particulier d’une matrice 10x2 (n = 10 individus, p = 2 variables). Cette matrice correspond aux données déjà étudiées dans le paragraphe précédent ; à chaque notion théorique correspondra un calcul à la main et sa version automatisée sur le classeur ACP.

Nous allons donc simplifier un tableau de données statistiques où les variables seront des variables quantitatives (l’étude des variables qualitatives relèvera de l’analyse factorielle des correspondances). Le but n’étant pas seulement de réduire ce tableau, comme dans le cas de l’analyse générale, mais aussi d’interpréter statistiquement et graphiquement ce tableau réduit.

Présentons d’abord quelques généralités sur l’analyse en composantes principales.

3.1. Généralités

La matrice des données est un tableau contenant les valeurs numériques qui serviront aux calculs. Cette matrice R, contient n lignes et p colonnes. Les p colonnes représentent p variables statistiques composées de n individus ou observations.

On note $R = (r_{ij})$ $i = 1 \ldots n$, $j = 1 \ldots p$ cette matrice nxp où i est l’indice des lignes et j l’indice des colonnes.

$$R = \begin{bmatrix} r_{11} & \dots & r_{1j} & \dots & r_{1p} \\ \dots & & & & \\ r_{i1} & & r_{ij} & & r_{ip} \\ \dots & & & & \\ r_{n1} & & r_{nj} & & r_{np} \end{bmatrix}$$

r_{ij} est l'observation de la variable j sur l'individu i.

La matrice des données de notre exemple est celle de l'exemple 1, données que nous avons déjà étudiées avec le classeur ACP. Dans ce classeur la matrice R figure dans le bloc `C16:D25`. Les libellés des colonnes sont `v1` et `v2` (v comme variable et 1 ou 2 pour leur numéro), ceux des lignes sont `i1`...`i10` (i comme individu et 1...10 pour leur numéro).

Rappelons, avec les notations de la matrice R, les quelques formules de statistique descriptive dont nous aurons besoin par la suite :

moyenne arithmétique de la variable j : $\bar{r}_j = \frac{1}{n}\sum_{i=1}^{n} r_{ij}$

variance empirique de la variable j : $s_{ej}^2 = \frac{1}{n}\sum_{i=1}^{n} r_{ij}^2 - \bar{r}_j^2 = \frac{1}{n}\sum_{i=1}^{n}(r_{ij} - \bar{r}_j)^2$

covariance empirique entre la variable j et la variable k :

$$\mathrm{cov}_e(j,k) = \mathrm{cov}_e(R^j, R^k) = \frac{1}{n}\sum_{i=1}^{n}(r_{ij} - \bar{r}_j)(r_{ik} - \bar{r}_k)$$

corrélation linéaire empirique entre la variable j et la variable k :

$$\mathrm{corr}(R^j, R^k) = \frac{\mathrm{cov}_e(R^j, R^k)}{s_{ej}s_{ek}}$$

où on note R^j la colonne j de la matrice R qui représente les données de la variable j.

Comme dans le chapitre 2 précédent nous allons effectuer l'analyse dans les deux espaces : d'abord l'étude du nuage des n individus dans l'espace $\mathbf{R}^p$ des p variables, puis l'étude du nuage des p variables dans l'espace $\mathbf{R}^n$ des individus.

3.2. Analyse du nuage des n individus dans l'espace R^p des variables

3.2.1. Généralités

On souhaite obtenir une représentation des projections n points individus dans un sous-espace de l'espace $\mathbf{R}^p$ des variables, c'est-à-dire un espace de dimension inférieure à p. Le schéma suivant illustre notre approche :

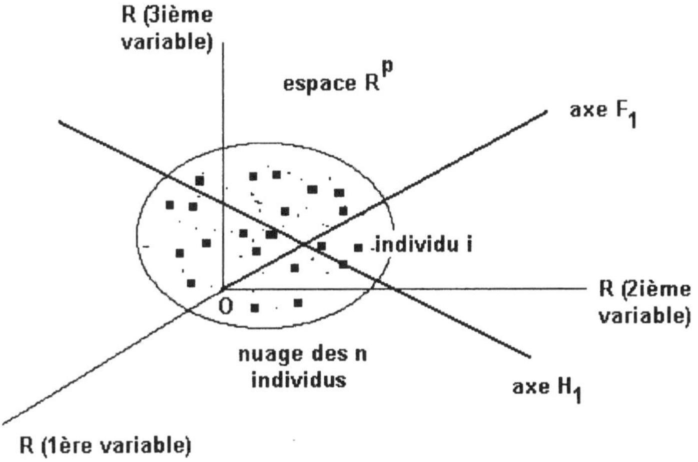

Figure 3.2-1: Schéma pour la recherche d'un sous-espace de $\boldsymbol{R^p}$.

La démarche étudiée dans l'analyse générale nous a conduit à chercher un axe F_1, passant par l'origine O. Il semble plus intéressant de chercher un axe H_1 qui passe par le centre de gravité du nuage, c'est-à-dire le point moyen :

$$\bar{r} = (\bar{r}_1, \bar{r}_2, ..., \bar{r}_p)' \text{ où } \quad \bar{r}_j = \frac{1}{n}\sum_{i=1}^{n} r_{ij} \quad j = 1...p$$

puisque seule la forme du nuage nous intéresse et non sa position relative par rapport à l'origine.

Le schéma suivant montre en deux dimensions la position du centre de gravité G :

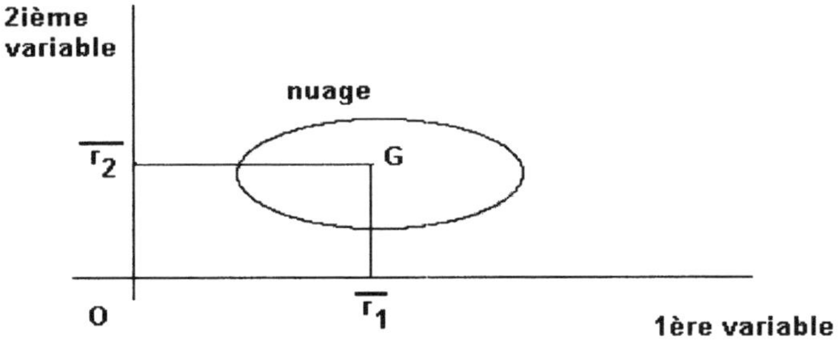

Figure 3.2-2 : Schéma pour la recherche de l'axe H_1.

Ainsi nous allons prendre comme nouvelle origine le centre de gravité G, ou point dont les coordonnées sont les moyennes des variables.

Avec ce changement d'origine, l'analyse générale précédente et ses résultats sont-ils respectés ? Précisément, va-t-on à nouveau maximiser la somme des carrés des longueurs des projections ?

Nous allons montrer que si nous projetons deux points individus i et j sur un axe H quelconque d'origine Ω, les mesures algébriques de ces projections sur l'axe étant respectivement h_i et h_j alors on pourra proposer comme critère de rendre maximale la somme :

$$\sum_{i=1}^{n}\sum_{j=1}^{n}(h_i - h_j)^2$$

qui correspond à rendre minimale les longueurs des carrés des projections iH_i^2 ou jH_j^2 comme le montre le schéma suivant :

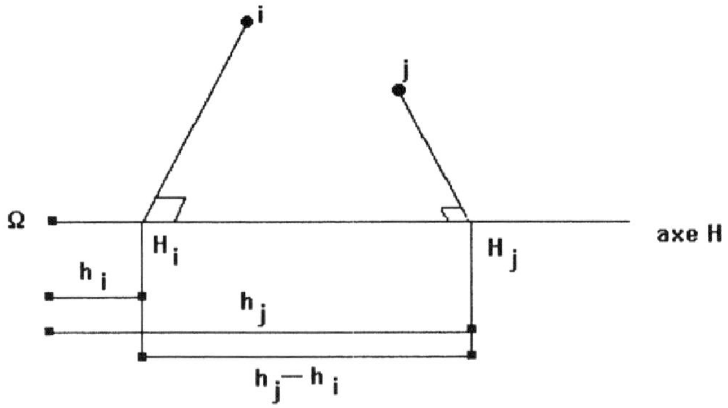

Figure 3.2-3 : Schéma pour le critère de maximisation.

Nous allons démontrer que :

$$\sum_{i=1}^{n}\sum_{j=1}^{n}(h_i - h_j)^2 = 2n\sum_{i=1}^{n}(h_i - \bar{h})^2 \qquad \text{où} \quad \bar{h} = \frac{1}{n}\sum_{i=1}^{n} h_i$$

C'est-à-dire que si on prend comme origine le point moyen des projections, la maximisation reviendra à la maximisation d'une somme de carrés, précisément la somme

$$2n\sum_{i=1}^{n}(h_i - \bar{h})^2 \text{ ou, ce qui revient au même } \sum_{i=1}^{n}(h_i - \bar{h})^2$$

On se retrouve bien ainsi dans le cadre de l'analyse générale, il nous suffira de prendre comme terme générique de la matrice X la valeur :

$x_{ij} = r_{ij} - \overline{r_j}$ (plus précisément un multiple de ce terme comme nous le verrons ci-après)

Afin d'évacuer toute ambiguïté nous donnons ci-dessous un schéma qui reprend la figure 2-2 de l'étude générale où nous avons surmonté les anciennes notations des notations correspondantes à notre analyse actuelle :

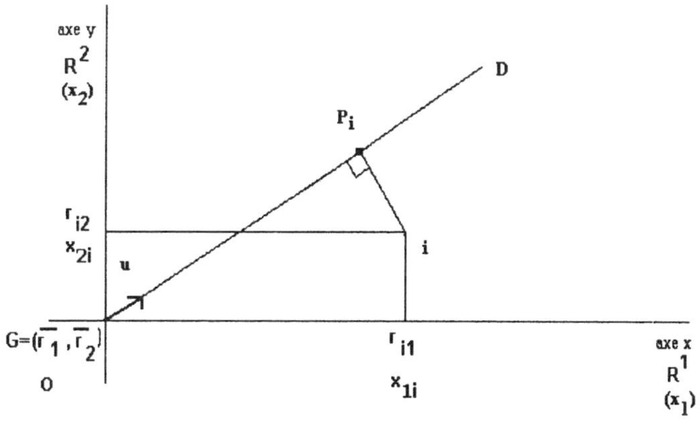

Figure 3.2-4 : Schéma explicatif du changement d'origine.

Démontrons la formule $\sum_{j=1}^{n}\sum_{i=1}^{n}(h_i - h_j)^2 = 2n\sum_{i=1}^{n}(h_i - \bar{h})^2$ où $\bar{h} = \frac{1}{n}\sum_{i=1}^{n} h_i$

annoncée plus haut :

$$\sum_{i=1}^{n}\sum_{j=1}^{n}(h_i - h_j)^2 = \sum_{i=1}^{n}\sum_{j=1}^{n}(h_i^2 - 2h_i h_j + h_j^2) = \sum_{i=1}^{n}(nh_i^2 - 2h_i \sum_{j=1}^{n} h_j + \sum_{j=1}^{n} h_j^2)$$

$$\text{or } \frac{1}{n}\sum_{j=1}^{n} h_j^2 - \overline{h}^2 = \frac{1}{n}\sum_{j=1}^{n}(h_j - \overline{h})^2 \text{ ou } \sum_{j=1}^{n} h_j^2 = n(\overline{h}^2) + \sum_{j=1}^{n}(h_j - \overline{h})^2$$

$$\text{donc } \sum_{i=1}^{n}\sum_{j=1}^{n}(h_i - h_j)^2 = \sum_{i=1}^{n}[nh_i^2 - 2nh_i\overline{h} + n(\overline{h})^2 + \sum_{j=1}^{n}(h_j - \overline{h})^2]$$

$$= \sum_{i=1}^{n} n(h_i - \overline{h})^2 + \sum_{i=1}^{n}\sum_{j=1}^{n}(h_j - \overline{h})^2$$

$$= \sum_{i=1}^{n} n(h_i - \overline{h})^2 + \sum_{j=1}^{n} n(h_j - \overline{h})^2 = 2n\sum_{i=1}^{n}(h_i - \overline{h})^2$$

Résumons nos résultats : le tableau $R = (r_{ij})$ est remplacé par le tableau $X = (x_{ij})$ où

$$x_{ij} = r_{ij} - \overline{r_j} .$$

Afin de retrouver des formules statistiques usuelles nous effectuerons en fait la transformation :

$$x_{ij} = \frac{r_{ij} - \overline{r_j}}{\sqrt{n}}, \; i = 1 \ldots n, \; j = 1 \ldots p.$$

En effet d'après l'analyse générale, la matrice dont on cherche les valeurs propres est la matrice X'X de taille (p,n)x(n,p) = (p,p). Calculons le terme (k,j) de cette matrice :

$$(X'X)_{kj} = \begin{bmatrix} x_{1k} & \dots & x_{ik} & \dots & x_{nk} \end{bmatrix} \begin{bmatrix} x_{1j} \\ \dots \\ x_{ij} \\ \dots \\ x_{nj} \end{bmatrix} = \sum_{i=1}^{n} x_{ik} x_{ij} = \sum_{i=1}^{n} \left(\frac{r_{ik} - \overline{r_k}}{\sqrt{n}} \right) \left(\frac{r_{ij} - \overline{r_j}}{\sqrt{n}} \right)$$

$$= \frac{1}{n} \sum_{i=1}^{n} \left(r_{ik} - \overline{r_k} \right) \left(r_{ij} - \overline{r_j} \right) = \mathrm{cov}_e(R^k, R^j)$$

obtenu par la multiplication terme à terme de la k-ième ligne de X' (k-ième colonne de X) par la j-ième colonne de X.

Le terme multiplicatif $1/\sqrt{n}$ permet de donner au terme (k,j) de X'X la valeur de la covariance empirique entre les variables j (notée R^j) et k (notée R^k), qui correspondent respectivement aux colonnes j et k de la matrice R. La matrice X'X est donc la matrice (p,p) (à p lignes et p colonnes) des variances-covariances expérimentales (on dit aussi « matrice des covariances expérimentales ») :

$$X'X = \begin{bmatrix} \mathrm{var}(R^1) = s_{e1}^2 & & & \\ \mathrm{cov}_e(R^2, R^1) & \mathrm{var}(R^2) = s_{e2}^2 & & \\ \dots & \dots & & \\ \mathrm{cov}_e(R^p, R^1) & \dots & \mathrm{cov}_e(R^p, R^{p-1}) & \mathrm{var}(R^p) = s_{ep}^2 \end{bmatrix}$$

Nous n'avons écrit que les termes situés sous la diagonale principale car cette matrice est symétrique, en effet $\mathrm{cov}_e(R^j,R^k) = \mathrm{cov}_e(R^k,R^j)$ et $\mathrm{cov}_e(R^j,R^j) = \mathrm{var}(R^j) = s^2_{ej}$, ces variances empiriques formant les termes de la diagonale.

Remarque : Nous avons déjà vu lors de l'étude du classeur ACP que la cellule `D5` de la feuille `Données` (ou sa toupie associée) permettait de choisir la matrice de travail. En tapant `1` on effectuait la recherche des valeurs propres sur la matrice R'R. Ici il suffira de frapper `2` pour faire apparaître la matrice transformée X de travail, le bloc `C5:D14` de la feuille `X` ; la matrice des variances-covariances X'X occupant le bloc `C10:D11` de la feuille `X'X`. Pour atteindre les feuilles `X` et `X'X` rappelons qu'il suffit de cliquer sur l'onglet correspondant apparaissant en bas de la feuille. Donnons les copies d'écran de ces feuilles pour les données de l'exemple 1 :

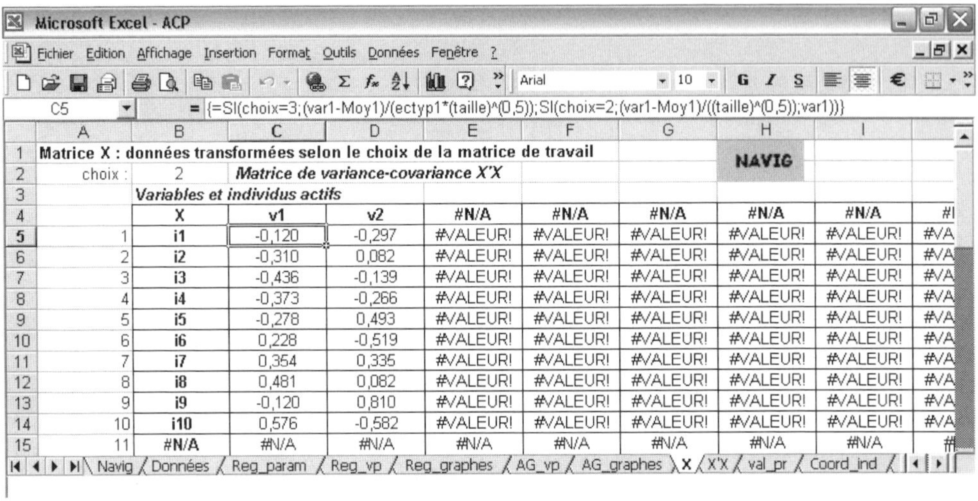

Figure 3.2-5: La feuille X du classeur ACP (Ex_1) pour le choix 2.

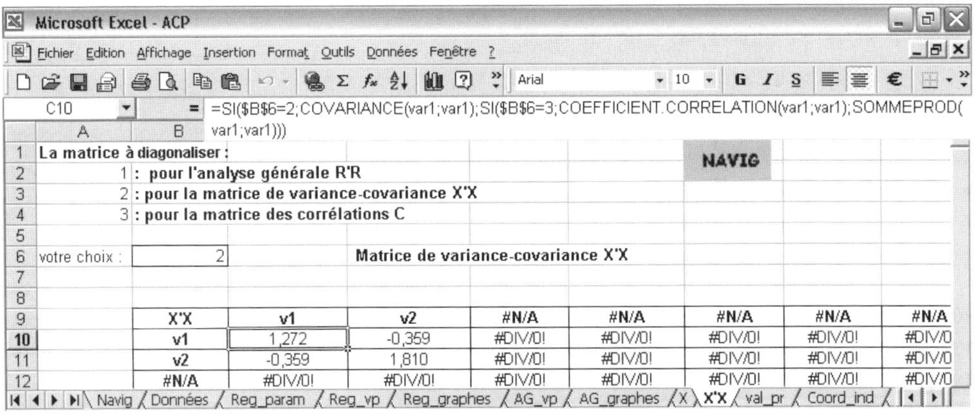

Figure 3.2-6: La feuille X'X du classeur ACP (Ex_1) pour le choix 2.

Vous remarquerez, sur ces deux dernières figures, que la barre des formules contient les formules de calcul d'une part pour le calcul des termes de X (figure 3-5) et les formules matricielles d'Excel pour le calcul de X'X (figure 3-6) selon le choix 1, 2 ou 3.

Il peut arriver que les dispersions des données entre colonnes, c'est-à-dire les écarts types entre les variables soient très différents les uns des autres, ce qui arrive notamment si on utilise des données numériques d'unités différentes (dollars, livres, heures, kilogrammes, …). Cette possibilité fera apparaître des distorsions dans les représentations : nous verrons concrètement sur nos classeurs d'application ce problème. Pour y remédier on effectue une nouvelle transformation en divisant chacune des coordonnées d'une variable j (j-ième colonne de R) par son écart type s_{ej} : précisément on remplace x_{ij} par

$$x_{ij} = \frac{r_{ij} - \overline{r_j}}{s_{ej}\sqrt{n}}, \quad i = 1 \ldots n, \; j = 1 \ldots p.$$

Avec cette nouvelle transformation calculons le terme (k,j) de X'X :

$$(X'X)_{kj} = \frac{1}{n}\sum_{i=1}^{n} \frac{\left(r_{ik} - \overline{r_k}\right)}{s_{ek}} \frac{\left(r_{ij} - \overline{r_j}\right)}{s_{ej}} = \frac{\text{cov}_e(R^k, R^j)}{s_{ek}\, s_{ej}} = \text{corr}(R^j, R^k)$$

Le terme $(X'X)_{kj}$ est donc le coefficient de corrélation linéaire entre les variables k et j, noté $\text{corr}(R^j,R^k)$. Comme $\text{corr}(R^j,R^j) = 1$ (une variable est en corrélation linéaire parfaite avec elle-même) la matrice X'X est la matrice (p,p) des corrélations expérimentales entre les variables, notée C :

$$C = X'X = \begin{bmatrix} 1 & & & \\ \text{corr}(R^2, R^1) & 1 & & \\ \ldots & \ldots & & \\ \text{corr}(R^p, R^1) & \ldots & \text{corr}(R^p, R^{p-1}) & 1 \end{bmatrix}$$

Nous n'avons écrit que les termes situés sous la diagonale principale car cette matrice est symétrique, en effet $\text{corr}(R^j,R^k) = \text{corr}(R^k,R^j)$ et $\text{corr}(R^j,R^j) = 1$ formant les termes de la diagonale.

Rappelons que cette transformation réduit l'effet des variables très dispersées sur la distance entre individus. Nous verrons cela concrètement sur des exemples. On dit, pour cette analyse, que les individus ont le même « poids » et on parle alors d'*analyse en composantes principales normée.*

Remarques :

– quand on travaille sur la matrice des corrélations C = X'X, la diagonale de C est formée de 1. La somme des éléments de cette diagonale, la trace de C, est donc tr C = 1 + ...+ 1 = p (il y a en effet p valeurs propres si les variables initiales n'ont pas de dépendance linéaire entre elles). Des résultats d'algèbre linéaire nous affirment que la matrice C est diagonalisable dans la base des vecteurs propres $\{ u_1, u_2, \ldots, u_p \}$; c'est-à-dire qu'il existe une matrice de passage P telle que :

$$C = X'X = P\,\Lambda\,P^{-1} = P \begin{bmatrix} \lambda_1 & 0 & \ldots & 0 \\ 0 & \lambda_2 & & 0 \\ \ldots & \ldots & \ldots & \ldots \\ 0 & \ldots & 0 & \lambda_p \end{bmatrix} P^{-1}$$

Cette matrice Λ est la matrice diagonale, dont la diagonale est formée des valeurs propres de X'X, les autres termes étant nuls. On montre par ailleurs que tr C = tr P Λ P^{-1} = tr Λ (où tr est la trace). Ainsi la somme des valeurs propres est $\lambda_1 + \ldots + \lambda_p = p$. La transformation qui aboutit à utiliser la matrice des corrélations donne à chacune des variables la même variance (le même poids), précisément 1/p. Dans l'espace des « variables » vecteurs propres les poids sont transformés : λ_α est la variance expliquée par l'axe α et λ_α/p est la part de la variance totale expliquée par cet axe F_α qui correspond au α-ième axe principal.

– Il suffira de frapper `3` en `D5` de la feuille `Données` du classeur ACP pour faire apparaître la matrice transformée X de travail (bloc `C5:D14` de la feuille `X`) ; la matrice des corrélations X'X occupant le bloc `C10:D11` de la feuille `X'X`. Voici les copies d'écran pour les données de l'exemple 1 :

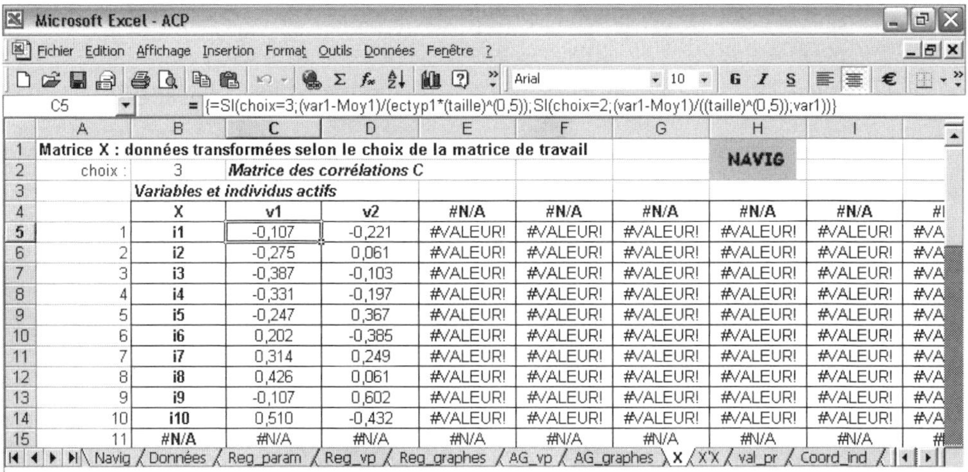

Microsoft Excel - ACP

C5 = {=SI(choix=3;(var1-Moy1)/(ectyp1*(taille)^(0,5));SI(choix=2;(var1-Moy1)/((taille)^(0,5));var1))}

	A	B	C	D	E	F	G	H	I
1	Matrice X : données transformées selon le choix de la matrice de travail							NAVIG	
2	choix :	3	Matrice des corrélations C						
3		Variables et individus actifs							
4		X	v1	v2	#N/A	#N/A	#N/A	#N/A	#N/A
5	1	i1	-0,107	-0,221	#VALEUR!	#VALEUR!	#VALEUR!	#VALEUR!	#VALEUR!
6	2	i2	-0,275	0,061	#VALEUR!	#VALEUR!	#VALEUR!	#VALEUR!	#VALEUR!
7	3	i3	-0,387	-0,103	#VALEUR!	#VALEUR!	#VALEUR!	#VALEUR!	#VALEUR!
8	4	i4	-0,331	-0,197	#VALEUR!	#VALEUR!	#VALEUR!	#VALEUR!	#VALEUR!
9	5	i5	-0,247	0,367	#VALEUR!	#VALEUR!	#VALEUR!	#VALEUR!	#VALEUR!
10	6	i6	0,202	-0,385	#VALEUR!	#VALEUR!	#VALEUR!	#VALEUR!	#VALEUR!
11	7	i7	0,314	0,249	#VALEUR!	#VALEUR!	#VALEUR!	#VALEUR!	#VALEUR!
12	8	i8	0,426	0,061	#VALEUR!	#VALEUR!	#VALEUR!	#VALEUR!	#VALEUR!
13	9	i9	-0,107	0,602	#VALEUR!	#VALEUR!	#VALEUR!	#VALEUR!	#VALEUR!
14	10	i10	0,510	-0,432	#VALEUR!	#VALEUR!	#VALEUR!	#VALEUR!	#VALEUR!
15	11	#N/A	#N/A	#N/A	#N/A	#N/A	#N/A	#N/A	#N/A

Navig / Données / Reg_param / Reg_vp / Reg_graphes / AG_vp / AG_graphes / X / X'X / val_pr / Coord_ind

Figure 3.2-7: La feuille X du classeur ACP (Ex_1) pour le choix 3.

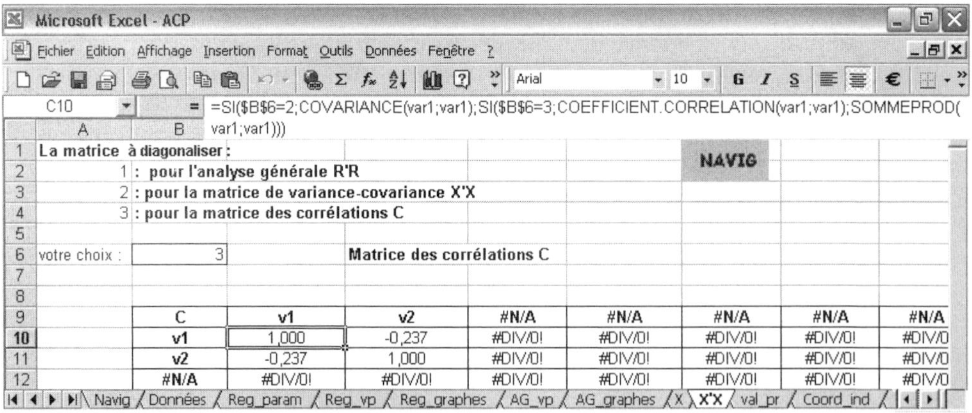

Microsoft Excel - ACP

C10 = =SI($B$6=2;COVARIANCE(var1;var1);SI($B$6=3;COEFFICIENT.CORRELATION(var1;var1);SOMMEPROD(var1;var1)))

	A	B	C	D	E	F	G	H	I
1	La matrice à diagonaliser :						NAVIG		
2	1	: pour l'analyse générale R'R							
3	2	: pour la matrice de variance-covariance X'X							
4	3	: pour la matrice des corrélations C							
5									
6	votre choix :	3		Matrice des corrélations C					
7									
8									
9		C	v1	v2	#N/A	#N/A	#N/A	#N/A	#N/A
10		v1	1,000	-0,237	#DIV/0!	#DIV/0!	#DIV/0!	#DIV/0!	#DIV/0
11		v2	-0,237	1,000	#DIV/0!	#DIV/0!	#DIV/0!	#DIV/0!	#DIV/0
12		#N/A	#DIV/0!	#DIV/0!	#DIV/0!	#DIV/0!	#DIV/0!	#DIV/0!	#DIV/0

Navig / Données / Reg_param / Reg_vp / Reg_graphes / AG_vp / AG_graphes / X / X'X / val_pr / Coord_ind

Figure 3.2-8: La feuille X'X du classeur ACP (Ex_1) pour le choix 3.

En conclusion, l'analyse du nuage des n points individus dans $\mathbf{R}^p$ nous a conduit à effectuer :

- Cas 1 : une translation de l'origine au centre de gravité G du nuage multipliée par le coefficient $1/\sqrt{n}$ (analyse en composantes principales non normée) ;
- Cas 2 : un changement d'échelles, en divisant la transformation linéaire précédente par l'écart type de chacune des variables (analyse en composantes principales normée).

La théorie générale nous conduit à chercher les vecteurs propres u_α de X'X où :

- Cas 1 : X'X est la matrice des variances-covariances ;
- Cas 2 : X'X est la matrice des corrélations.

Les coordonnées des points individus sur l'axe α (axe factoriel α ou composante principale α) porté par le vecteur propre u_α seront donc données par Xu_α.

3.2.2. *Calculs sur un exemple d'un tableau d'observations à 2 variables et 10 individus*

Dans ce paragraphe nous allons effectuer les calculs de la recherche des valeurs propres, des vecteurs propres, des coordonnées des points individus dans l'espace des vecteurs propres et de la représentation graphique de ces individus les axes factoriels u_α dans le cadre de l'exemple 1 déjà utilisé de la matrice R (feuille Données du classeur ACP), tableau de 10 individus en lignes et de 2 variables en colonnes. Ces calculs seront effectués dans les deux cas 1 et 2 précédents ; pour chacun des cas nous ferons d'abord les calculs à la main, puis à l'aide du classeur ACP.

A. Cas 1 : X'X est la matrice des variances variances-covariances

a. Calculs à la main :

Nous allons d'abord calculer à la main les valeurs propres et les vecteurs propres correspondant aux données de l'exemple 1 de la matrice R du classeur ACP. Si cet exemple n'est pas chargé, effectuez **Navig / Exemples / Ex_1**

- **la matrice X** : comme X'X est la matrice des **variances-covariances**, nous devons tout d'abord modifier la matrice R en X en effectuant la transformation :

$$x_{ij} = \frac{r_{ij} - \overline{r_j}}{\sqrt{n}}, \; i = 1 \ldots 10, j = 1,2.$$

Cette matrice X est donc :

A partir de R (10,2) — on obtient X (10,2)

i	R: v_1	R: v_2	X: v_1	X: v_2
i_1	0,5	0	-0,12	-0,3
i_2	-0,1	1,2	-0,31	0,08
i_3	-0,5	0,5	-0,44	-0,14
i_4	-0,3	0,1	-0,37	-0,27
i_5	0	2,5	-0,28	0,49
i_6	1,6	-0,7	0,23	-0,52
i_7	2	2	0,35	0,34
i_8	2,4	1,2	0,48	0,08
i_9	0,5	3,5	-0,12	0,81
i_{10}	2,7	-0,9	0,58	-0,58

	v_1	v_2
total :	8,8	9,4
moyenne :	0,88	0,94
écart-type :	1,1277	1,346
taille :	10	

Tableau 3.2-1: Tableau pour le calcul des termes de X.

Où $i_1 \ldots i_{10}$ représentent les 10 individus et v_1, v_2 les 2 variables (colonnes R^1 et R^2). Par exemple le terme r_{32} de R devient x_{32} de X où

$$x_{32} = \frac{0{,}5 - 0{,}94}{\sqrt{10}} = -0{,}14$$

- **la matrice X'X** : on en déduit la matrice des variances-covariances **X'**X :

$$X'X = \underbrace{\begin{bmatrix} -0{,}12 & -0{,}31 & -0{,}44 & -0{,}37 & -0{,}28 & 0{,}23 & 0{,}35 & 0{,}48 & -0{,}12 & 0{,}58 \\ -0{,}3 & 0{,}08 & -0{,}14 & -0{,}27 & 0{,}49 & -0{,}52 & 0{,}34 & 0{,}08 & 0{,}81 & -0{,}58 \end{bmatrix}}_{X'\,(2,10)} \times \underbrace{\begin{bmatrix} -0{,}12 & -0{,}3 \\ -0{,}31 & 0{,}08 \\ -0{,}44 & -0{,}14 \\ -0{,}37 & -0{,}27 \\ -0{,}28 & 0{,}49 \\ 0{,}23 & -0{,}52 \\ 0{,}35 & 0{,}34 \\ 0{,}48 & 0{,}08 \\ -0{,}12 & 0{,}81 \\ 0{,}58 & -0{,}58 \end{bmatrix}}_{X\,(10,2)}$$

$$\text{D'où } X'X = \begin{bmatrix} 1,27 & -0,36 \\ -0,36 & 1,81 \end{bmatrix}$$

On aurait pu obtenir directement cette matrice **X'X**, de taille (2,2), en utilisant les résultats du paragraphe 1.1.4 où nous avons calculé les variances des variables ($var(R^1) = 1,1277^2 = 1,27$, $var(R^2) = 1,346^2 = 1,81$) et la covariance $cov(R^1, R^2) = -0,36$.

– **les valeurs propres et les vecteurs propres** : le calcul des valeurs propres et des vecteurs propres de cette matrice sont aussi effectués dans le paragraphe 1.2.2, rappelons les résultats : à la plus grande valeur propre $\lambda_1 = 1,99$ est associé le vecteur propre $u_1' = (0,4472 , -0,8944)$, de norme 1 et à la seconde valeur propre $\lambda_2 = 1,09$ est associé le vecteur propre $u_2' = (0,8944 , 0,4472)$, de norme 1. Ces vecteurs sont définis à une orientation près.

– **les coordonnées des points individus dans l'espace des vecteurs propres** : pour obtenir les coordonnées des points individus dans l'espace des vecteurs propres de base $\{u_1, u_2\}$ qui est aussi appelé le plan factoriel $\{F_1, F_2\}$ nous calculerons Xu_1 et Xu_2 qui donnent les coordonnées sur chacun de ces axes :

$$\underset{(10,2)}{X} \begin{bmatrix} -0,12 & -0,3 \\ -0,31 & 0,08 \\ -0,44 & -0,14 \\ -0,37 & -0,27 \\ -0,28 & 0,49 \\ 0,23 & -0,52 \\ 0,35 & 0,34 \\ 0,48 & 0,08 \\ -0,12 & 0,81 \\ 0,58 & -0,58 \end{bmatrix} \times \underset{(2,1)}{U_1} \begin{bmatrix} 0,4472 \\ -0,8944 \end{bmatrix} = \underset{(10,1)}{Xu_1} \begin{bmatrix} 0,21 \\ -0,21 \\ -0,07 \\ 0,07 \\ -0,57 \\ 0,57 \\ -0,14 \\ 0,14 \\ -0,78 \\ 0,78 \end{bmatrix} \qquad \underset{(10,2)}{X} \begin{bmatrix} -0,12 & -0,3 \\ -0,31 & 0,08 \\ -0,44 & -0,14 \\ -0,37 & -0,27 \\ -0,28 & 0,49 \\ 0,23 & -0,52 \\ 0,35 & 0,34 \\ 0,48 & 0,08 \\ -0,12 & 0,81 \\ 0,58 & -0,58 \end{bmatrix} \times \underset{(2,1)}{U_2} \begin{bmatrix} 0,8944 \\ 0,4472 \end{bmatrix} = \underset{(10,1)}{Xu_2} \begin{bmatrix} -0,24 \\ -0,24 \\ -0,45 \\ -0,45 \\ -0,03 \\ -0,03 \\ 0,47 \\ 0,47 \\ 0,25 \\ 0,25 \end{bmatrix}$$

b. Calculs par le classeur ACP :

– **la matrice X** : quand vous tapez 2, en `D5` de la feuille `Données` du classeur ACP, vous travaillez dès lors sur la matrice des variances–covariances. Cette matrice s'affichera en `C10:D11` de la feuille `X'X`, la matrice X étant calculée en `C5:D4` de la feuille `X`. Les figures 3-5 et 3-6 ci-dessus reproduisent une partie de ces feuilles.

– **les valeurs propres et les vecteurs propres** : sur la feuille `val_pr` sont calculées et ordonnées les valeurs propres et les vecteurs propres de cette matrice X'X. Pour y accéder exécutez :

Navig / Flèche bleue bas / val_pr

Vous arrivez ainsi directement au tableau résumé du calcul des valeurs propres ainsi qu'à un diagramme en bâtons de leur représentation. Le haut de cette feuille est consacré aux vecteurs propres, le bloc `C9:D10`. Les calculs des valeurs propres et des vecteurs propres sont effectués à l'aide de fonctions personnalisées (`ValP()` et `VecP()`), macros instructions dont nous reparlerons dans l'annexe 2.

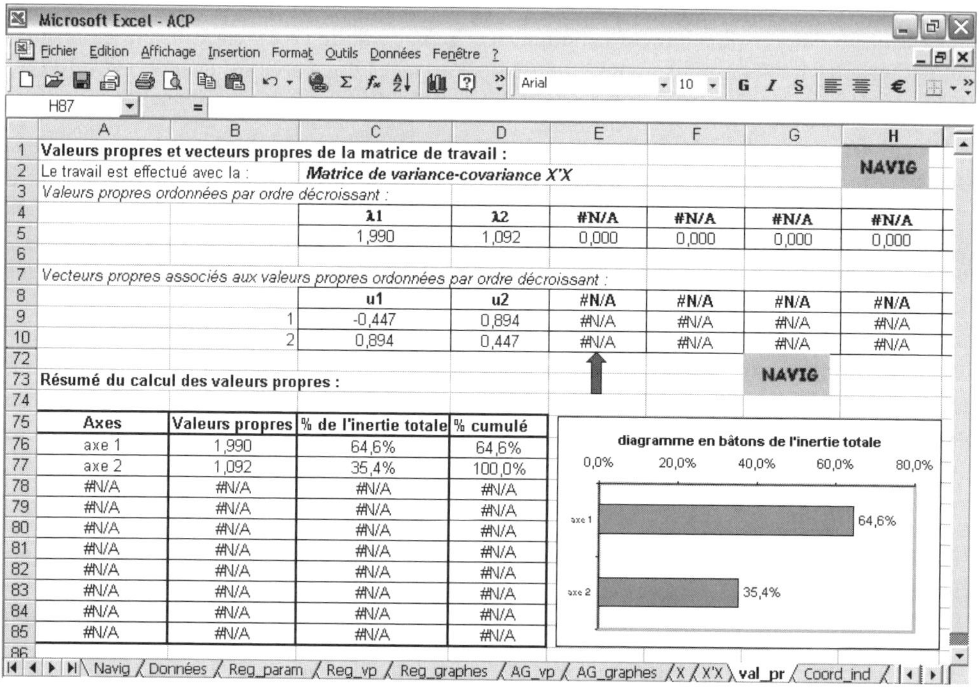

Microsoft Excel - ACP

	A	B	C	D	E	F	G	H
1	Valeurs propres et vecteurs propres de la matrice de travail :							
2	Le travail est effectué avec la :		Matrice de variance-covariance X'X					NAVIG
3	Valeurs propres ordonnées par ordre décroissant :							
4			λ1	λ2	#N/A	#N/A	#N/A	#N/A
5			1,990	1,092	0,000	0,000	0,000	0,000
6								
7	Vecteurs propres associés aux valeurs propres ordonnées par ordre décroissant :							
8			u1	u2	#N/A	#N/A	#N/A	#N/A
9		1	-0,447	0,894	#N/A	#N/A	#N/A	#N/A
10		2	0,894	0,447	#N/A	#N/A	#N/A	#N/A
72								
73	Résumé du calcul des valeurs propres :						NAVIG	

	Axes	Valeurs propres	% de l'inertie totale	% cumulé
76	axe 1	1,990	64,6%	64,6%
77	axe 2	1,092	35,4%	100,0%
78	#N/A	#N/A	#N/A	#N/A
79	#N/A	#N/A	#N/A	#N/A
80	#N/A	#N/A	#N/A	#N/A
81	#N/A	#N/A	#N/A	#N/A
82	#N/A	#N/A	#N/A	#N/A
83	#N/A	#N/A	#N/A	#N/A
84	#N/A	#N/A	#N/A	#N/A
85	#N/A	#N/A	#N/A	#N/A

Figure 3.2-9: Extraits de la feuille val_pr du classeur ACP (Ex_1) pour le choix 2.

Remarquez à nouveau que le vecteur u_1 a ses coordonnées opposées à celles que nous avons obtenues lors du calcul, mais ceci n'a pas d'importance puisque les axes factoriels sont définis à une orientation près.

– **les coordonnées des points individus dans l'espace des vecteurs propres** : pour atteindre la feuille `Coord_ind` qui donne les coordonnées des points individus sur chacun des axes factoriels effectuez

Navig / Flèche bleue bas / Coord_ind

Les coordonnées apparaissent dans le bloc `C6:D15` de cette feuille (colonne `C` pour l'axe F_1, colonne `D` pour l'axe F_2) Le calcul provient d'un produit matriciel effectué sur le feuille `Données` entre la matrice X de la feuille `X` et les coordonnées des vecteurs propres de la feuille `Val_pr` (`vecp1` et `vecp2` respectivement). Remarquez que les coordonnées sur l'axe u_1 sont opposées à celles que nous avons obtenues lors du calcul, ceci provient du fait que le u_1 obtenu sur le classeur est opposé au u_1 du calcul.

La copie d'écran ci–dessous montrent les résultats et la formule utilisée en `C6` qui apparaît dans la barre des formules :

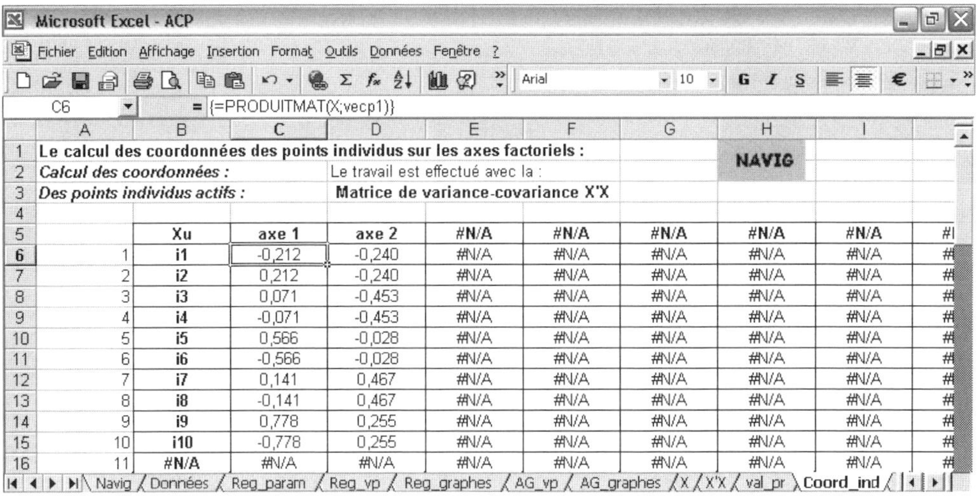

Microsoft Excel - ACP

Fichier Edition Affichage Insertion Format Outils Données Fenêtre ?

C6 = {=PRODUITMAT(X;vecp1)}

	A	B	C	D	E	F	G	H	I	
1	Le calcul des coordonnées des points individus sur les axes factoriels :							NAVIG		
2	*Calcul des coordonnées :*			Le travail est effectué avec la :						
3	*Des points individus actifs :*			Matrice de variance-covariance X'X						
4										
5		Xu	axe 1	axe 2	#N/A	#N/A	#N/A	#N/A	#N/A	#I
6	1	i1	-0,212	-0,240	#N/A	#N/A	#N/A	#N/A	#N/A	#
7	2	i2	0,212	-0,240	#N/A	#N/A	#N/A	#N/A	#N/A	#
8	3	i3	0,071	-0,453	#N/A	#N/A	#N/A	#N/A	#N/A	#
9	4	i4	-0,071	-0,453	#N/A	#N/A	#N/A	#N/A	#N/A	#
10	5	i5	0,566	-0,028	#N/A	#N/A	#N/A	#N/A	#N/A	#
11	6	i6	-0,566	-0,028	#N/A	#N/A	#N/A	#N/A	#N/A	#
12	7	i7	0,141	0,467	#N/A	#N/A	#N/A	#N/A	#N/A	#
13	8	i8	-0,141	0,467	#N/A	#N/A	#N/A	#N/A	#N/A	#
14	9	i9	0,778	0,255	#N/A	#N/A	#N/A	#N/A	#N/A	#
15	10	i10	-0,778	0,255	#N/A	#N/A	#N/A	#N/A	#N/A	#
16	11	#N/A	#N/A	#N/A	#N/A	#N/A	#N/A	#N/A	#N/A	#

Navig / Données / Reg_param / Reg_vp / Reg_graphes / AG_vp / AG_graphes / X / X'X / val_pr / Coord_ind

Figure 3.2-10: Une sélection de la feuille Coord_ind du classeur ACP (Ex_1) pour le calcul des coordonnées des points individus sur le plan factoriel (1,2), choix 2 de la matrice des variances–covariances.

– **la représentation graphique des points individus dans l'espace des vecteurs propres** : la feuille `graphes_ind` du classeur ACP donne la représentation graphique des points individus $i_1 \dots i_{10}$ dans l'espace des vecteurs propres. Pour atteindre cette feuille, exécutez

Navig / Flèche bleue bas / graphes_ind

Cette feuille est la première des trois feuilles consacrées aux représentations graphiques, la deuxième (`graphes_var`) donnera les représentations graphiques des variables et la troisième (`graphes_ind_var`) celles simultanées des individus et des variables. Ces feuilles auront toutes la même structure que nous allons en partie décrire maintenant.

Cette feuille comporte des graphes sur la partie haute et la partie basse que l'on atteint en cliquant sur la flèche bleue orientée vers le bas (sur l'écran est précisé `Avec sélection de la qlt`). Pour le moment nous ne considérerons que le graphe de la partie haute.

Soit par la toupie, soit directement vous sélectionnez en `D2` et `D3` l'axe horizontal et l'axe vertical . Ici l'axe horizontal est l'axe factoriel `1` et l'axe vertical est l'axe factoriel `2`. Mais, et ceci est du plus grand intérêt, quand nous travaillerons sur plus de deux variables nous pourrons choisir les plans factoriels à représenter par la sélection de ces axes. Ces axes et leur pourcentage d'inertie apparaissent aussi en bas à droite et en haut à gauche sur la fenêtre graphique par des menus déroulants. Remarquez qu'en cliquant sur la flèche de ces menus vous faites encore apparaître les axes et leur inertie : vous pouvez aussi directement à partir de ces menus sélectionnez les axes, les valeurs des cellules `D2` et `D3` se remettront à jour.

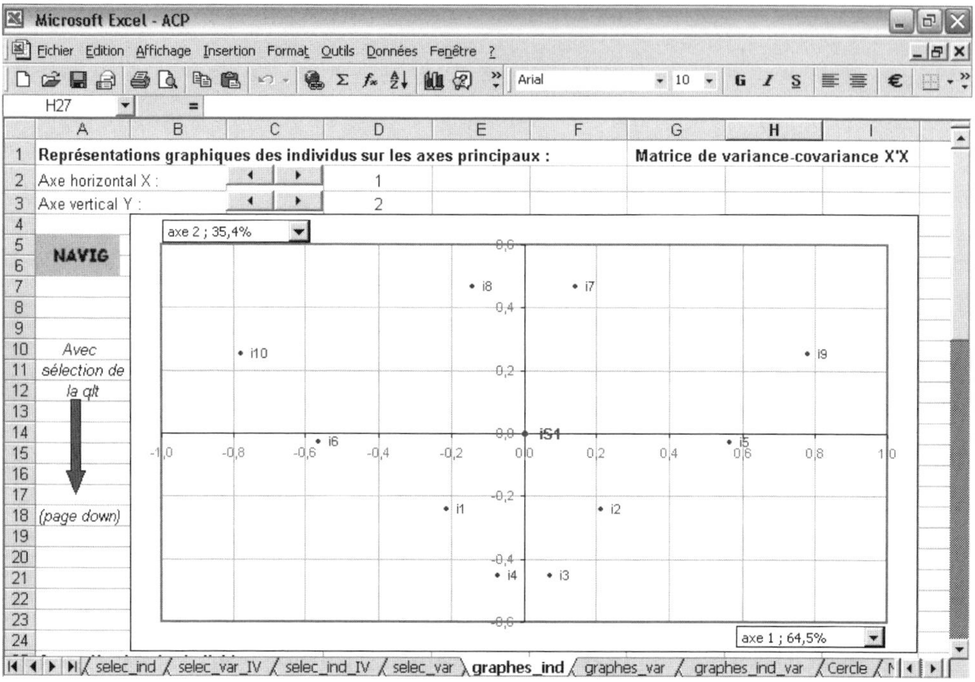

Figure 3.2-11: Les individus sur le plan factoriel (1,2), feuille graphes_ind du classeur ACP (Ex_1), cas du choix 2 de la matrice des variances–covariances.

Les individus, points bleus à l'écran, sont reportés avec leur libellé (les étiquettes des individus, ici `i1`,..., `i10`). Vous voyez aussi, près de l'origine du repère, un point en vert `iS1`, il s'agit d'un individu supplémentaire dont nous parlerons plus loin. Nous rappelons aussi en `G1` la matrice avec laquelle les calculs sont effectués, ici la `Matrice de variance-covariance X'X`.

Par exemple, vous observerez sur la copie d'écran de ce graphe que le point `i9` a bien environ 0,8 pour abscisse et 0,25 pour ordonnée.

B. Cas 2 : X'X est la matrice des corrélations

a. Calculs à la main :

Nous allons reprendre les calculs précédents mais nous devons auparavant transformer la matrice R du classeur ACP.

– **la matrice X** : comme **X'X** est la matrice des corrélations, nous devons tout d'abord modifier la matrice R en X en effectuant la transformation :

$$x_{ij} = \frac{r_{ij} - \overline{r_j}}{s_{ej}\sqrt{n}},\ i = 1 \ldots 10, j = 1{,}2.$$

Cette matrice X est donc :

A partir de R (10,2)

i	v_1	v_2
i_1	0,5	0
i_2	–0,1	1,2
i_3	–0,5	0,5
i_4	–0,3	0,1
i_5	0	2,5
i_6	1,6	–0,7
i_7	2	2
i_8	2,4	1,2
i_9	0,5	3,5
i_{10}	2,7	–0,9
total :	8,8	9,4
moyenne :	0,88	0,94
écart–type :	1,1277	1,346
taille :	10	

on obtient X (10,2)

v_1	v_2
–0,11	–0,22
–0,27	0,06
–0,39	–0,1
–0,33	–0,2
–0,25	0,37
0,2	–0,39
0,31	0,25
0,43	0,06
–0,11	0,6
0,51	–0,43

Tableau 3.2-2: Tableau de calcul des termes de la matrice X.

Où $i_1 \ldots i_{10}$ représentent les 10 individus et v_1, v_2 les 2 variables (colonnes R^1 et R^2). Par exemple le terme r_{32} de R devient x_{32} de X où

$$x_{32} = \frac{0,5-0,94}{1,346\sqrt{10}} = -0,1$$

– **la matrice C = X'X** : on en déduit la matrice des corrélations C = **X'**X :

C = X'X (2,2) = X' (2,10)) x X (10,2)

X' (2,10)):

–0,11	–0,27	–0,39	–0,33	–0,25	0,2	0,31	0,43	–0,11	0,51
–0,22	0,06	–0,1	–0,2	0,37	–0,39	0,25	0,06	0,6	–0,43

X (10,2):

–0,11	–0,22
–0,27	0,06
–0,39	–0,1
–0,33	–0,2
–0,25	0,37
0,2	–0,39
0,31	0,25
0,43	0,06
–0,11	0,6
0,51	–0,43

Tableau 3.2-3: Tableau pour le calcul des termes de la matrice de corrélation.

$$\text{D'où } C = X'X = \begin{bmatrix} 1 & -0{,}237 \\ -0{,}237 & 1 \end{bmatrix}$$

On aurait pu obtenir directement cette matrice **X'**X en utilisant les résultats du paragraphe 1.1.4 où nous avons calculé le coefficient de corrélation linéaire r = corr(R^1, R^2) = – 0,237.

– **les valeurs propres et les vecteurs propres** : cherchons les valeurs propres de cette matrice en résolvant l'équation du second degré :

$$P(\lambda) = \text{Dét}\,(C - \lambda I) = \begin{vmatrix} 1-\lambda & -0{,}237 \\ -0{,}237 & 1-\lambda \end{vmatrix} = \lambda^2 - \lambda.\text{trace}(C) + \text{Dét}\,(C)$$

$$= \lambda^2 - \lambda.(2) + (1-(-0{,}237)^2)$$

$$= \lambda^2 - 2\,\lambda + 0{,}944$$

Cette équation admet les deux racines réelles $\lambda_1 = 1{,}237$ et $\lambda_2 = 0{,}763$, en convenant d'associer λ_1 à la plus grande des deux valeurs propres (ces résultats peuvent varier sensiblement selon la précision choisie pour le coefficient de corrélation linéaire). Remarquez que la somme des deux valeurs propres (la trace de C) est bien p = 2, le nombre des variables, comme nous l'avions annoncé dans la remarque du paragraphe 2.2.1.

Pour trouver les vecteurs propres associés à ces valeurs propres, nous devons résoudre $(C - \lambda I)\,u = 0$, où I est la matrice identité 2x2 et u le vecteur propre associé à la valeur propre λ. Calculons les deux vecteurs propres u_1 et u_2 associés aux valeurs propres λ_1 et λ_2.

- Le vecteur propre u_1 associé à la valeur propre λ_1 :

$$(C - \lambda_1 I).u_1 = \begin{bmatrix} 1-1{,}237 & -0{,}237 \\ -0{,}237 & 1-1{,}237 \end{bmatrix}\begin{bmatrix} x_1 \\ x_2 \end{bmatrix} = \begin{bmatrix} -0{,}237 & -0{,}237 \\ -0{,}237 & -0{,}237 \end{bmatrix}\begin{bmatrix} x_1 \\ x_2 \end{bmatrix} = \begin{bmatrix} 0 \\ 0 \end{bmatrix}$$

ce qui nous conduit à résoudre le système :

$-0{,}237\, x_1 - 0{,}237\, x_2 = 0$ (éq.1)

$-0{,}237\, x_1 - 0{,}237\, x_2 = 0$ (éq.2)

comme l'équation (2) est identique à l'équation (1) on aura $x_1 + x_2 = 0$, c'est–à–dire $u_1' = (x_1, -x_1)$. Il reste à normer ce vecteur à 1 : $\| u_1 \|^2 = 1 = (x_1^2 + x_1^2) = 2\, x_1^2$, on en déduit que $x_1 = 1/\sqrt{2}$. Ainsi $u_1' = (0{,}71,\ -0{,}71)$. Remarquons que ce vecteur est défini à une orientation des axes près, ce sera toujours le cas des vecteurs propres.

- Le vecteur propre u_2 associé à la valeur propre λ_2 :

$$(C - \lambda_2 I).u_2 = \begin{bmatrix} 1-0,763 & -0,237 \\ -0,237 & 1-0,763 \end{bmatrix} \begin{bmatrix} x_1 \\ x_2 \end{bmatrix} = \begin{bmatrix} 0,237 & -0,237 \\ -0,237 & 0,237 \end{bmatrix} \begin{bmatrix} x_1 \\ x_2 \end{bmatrix} = \begin{bmatrix} 0 \\ 0 \end{bmatrix}$$

ce qui nous conduit à résoudre le système :

$0,237\ x_1 - 0,237\ x_2 = 0$ (éq.1)

$-0,237\ x_1 + 0,237\ x_2 = 0$ (éq.2)

comme l'équation (2) est l'opposée de l'équation (1) on aura $x_1 - x_2 = 0$, c'est-à-dire $u_2' = (x_1, x_1)$. Il reste à normer ce vecteur à 1 : $\| u_2 \|^2 = 1 = (x_1^2 + x_1^2) = 2\ x_1^2$, on en déduit que $x_1 = 1/\sqrt{2}$. Ainsi $u_2' = (0,71 ; 0,71)$.

Résumons ces résultats : à la plus grande valeur propre $\lambda_1 = 1,237$ est associé le vecteur propre $u_1' = (0,71\ , -0,71)$, de norme 1 et à la seconde valeur propre $\lambda_2 = 0,763$ est associé le vecteur propre $u_2' = (0,71\ , 0,71)$, de norme 1. Ces vecteurs sont définis à une orientation près.

– **les coordonnées des points individus dans l'espace des vecteurs propres** : pour obtenir les coordonnées des points individus dans l'espace des vecteurs propres de base $\{u_1, u_2\}$qui est aussi appelé le plan factoriel $\{F_1, F_2\}$nous calculerons Xu_1 et Xu_2 qui donnent les coordonnées sur chacun de ces axes :

X (10,2)		U$_1$ (2,1)	Xu$_1$ (10,1)	X		U$_2$ (2,1)	Xu$_2$ (10,1)
–0,11	–0,22		0,08	–0,11	–0,22		–0,23
–0,27	0,06		–0,24	–0,27	0,06		–0,15
–0,39	–0,1		–0,2	–0,39	–0,1		–0,35
–0,33	–0,2	0,71	–0,09	–0,33	–0,2	0,71	–0,37
–0,25	0,37	–0,71	–0,43	–0,25	0,37	0,71	0,08
0,2	–0,39		0,42	0,2	–0,39		–0,13
0,31	0,25		0,05	0,31	0,25		0,4
0,43	0,06		0,26	0,43	0,06		0,34
–0,11	0,6		–0,5	–0,11	0,6		0,35
0,51	–0,43		0,67	0,51	–0,43		0,06

Tableau 3.2-4: Tableau pour le calcul des coordonnées sur les axes u_1 et u_2.

b. Calculs par le classeur ACP :

Quand vous tapez `3`, en `D5` de la feuille `Données` du classeur ACP, vous travaillez dès lors sur la matrice des corrélations. Cette matrice s'affichera en `C10:D11` de la feuille `X'X`, la matrice X étant calculée en `C5:D4` de la feuille `X`.

Les figures 3.2-7 et 3.2-8 ci-dessus reproduisent une partie de ces feuilles.

En effectuant

Navig / Flèche bleue bas / val_pr

vous obtiendrez, exactement comme dans le cas du choix 2 (la matrice des variances covariances du paragraphe B), les valeurs propres et les vecteurs propres. Remarquez à nouveau que le vecteur u_1 a ses coordonnées opposées à celles que nous avons obtenues lors du calcul, mais ceci n'a pas d'importance puisque les axes factoriels sont définis à une orientation près.

Pour atteindre la feuille `Coord_ind` qui donne les coordonnées des points individus sur chacun des axes factoriels vous effectuerez aussi

Navig / Flèche bleue bas / coord_ind

Et pour obtenir les représentations graphiques des points individus $i_1 \ldots i_{10}$ dans l'espace des vecteurs propres situés sur la feuille `graphes_ind` du classeur ACP, exécutez

Navig / Flèche bleue bas / graphes_ind

Donnons à titre d'exemple la copie d'écran de cette représentation graphique où vous observerez que le point `i9` a bien environ 0,5 pour abscisse et 0,35 pour ordonnée.

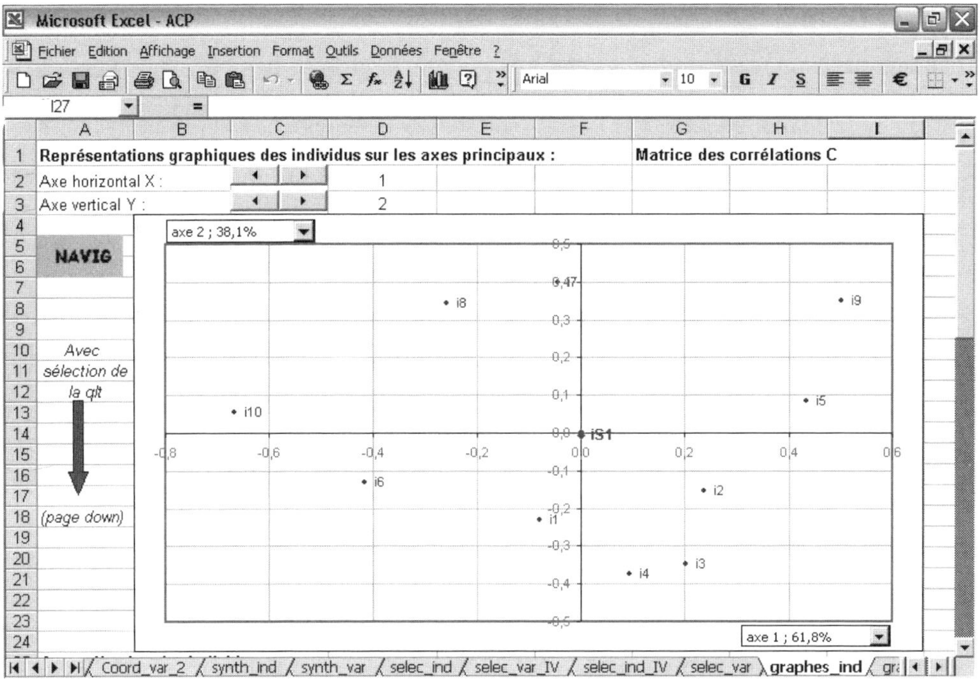

Figure 3.2-12: Les individus sur le plan factoriel (1,2), feuille graphes_ind du classeur ACP (Ex_1) avec le choix 3, cas de la matrice des corrélations.

3.3. Analyse du nuage des p variables dans l'espace R^n des individus

3.3.1. Généralités

Contrairement à l'analyse générale, la transformation effectuée sur le tableau $R = (r_{ij})$ qui a conduit à $X = (x_{ij})$ où

$$x_{ij} = \frac{r_{ij} - \overline{r_j}}{\sqrt{n}} \text{ (ACP non normée)}, \quad x_{ij} = \frac{r_{ij} - \overline{r_j}}{s_{ej}\sqrt{n}} \text{ (ACP normée)}, \; i = 1 \ldots n, \; j = 1 \ldots p.$$

dans le cas de l'analyse en composantes principales montre que les indices i et j ne jouent pas un rôle symétrique dans $\mathbf{R}^p$ et dans $\mathbf{R}^n$.

Etudions tout d'abord la transformation $x_{ij} = r_{ij} - \overline{r_j}$, qui, rappelons le, représentait une translation à la nouvelle origine « centre de gravité du nuage » dans $\mathbf{R}^p$, dans l'espace $\mathbf{R}^n$ des individus.

Donnons un schéma simplifié à deux dimensions, le plan (i,i') de $\mathbf{R}^n$ où i et i' représentent deux individus :

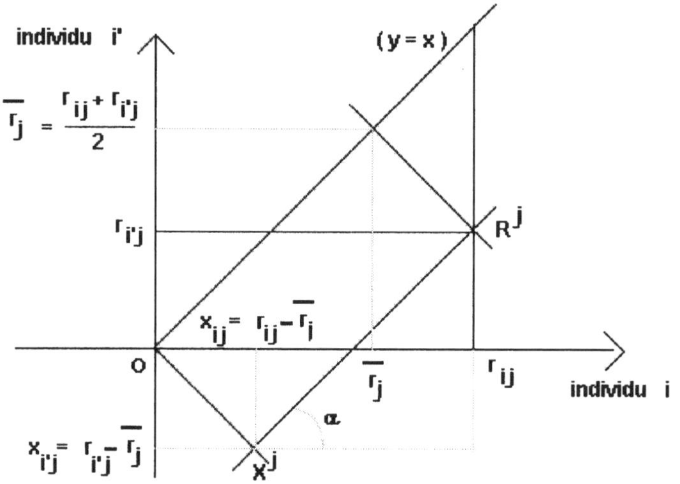

Figure 3.3-1: Schéma pour l'étude des variables dans l'espace des individus.

A partir de ce schéma calculons la tangente de l'angle α :

$$tg(\alpha) = \frac{r_{i'j} - x_{i'j}}{r_{ij} - x_{ij}} = \frac{\overline{r_j}}{\overline{r_j}} = 1$$

ainsi R^j est transformé en X^j par une projection parallèle à la première bissectrice du plan (i,i') de $\mathbf{R}^n$ sur l'axe orthogonal à cette première bissectrice. En étendant cette observation sur deux dimensions à l'espace $\mathbf{R}^n$ à n dimensions, on en déduit que la transformation qui remplace r_{ij} par $x_{ij} = r_{ij} - \overline{r_j}$

est une projection parallèlement à la première bissectrice de cet espace sur l'hyperplan orthogonal à cette première bissectrice, encore appelée droite des constantes (cette observation est identique si on multiplie, comme nous l'avons fait précédemment, x_{ij} par $1/\sqrt{n}$). Regardons maintenant la transformation qui modifie l'échelle des axes, c'est-à-dire la transformation qui à r_{ij} fait correspondre :

$$x_{ij} = \frac{r_{ij} - \overline{r_j}}{s_{ej}\sqrt{n}}, \ i = 1 \ldots n, j = 1 \ldots p.$$

Pour cela, calculons le carré de la distance, que nous notons $d^2(j,O)$, d'un point variable j à l'origine :

$$d^2(j,O) = \sum_{i=1}^{n}(x_{ij} - 0)^2 = \sum_{i=1}^{n}\frac{(r_{ij} - \overline{r_j})^2}{ns_{ej}^2} = \frac{s_{ej}^2}{s_{ej}^2} = 1$$

On obtient ainsi dans $\mathbf{R}^n$, une déformation du nuage des p points variables qui sont tous ramenés à une distance unité de l'origine : situés sur un cercle de rayon 1 si n = 2, une sphère de rayon 1 si n = 3 et de façon générale une hypersphère de rayon 1 de $\mathbf{R}^n$.

Calculons le carré de la distance entre deux points variables j et j' :

$$d^2(j,j') = \sum_{i=1}^{n}(x_{ij} - x_{ij'})^2 = \frac{1}{n}\sum_{i=1}^{n}\left(\frac{r_{ij} - \overline{r_j}}{s_{ej}} - \frac{r_{ij'} - \overline{r_{j'}}}{s_{ej'}}\right)^2$$

$$= \frac{s_{ej}^2}{s_{ej}^2} + \frac{s_{ej'}^2}{s_{ej'}^2} - 2\frac{\frac{1}{n}\sum_{i=1}^{n}\left(r_{ij} - \overline{r_j}\right)\left(r_{ij'} - \overline{r_{j'}}\right)}{s_{ej}s_{ej'}} = 2 - 2\mathrm{corr}(j,j') = 2\left(1 - \mathrm{corr}(j,j')\right)$$

où corr(j,j') est le coefficient de corrélation linéaire entre les variables j et j'.

La distance entre deux points variables s'interprètera donc en termes de corrélation linéaire. Ce coefficient a déjà été étudié dans le paragraphe 1.1.3 du chapitre 1. Donnons un schéma récapitulatif des différentes configurations que nous pourrions observer en dimension 3 (n = 3) :

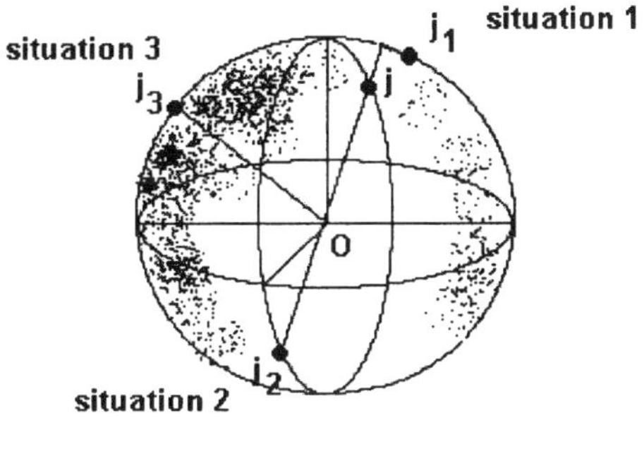

Figure 3.3-2: Des situations possibles entre variables dans l'espace R^n des individus.

Reprenons ces situations :

- situation 1 : si les variables j et j_1 sont fortement corrélées positivement, corr $(j, j_1) \cong 1$, donc $d^2(j, j_1) \cong 0$, les points j et j_1 sont très proches sur la sphère et de façon générale sur l'hypersphère de $\mathbf{R}^n$;
- situation 2 : si les variables j et j_2 sont fortement corrélées négativement, corr $(j, j_2) \cong -1$, donc $d^2(j, j_2) \cong 4$ ($d(j, j_2) \cong 2$), les points j et j_2 sont presque diamétralement opposés sur la sphère et de façon générale presque antipodiques sur l'hypersphère de $\mathbf{R}^n$;
- situation 3 : si les variables j et j_3 ne sont pas corrélées, corr $(j, j_3) \cong 0$, donc $d^2(j, j_3) \cong 2$ ($d(j, j_3) \cong \sqrt{2}$), les points j et j_3 sont les sommets d'un triangle rectangle en O. Si ces points sont sur des axes de $\mathbf{R}^n$, cela signifie que ces axes ne sont pas corrélés (rappelons que les axes factoriels sont orthogonaux par construction).

Remarques importantes :

- d'après la théorie de l'analyse générale, nous savons que les coordonnées des points variables sur l'axe G_α, qui correspond au vecteur propre v_α, sont les p composantes du vecteur $X' v_\alpha = \sqrt{\lambda_\alpha}\, u_\alpha$. Cette formule nous permet donc de calculer les coordonnées des points variables. Mais nous pouvons aussi calculer ces coordonnées autrement en utilisant la remarque suivante.

- nous avons vu qu'une variable est un point de l'hypersphère de rayon 1, réciproquement, tout point de l'hypersphère de rayon 1 peut-être considéré comme une variable et en particulier les points de contact des axes principaux avec l'hypersphère. Montrons que la projection de la variable j, représentée par la j-ième colonne de X, sur l'axe G_α (porté par v_α), qui est la coordonnée de la variable j sur l'axe G_α, est le coefficient de corrélation linéaire entre cette variable artificielle v_α et la variable réelle j. Pour faciliter cette démonstration plaçons-nous, comme pour l'exemple, en deux dimensions : la variable 1, que nous notons v1 (attention, il ne faut pas confondre la variable réelle v1, avec la variable artificielle v_1 correspondant à l'axe factoriel G_1) admet comme coordonnées

$$x_{i1} = \frac{r_{ij} - \overline{r_1}}{s_{e1}\sqrt{n}} \quad i = 1 \ldots n$$

la variable artificielle v_1 admet comme coordonnées

$$v_{i1} = \frac{v_{ij} - \overline{v_1}}{s_{ev1}\sqrt{n}}$$ i = 1…n où nous prenons $\overline{v_1} = 0$, son écart type s_{ev1} étant égal à 1

en effectuant le produit scalaire v1' v_1 on obtient :

$$\frac{1}{n}\sum_{i=1}^{n}\frac{\left(r_{i1}-\overline{r_1}\right)}{s_{e1}}\frac{\left(v_{i1}-\overline{v_1}\right)}{s_{ev1}}=\frac{cov_e(v1\ ,v_1)}{s_{e1}s_{ev1}}=corr(v1,v_1)$$

En résumé, la coordonnée d'un point variable j sur l'axe G_α, est le coefficient de corrélation linéaire entre cette variable artificielle v_α et la variable réelle j. Il suffit donc de calculer la matrice des corrélations entre les vecteurs principaux et les variables pour obtenir les coordonnées des variables sur les axes principaux. Dans le cas d'une analyse en composantes principales normée (cas 3) les coordonnées des points variables peuvent être calculées de deux façons :

- soit par $X'\ v_\alpha = \sqrt{\lambda_\alpha}\ u_\alpha$
- soit par calcul de cette matrice des corrélations.

Par contre dans le cas 2, où la matrice est la matrice des variances-covariances, il faudra diviser la coordonnée de la variable étudiée par l'écart type de la variable réelle pour la représenter sur le cercle des corrélations. Nous allons illustrer ces calculs sur l'exemple 1 du tableau d'observations à 2 variables et 10 individus.

3.3.2. Calculs sur l'exemple du tableau d'observations à 2 variables et 10 individus.

A. Cas 1 : X'X est la matrice des variances-covariances expérimentales

a) Calculs à la main :

Nous reprenons notre tableau d'étude précédent et calculons les coordonnées des deux variables sur les deux axes factoriels G_1 et G_2 par la formule $X'\ v_\alpha = \sqrt{\lambda_\alpha}\ u_\alpha$, $\alpha = 1,2$

- sur l'axe G_1 : $X'\ v_1 = \sqrt{\lambda_1}\ u_1 = \sqrt{1,99}$ [0,4472 ; –0,8944]' = [0,63 ; –1,26]', 0,63 et –1,26 sont les coordonnées respectives des variables 1 et 2 sur l'axe G_1 ;
- sur l'axe G_2 : $X'\ v_2 = \sqrt{\lambda_2}\ u_2 = \sqrt{1,09}$ [0,8944 ; 0,4472]' = [0,93 ; 0,47]', 0,93 et 0,47 sont les coordonnées respectives des variables 1 et 2 sur l'axe G_2.

Pour obtenir les coordonnées sur le cercle des corrélations, nous devons diviser les coordonnées obtenues par les écarts types des variables étudiées :

- sur l'axe G_1 : [0,63 /1,13 ; –1,26 /1,35]' = [0,56; –0,94]', 0,56 et –0,94 sont les coordonnées respectives des variables 1 et 2 sur l'axe G_1 du cercle des corrélations ;
- sur l'axe G_2 : [0,93 /1,13 ; 0,47 /1,35]' = [0,83; 0,35]', 0,83 et 0,35 sont les coordonnées respectives des variables 1 et 2 sur l'axe G_2 du cercle des corrélations.

On peut d'ailleurs vérifier, pour la variable 1 par exemple, que sa longueur au centre du cercle des corrélations est 1 : $0,56^2 + 0,83^2 = 1$.

b) Calculs par le classeur ACP :

– **le calculs des coordonnées** : après avoir effectué le choix 2 sur la feuille `Données`, les coordonnées sont calculées sur la feuille `coord_var` dans le bloc `C8:D9` que vous atteindrez en effectuant

Navig / Flèche bleue bas / coord_var

La barre des formules vous donnent la formule utilisée, par exemple $u_1 . \sqrt{\lambda_1}$ est calculée par `=vecp1*(valp1^(0.5))` où `vecp1` est le nom du vecteur u_1 normé à 1, `valp1` le nom de la valeur propre λ_1 et `(^0.5)` l'extraction de la racine carrée. Comme précédemment on obtient des coordonnées sur l'axe 1 opposées à celles trouvées par calcul. La figure 3.3-3 donne l'écran de cette feuille `coord_var` :

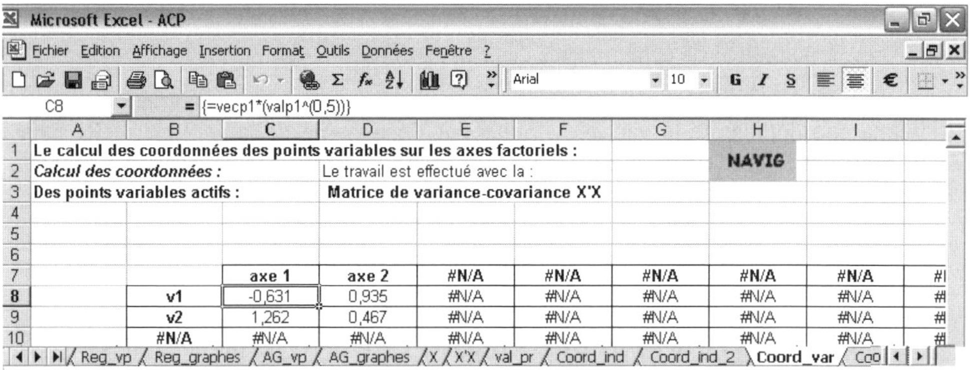

Figure 3.3-3: Extrait de la feuille coord_var du classeur ACP (Ex_1) pour le calcul des coordonnées des points variables, cas de la matrice des variances covariances (choix2).

Pour obtenir les coordonnées sur le cercle des corrélations nous faisons appel à la feuille `synth_var`. (nous reviendrons plus tard aussi sur cette feuille SYNTHèse des VARiables) feuille que vous atteindrez en effectuant

Navig / Flèche bleue bas / synth_var

Le bloc `C42:D43` calcule les corrélations entre les variables et les axes principaux, la barre des formules vous donne le calcul effectué qui est celui que nous avons opéré précédemment. Donnons la copie d'écran d'une partie de cette feuille :

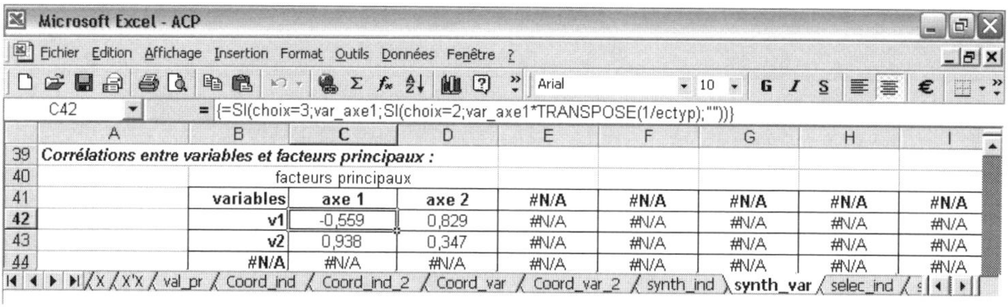

Figure 3.3-4: Extrait de la feuille synth_var du classeur ACP (Ex_1) pour le calcul des coordonnées des points variables, cas de la matrice des variances covariances (choix2).

– **les représentations graphiques des points variables dans l'espace des vecteurs propres** : les points variables sont représentés sur deux graphes distincts.

Un graphe sur lequel nous donnons la représentation simultanée des individus et des variables qui figure sur la feuille `graphes_ind_var` que vous atteindrez en effectuant

Navig / Flèche bleue bas / graphes_ind_var

Sur cette feuille (plus précisément sa partie haute, nous verrons sa partie basse plus tard) sont représentés les points variables `v1` et `v2`. Les coordonnées sont celles calculées sur la feuille `coord_var`. Par exemple la variable `v2` a pour coordonnées (1,3 ; 0,5), remarquez que les axes appelés sont ici les axes G_1 et G_2, nous utilisons en fait le même repère que pour les individus.

L'autre graphe représente seulement les variables sur le cercle des corrélations. Il s'agit de la feuille `graphes _var` que vous atteindrez en effectuant

Navig / Flèche bleue bas / graphes_var

Les coordonnées de ces points variables `v1` et `v2` sont celles calculées sur la feuille `synth_var`. Les points nécessaires à la représentation du cercle des corrélations font l'objet d'une feuille spéciale `(cercle)`. Par exemple la variable `v2` a pour coordonnées (0,94 ; 0,35). Remarquons, dès à présent, mais nous y reviendrons lors de l'interprétation des représentations graphiques, que les « vecteurs variables », c'est-à-dire les vecteurs formés par les points variables reliés au centre du cercle des corrélations, sont pratiquement orthogonaux, ce qui signifie que les variables ne sont pas linéairement corrélées entre elles. On peut aussi remarquer que les points variables sont sur le cercle des corrélations car nous sommes en deux dimensions, nous verrons par la suite, que pour des dimensions supérieures ce ne sera plus le cas.

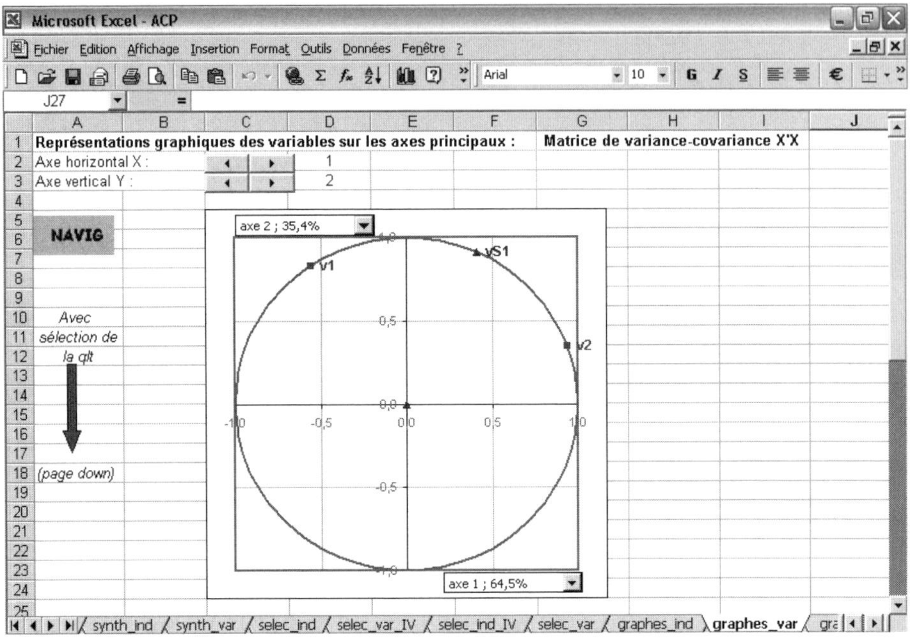

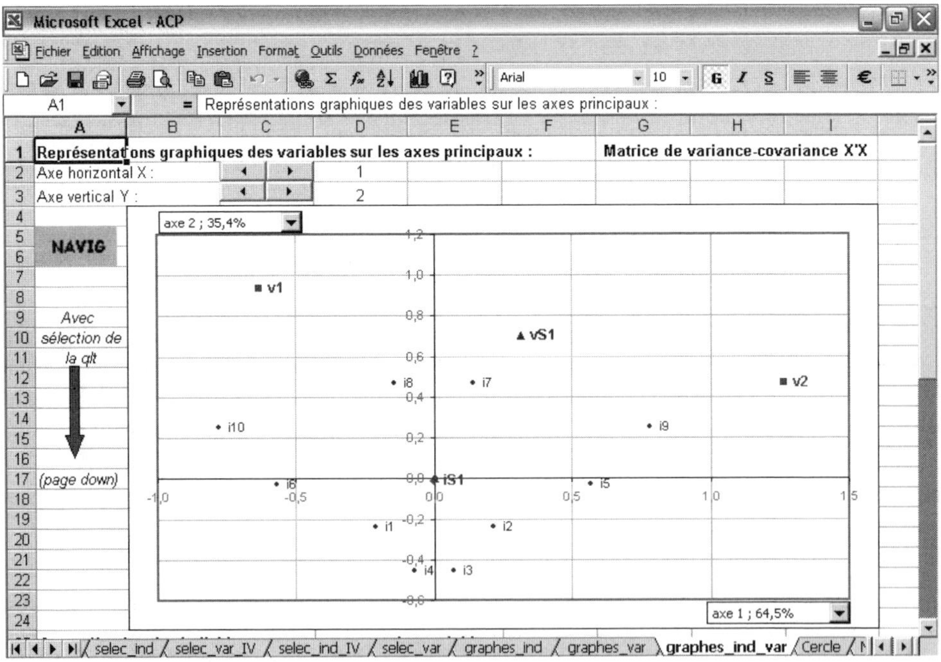

Figure 3.3-5: Les représentations sur les feuilles graphes_var (en haut), graphes_ind_var (en bas) du classeur ACP (Ex_1) des variables et des individus, dans le cas de la matrice des variances-covariances (choix2).

B. Cas 2 : X'X est la matrice des corrélations

a) Calculs à la main :

Dans ce cas, seules changent les valeurs propres et les vecteurs propres par rapport aux calculs précédents. Les coordonnées des deux variables sur les deux axes factoriels G_1 et G_2 sont données par la formule $\mathbf{X'}\, v_\alpha = \sqrt{\lambda_\alpha}\ u_\alpha$, $\alpha = 1,2$

- sur l'axe G_1 : $\mathbf{X'}\, v_1 = \sqrt{\lambda_1}\ u_1 = \sqrt{1{,}237}\ [\ 0{,}71\ ;\ -0{,}71]' = [\ 0{,}79\ ;\ -079\ ]'$: 0,79 et –079 sont les coordonnées respectives des variables 1 et 2 sur l'axe G_1 ;
- sur l'axe G_2 : $\mathbf{X'}\, v_2 = \sqrt{\lambda_2}\ u_2 = \sqrt{0{,}763}\ [\ 0{,}71\ ;\ 0{,}71]' = [\ 0{,}62\ ;\ 0{,}62\ ]'$: 0,62 et 0,62 sont les coordonnées respectives des variables 1 et 2 sur l'axe G_2.

Ces coordonnées sont aussi celles du cercle des corrélations, on peut d'ailleurs vérifier, pour la variable 1 par exemple, que sa distance au centre du cercle des corrélations est 1 : $0{,}79^2 + 0{,}62^2 = 1$.

b) Calculs par le classeur ACP :

– **le calculs des coordonnées** : après avoir effectué le choix 3 sur la feuille `Données`, les coordonnées sont calculées sur la feuille `coord_var` dans le bloc `C8:D9`. Comme précédemment on obtient des coordonnées sur l'axe 1 opposées à celles trouvées par calcul. La figure 3.3-7 donne l'écran de cette feuille `coord_var`.

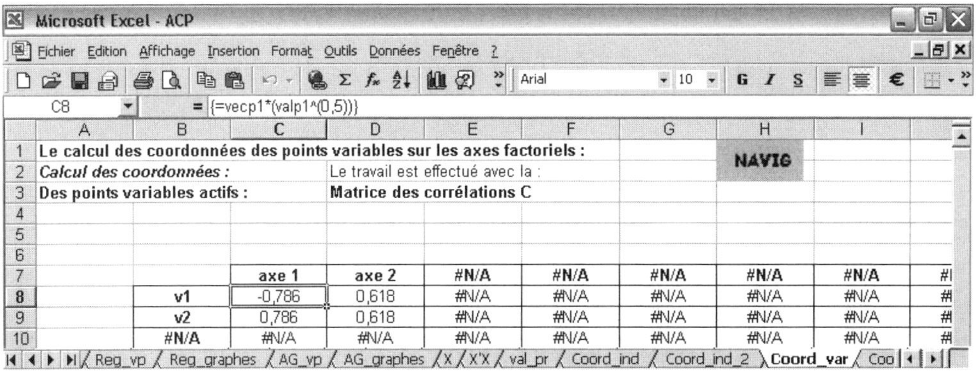

	A	B	C	D	E	F	G	H	I
1	Le calcul des coordonnées des points variables sur les axes factoriels :							NAVIG	
2	*Calcul des coordonnées :*			Le travail est effectué avec la :					
3	Des points variables actifs :			Matrice des corrélations C					
4									
5									
6									
7			axe 1	axe 2	#N/A	#N/A	#N/A	#N/A	#N/A
8		v1	-0,786	0,618	#N/A	#N/A	#N/A	#N/A	#N/A
9		v2	0,786	0,618	#N/A	#N/A	#N/A	#N/A	#N/A
10		#N/A	#N/A	#N/A	#N/A	#N/A	#N/A	#N/A	#N/A

Figure 3.3-6: Extrait de la feuille coord_var du classeur ACP (Ex_1) pour le calcul des coordonnées des points variables, cas de la matrice des corrélations(choix 3).

Vérifions que les coordonnées sur le cercle des corrélations sont identiques à celles que nous venons de calculer en faisant appel à la feuille `synth_var`. Le bloc `C42:D43` calcule les corrélations entre les variables et les axes principaux, ce sont celles de la feuille `coord_var`. Donnons la copie d'écran d'une partie de cette feuille :

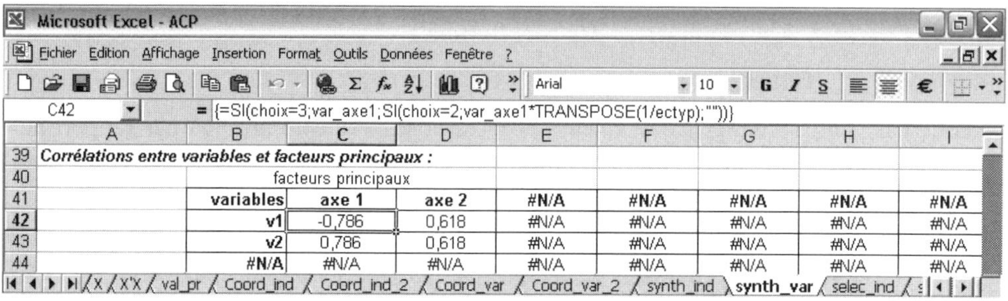

	A	B	C	D	E	F	G	H	I
39	Corrélations entre variables et facteurs principaux :								
40			facteurs principaux						
41		variables	axe 1	axe 2	#N/A	#N/A	#N/A	#N/A	#N/A
42		v1	-0,786	0,618	#N/A	#N/A	#N/A	#N/A	#N/A
43		v2	0,786	0,618	#N/A	#N/A	#N/A	#N/A	#N/A
44		#N/A	#N/A	#N/A	#N/A	#N/A	#N/A	#N/A	#N/A

Figure 3.3-7: Extrait de la feuille Synth_var du classeur ACP (Ex_1) pour le calcul des coordonnées des points variables, cas de la matrice des corrélations (choix 3).

– **la représentation graphique des points variables dans l'espace des vecteurs propres** :

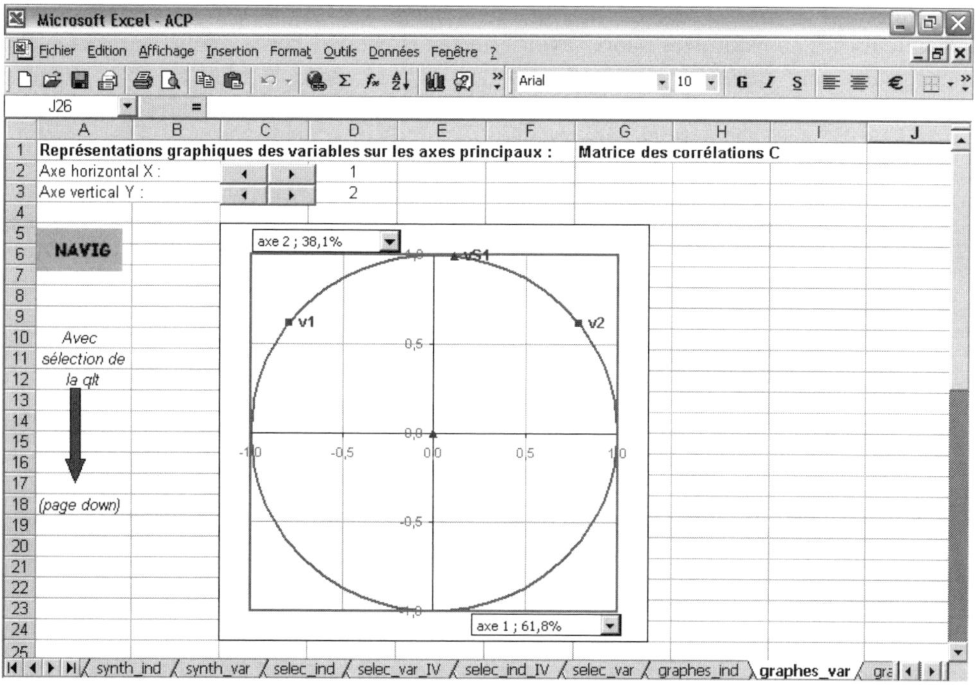

Figure 3.3-8: La représentation sur la feuille graphes_var du classeur ACP (Ex_1) des variables sur le cercle des corrélations, dans le cas de la matrice des corrélations (choix 3).

Sur les deux feuilles de représentation graphique des variables, `graphes_var` et `graphes_ind_var` sont représentés les points variables `v1` et `v2`. Les coordonnées sont celles calculées sur la feuille `coord_var`. Par exemple la variable `v2` a pour coordonnées (0,79 ; 0,62), remarquons à nouveau que les deux vecteurs variables sont orthogonaux ce qui prouve leur absence de corrélation linéaire (faites néanmoins attention que cette visualisation peut-être faussée sur le graphe de la représentation simultanée des individus et des variables car les unités ne sont pas les mêmes sur les deux axes).

Résumons, avant de poursuivre, dans le tableau 3.3-1, les premiers résultats et formules sur l'analyse en composantes principales accumulés au cours de ce chapitre :

Analyse en composantes principales
Tableau des valeurs numériques R de départ : $$R = \begin{bmatrix} r_{11} & \dots & r_{1p} \\ \dots & r_{ij} & \dots \\ r_{n1} & \dots & r_{np} \end{bmatrix} \text{ transformé en } X = \begin{bmatrix} x_{11} & \dots & x_{1p} \\ \dots & x_{ij} & \dots \\ x_{n1} & \dots & x_{np} \end{bmatrix}$$ Individus : i = 1...n (les n lignes) Variables : j = 1...p (les p colonnes) avec $\overline{r_j} = \frac{1}{n}\sum_{i=1}^{n} r_{ij}$ et $s_{ej}^2 = \frac{1}{n}\sum_{i=1}^{n} r_{ij}^2 - \overline{r_j}^2 = \frac{1}{n}\sum_{i=1}^{n}(r_{ij} - \overline{r_j})^2$ où : – **cas 1** : les variables ont des dispersions proches $x_{ij} = \frac{r_{ij} - \overline{r_j}}{\sqrt{n}}$, la matrice à diagonaliser est la matrice X'X des variances-covariances (matrice pxp) – **cas 2** : les variables n'ont pas la même dispersion $x_{ij} = \frac{r_{ij} - \overline{r_j}}{s_{ej}\sqrt{n}}$, la matrice à diagonaliser est la matrice X'X des corrélations (matrice pxp) (cas de l'ACP dite normée)
On calcule les valeurs propres de X' X : Si λ_α désigne la α–ième valeur propre de X' X dans $\mathbf{R}^p$: u_α est le α–ième vecteur propre de X' X : $X'X\, u_\alpha = \lambda_\alpha u_\alpha$ dans $\mathbf{R}^n$: v_α est le α–ième vecteur propre de X X' : $XX'\, v_\alpha = \lambda_\alpha v_\alpha$ avec $\lVert u_\alpha \rVert = \lVert v_\alpha \rVert = 1$, les matrices X'X et XX' ont les mêmes valeurs propres non nulles.
Les vecteurs directeurs des axes factoriels : dans $\mathbf{R}^p$: u_α est le vecteur directeur du α–ième axe factoriel : $u_\alpha = (1/\sqrt{\lambda_\alpha})\, X' v_\alpha$ dans $\mathbf{R}^n$: v_α est le α–ième vecteur propre de X X' : $XX'\, v_\alpha = \lambda_\alpha v_\alpha$ $v_\alpha = (1/\sqrt{\lambda_\alpha})\, X u_\alpha$
Les coordonnées des points du nuage sur l'axe α sont : dans $\mathbf{R}^p$: les composantes de X u_α (matrice (n,1)) donnent les coordonnées des points individus sur l'axe F_α; dans $\mathbf{R}^n$: les composantes de X' v_α (matrice (p,1)) donnent les coordonnées des points variables sur l'axe G_α; ces coordonnées sont aussi les coefficients de corrélation linéaire avec l'axe G_α dans le cas de l'ACP normée.

Tableau 3.3-1: Résumé de l'analyse en composantes principales.

3.4. Qualité de la représentation des individus et des variables, contribution relative des individus

3.4.1. Généralités

Dans l'exemple que nous avons suivi dans les paragraphes précédents nous n'avons travaillé qu'en deux dimensions. Nous allons dans ce paragraphe donner des aides pour interpréter les points individus en termes de proximité et les points variables en termes de direction. En deux dimensions, peu de problèmes peuvent se poser puisque nous voyons tout sur le plan formé par les deux composantes principales. Dans la suite nous utiliserons à nouveau cet espace à deux dimensions pour comprendre et faciliter les calculs à effectuer et surtout pour pouvoir utiliser l'interactivité du classeurs ACP. Il ne faut pas perdre de vue que l'analyse en composantes principales porte généralement sur un grand nombre de variables que l'on ne souhaite plus traiter deux par deux. Les représentations graphiques se font sur des plans et sont donc des projections sur des plans. On peut très bien voir des points proches sur un plan et qui sont en fait éloignés dans l'espace : c'est le problème « est-ce un chameau ou un dromadaire ? » représenté par J.P. Fénelon (réf. 6), tout dépend si on regarde cet animal de face ou de profil. Donnons une représentation du problème posé par le schéma suivant où l'on supposera que l'on étudie trois variables dans l'espace de trois axes factoriels :

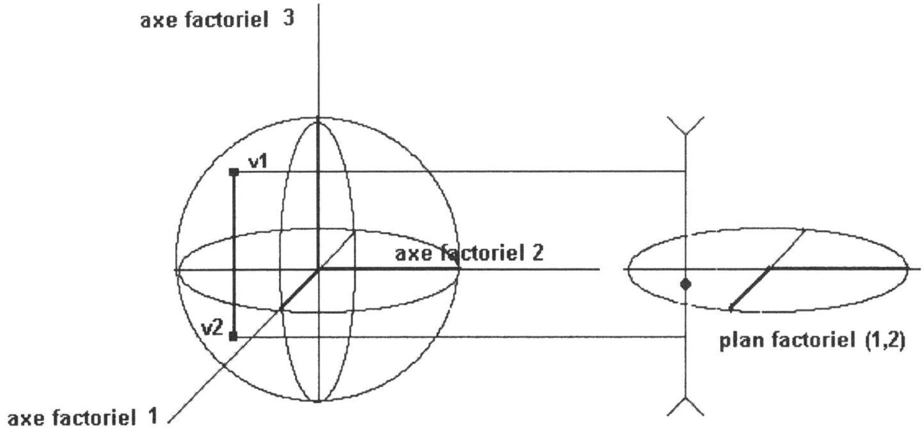

Figure 3.4-1 : Schéma pour l'étude des projections sur un plan factoriel.

Sur ce schéma nous voyons que les points variables v1 et v2 portés par la sphère, qui sont éloignés dans l'espace sont confondus dans la projection sur le plan factoriel formé par les axes 1 et 2. On ferait une grave erreur d'interprétation en affirmant que ces variables sont proches, elles sont en fait opposées et explicatives du plan (1,3) et particulièrement de l'axe 3. Le problème se pose de la même façon pour les individus. Certaines quantités peuvent nous aider pour juger de la qualité de la représentation dans un plan des individus et des variables. Les paragraphes suivants y sont consacrés. Auparavant, précisons le critère qui permet de connaître les individus qui ont contribué le plus à la formation des axes.

3.4.2. Contribution relative d'un individu à la formation d'un axe

A. Généralités : la variance des coordonnées de tous les individus sur l'axe α est proportionnelle à la valeur propre de cet axe, précisément elle vaut λ_α/n où n est le nombre d'individus. La part d'un individu à la variance de cet axe α sera donnée par le terme de cette somme correspondant à cet individu divisée par λ_α : ce qui donne pour l'individu i précisément $(Xu_\alpha)_i^2 / \lambda_\alpha$. Nous noterons par la suite $cr_\alpha(i)$ la contribution relative de l'individu i à l'axe α. Ce paramètre est particulièrement utile pour repérer facilement les individus qui ont le plus participé à la formation de l'axe, nous donnerons plus loin un critère possible de sélection.

B. Calculs à la main de la contribution relative des individus : à titre d'application numérique sur l'exemple 1 des données de ACP, nous allons calculer la contribution relative des individus 5 et 7 sur chacun des axes factoriels F_1 et F_2, les coordonnées utilisées sont celles du paragraphe 2.2.2, cas 3 de la matrice des corrélations :

	Individu 5	Individu 7
Coordonnée sur F_1	–0,43	0,05
Coordonnée sur F_2	0,08	0,4
Contribution relative à l'axe F_1	$cr_1(5) = (-0,43)^2/1,237 = 0,15$	$cr_1(7) = (0,05)^2/1,237 = 0,009$
Contribution relative à l'axe F_2	$cr_2(5) = (0,08)^2/0,76 = 0,008$	$cr_2(7) = (0,4)^2/0,76 = 0,21$

Tableau 3.4-1 : Un exemple de calcul de la contribution relative des individus 5 et 7 aux axes F_1 et F_2, (choix 3 de la matrice des corrélations).

C. Calculs sur le classeur ACP de la contribution relative des individus : la feuille `Synth_ind` (SYNTH des INDividus) est consacrée en partie au calcul de la contribution relative des individus. Rappelons que l'on atteint cette feuille en effectuant

Navig / Flèche bleue bas / synth_ind

et que les calculs sont effectués avec le choix 3 (la matrice des corrélations) sur l'exemple 1.

On rappelle en colonne B les coordonnées sur l'axe principal F_1 (axe 1), la colonne D donne les contributions relatives des individus (notées simplement cr), de même avec les colonnes F et H pour l'axe principal F_2 (axe 2). La copie d'écran de cette feuille est donnée plus bas sur la figure 3.4-4.

3.4.3. Qualité de la représentation d'un individu

A. Généralités : Pour savoir si un point individu i est proche d'un axe principal ou d'un plan principal nous calculons le cosinus de l'angle β formé entre le segment Oi et l'axe ou le plan associé (O représente le centre de gravité du nuage des individus) :

a. Qualité de la représentation d'un individu i sur l'axe factoriel α : le schéma suivant précise les notations utilisées

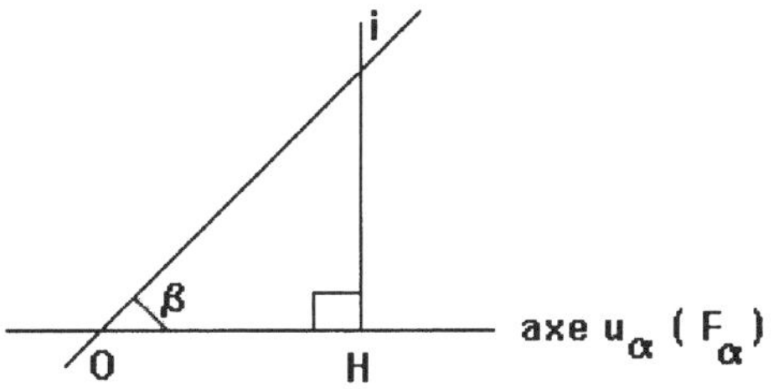

Figure 3.4-2 : Schéma pour le calcul de la qualité de la représentation d'un point individu sur un axe factoriel.

D'après ce schéma cos β = OH/Oi,

- OH est donné par la coordonnée $x_{i\alpha}$ de l'individu i sur l'axe F_α, c'est-à-dire la i-ième coordonnée de X u_α : $(X\, u_\alpha)_i$;
- Oi est la distance de l'individu i à l'origine O, pour calculer Oi^2, il faut connaître les coordonnées de i sur chacun des p axes factoriels s'il y a p variables (p valeurs propres) :

$$Oi^2 = \sum_{j=1}^{p} (Xu_j)_i^2$$

Les quantités calculées dans les logiciels sont généralement les carrés des cosinus :

$$\cos^2 \beta = \frac{(Xu_j)_i^2}{\sum_{j=1}^{p} (Xu_j)_i^2}$$

Si le cos β est grand (proche de + ou – 1), le point est proche de l'axe, si le cos β est petit (proche de 0), le point est éloigné de l'axe. Nous verrons plus loin les critères qui sont généralement retenus.

b. Qualité de la représentation d'un individu i sur le plan factoriel (F_1 , F_2) : le schéma suivant précise les notations utilisées

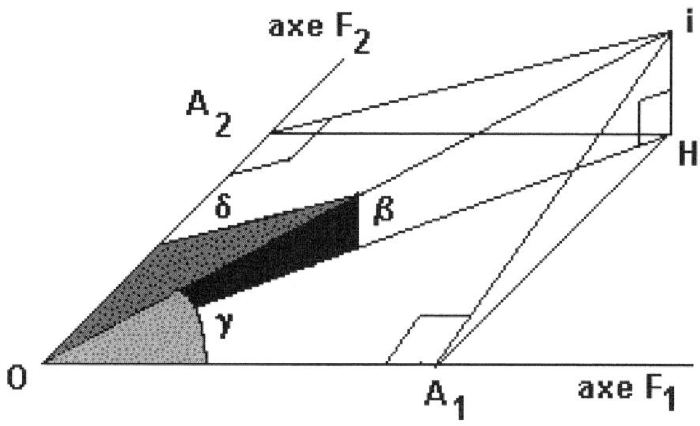

Figure 3.4-3 : Schéma pour le calcul de la qualité de la représentation d'un point individu sur un plan factoriel.

Comme $\cos \beta = OH/Oi$, $\cos^2 \beta = OH^2/Oi^2$ $= (OA_1^2 + OA_2^2) /\ Oi^2$

$= (OA_1^2/\ Oi^2), + (OA_2^2/\ Oi^2),) / Oi^2$

$= \cos^2 \gamma + \cos^2 \delta$

Ainsi en faisant la somme des cosinus carrés du point individu i aux deux axes nous obtenons le cosinus carré de l'angle formé par Oi et le plan factoriel.

Cette quantité, le cosinus carré, est aussi appelée qualité de la représentation d'un individu sur un axe engendré par une composante principale, sur un plan engendré par deux composantes principales etc.

Une fois assurés de la bonne qualité de la représentation des individus sur un axe ou sur un plan, nous pourrons regrouper les individus semblables c'est-à-dire ceux qui sont proches : ces individus auront des caractéristiques voisines, caractéristiques définies par les variables représentant les axes principaux.

B. Calculs à la main de la qualité de la représentation des individus :

A titre d'application numérique sur l'exemple déjà étudié, nous allons calculer la qualité de la représentation des individus 5 et 7 sur chacun des axes factoriels F_1 et F_2, les coordonnées utilisées sont celles du paragraphe 2.2.2, cas 3 celui de la matrice des corrélations :

	Individu 5	Individu 7
Coordonnée sur F_1	–0,43	0,05
Coordonnée sur F_2	0,08	0,4
Qualité de la représentation sur l'axe F_1	$\cos^2\beta=$ $(-0{,}43)^2/((-0{,}43)^2+0{,}08^2)=0{,}97$	$\cos^2\beta=$ $(0{,}05)^2/(0{,}05^2+0{,}4^2)=0{,}015$
Qualité de la représentation sur l'axe F_2	$\cos^2\beta=$ $(0{,}08)^2/((-0{,}43)^2+0{,}08^2)=0{,}033$	$\cos^2\beta=$ $(0{,}4)^2/(0{,}05^2+0{,}4^2)=0{,}984$

Tableau 3.4-2 : Un exemple de calcul de la qualité de la représentation sur les axes F_1 et F_2 (choix 3 de la matrice des corrélations).

Remarquons qu'ici le signe des coordonnées sur les axes ne change pas le calcul des cosinus carrés, on peut soit utiliser les coordonnées calculées à la main ou celles du classeur ACP.

Les valeurs obtenues peuvent varier légèrement selon la précision des coordonnées entrées.

On peut aussi calculer la qualité de la représentation sur le plan (F_1,F_2) : par exemple pour l'individu 7, en sommant ses cosinus carrés pour chacun des axes on obtient 0,015 + 0,984 = 0,999, valeur très proche de 1. La valeur exacte est évidemment 1 puisque nous sommes en dimension 2.

C. Calculs à l'aide du classeur ACP de la qualité de la représentation des individus :

La feuille `synth_ind` est aussi consacrée au calcul de la qualité de la représentation des individus. On rappelle en colonne `B` de cette feuille les coordonnées sur l'axe principal F_1 (`axe 1`), la colonne C donne la qualité de représentation sur cet axe (`qlt`) et la colonne `D` le cumul des qualités de représentation (`cum.`) ; de même avec les colonnes `E`, `F` et `G` pour l'axe principal F_2 (`axe 2`). Cette colonne `cum.` cumule les cosinus carrés en effectuant leur somme : pour un axe la valeur obtenue est la même que celle de l'axe (colonne `D : axe 1`), pour deux axes on ajoute au cosinus carré du premier le cosinus carré du deuxième (colonne `G : axe 1&2`) et on pourrait continuer la même somme en cumulant sur l'ensemble des axes principaux.

Sur la copie d'écran de cette feuille, vous voyez que pour l'individu 7, sa qualité de la représentation sur l'axe F_1 est 0,01 et le cumul est donc 0,01, sur l'axe F_2 on obtient 0,99 qui donne comme cumul 1 = 0,01 + 0,99. Les valeurs, qui sont ici exactes, sont très proches des valeurs approchées obtenues par le calcul à la main.

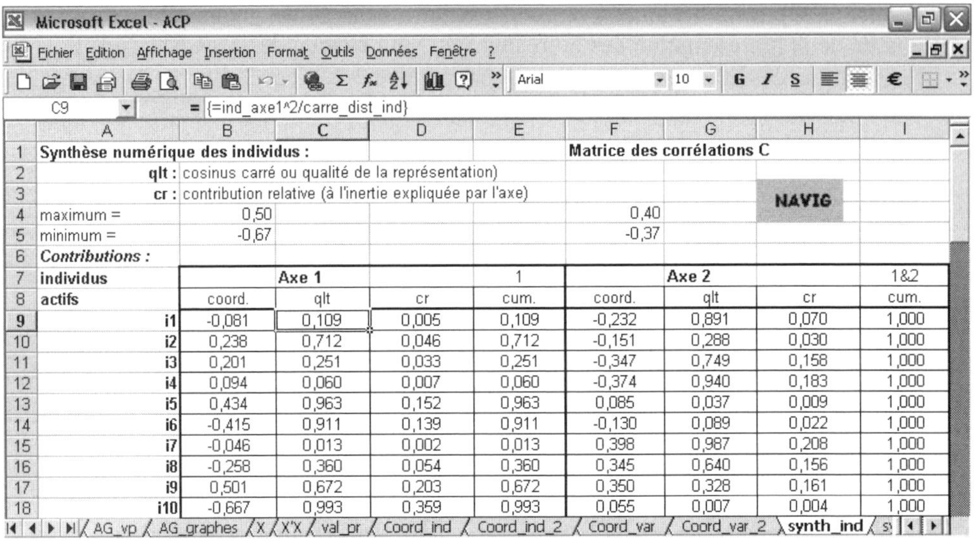

	A	B	C	D	E	F	G	H	I
1	**Synthèse numérique des individus :**					**Matrice des corrélations C**			
2	**qlt :**	cosinus carré ou qualité de la représentation)							
3	**cr :**	contribution relative (à l'inertie expliquée par l'axe)							
4	maximum =	0,50				0,40			
5	minimum =	-0,67				-0,37			
6	***Contributions :***								
7	**individus**		**Axe 1**		1		**Axe 2**		1&2
8	**actifs**	coord.	qlt	cr	cum.	coord.	qlt	cr	cum.
9	**i1**	-0,081	0,109	0,005	0,109	-0,232	0,891	0,070	1,000
10	**i2**	0,238	0,712	0,046	0,712	-0,151	0,288	0,030	1,000
11	**i3**	0,201	0,251	0,033	0,251	-0,347	0,749	0,158	1,000
12	**i4**	0,094	0,060	0,007	0,060	-0,374	0,940	0,183	1,000
13	**i5**	0,434	0,963	0,152	0,963	0,085	0,037	0,009	1,000
14	**i6**	-0,415	0,911	0,139	0,911	-0,130	0,089	0,022	1,000
15	**i7**	-0,046	0,013	0,002	0,013	0,398	0,987	0,208	1,000
16	**i8**	-0,258	0,360	0,054	0,360	0,345	0,640	0,156	1,000
17	**i9**	0,501	0,672	0,203	0,672	0,350	0,328	0,161	1,000
18	**i10**	-0,667	0,993	0,359	0,993	0,055	0,007	0,004	1,000

Figure 3.4-4 : La feuille synth_ind du classeur ACP (Ex_1) pour le calcul de la qualité de la représentation (qlt) des individus et de leur contribution relative (cr) , choix 3 de la matrice des corrélations.

D. Interprétation des proximités entre individus :

Si nous reprenons les individus 5 et 7, nous remarquons que l'individu 5 est très bien représenté sur l'axe F_1 (sa `qlt` (son cosinus carré) est 0,96) et que l'individu 7 est très bien représenté sur l'axe F_2 (sa `qlt` est 0,99), alors que ces individus sont mal représentés sur l'autre axe. Pour l'ensemble des 10 individus, on aura la classification suivante, en prenant comme critère qu'un point est bien représenté si sa `qlt` est supérieure à 0,64 (ou une `qlt` en valeur absolue de 0,8) :

- sur l'axe F_1 : les individus 2, 5, 6, 9 et 10 ;
- sur l'axe F_2 : les individus 1, 3, 4, 7 et 8.

Dans la figure suivante nous reprenons la figure 3.2-12, dans laquelle nous avons entouré par un carré (respectivement un cercle) les points bien représentés sur l'axe F_1 (respectivement sur l'axe F_2).

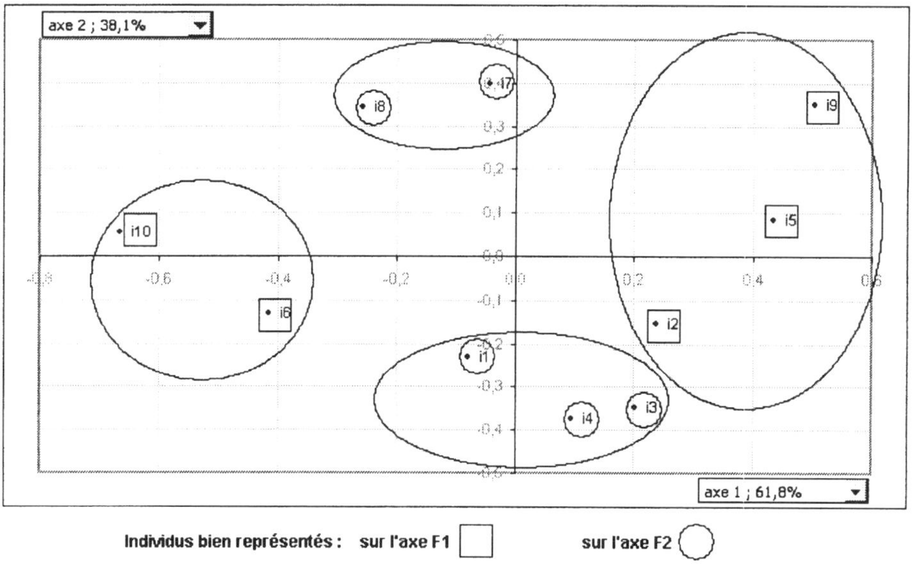

Figure 3.4-5 : Pour l'interprétation des points individus sur le plan factoriel $\{F_1,F_2\}$, cas 3 de la matrice des corrélations.

Référons nous maintenant aux données initiales des variable v_1 et v_2 et interprétons ces deux axes :

- pour l'axe F_1 : deux groupes s'opposent, le groupe i6 et i10 où la valeur de v_1 est grande et celle de v_2 négative et moyenne, et le groupe i2, i5 et i9 où la valeur de v_1 est petite et celle de v_2 grande et moyenne ;
- pour l'axe F_2 : deux groupes s'opposent, le groupe i3 et i4 où les valeurs de v_1 et celles de v_2 sont petites, et le groupe i8 et i7 où les valeurs de v_1 et celles de v_2 sont grandes. Le point i1 est un point proche du point moyen du nuage.

On obtient ainsi une géographie de nos individus dans les axes principaux exprimés en termes des variables initiales. Il faut bien sûr connaître le sens à donner aux axes principaux pour terminer cette interprétation, ce sera l'objet du paragraphe suivant.

3.4.4. Qualité de la représentation d'une variable

A . Généralités : Comme dans le paragraphe précédent, pour savoir si un point variable j est proche d'un axe principal ou d'un plan principal nous calculons le cosinus de l'angle β formé entre le segment Oj et l'axe ou le plan associé (O représente l'origine du repère). Nous avons vu dans le paragraphe 3.3 que la coordonnée d'une variable sur un axe principal, représentée sur le cercle des corrélations, était le coefficient de corrélation linéaire entre la variable et cet axe. Le calcul est en fait un produit scalaire entre les vecteurs associés et est donc le cosinus de l'angle formé entre la variable et l'axe choisi (ou le plan). Le critère choisi sera, comme précédemment, de prendre le carré de ce cosinus ou le carré du coefficient de corrélation linéaire. Les calculs peuvent donc être exécuté de deux façons : soit en calculant directement le cosinus au carré de l'angle entre la variable et l'axe choisi, ou bien en prenant le coefficient de corrélation linéaire entre la variable et cet axe.

B. Calculs à la main de la qualité de la représentation des variables :

A titre d'application numérique sur l'exemple déjà étudié, nous allons calculer la qualité de la représentation des variables 1 et 2 sur chacun des axes factoriels G_1 et G_2, les coordonnées utilisées sont celles du paragraphe 3.3.3-b, cas 2 celui de la matrice des variances-covariances :

– avec les coordonnées des points variables :

	Variable 1	Variable 2
Coordonnée sur G_1	–0,559	0,9377
Coordonnée sur G_2	0,8289	0,3473
Qualité de la représentation sur l'axe G_1	$\cos^2\beta=$ $(-0,559)^2/((-0,559)^2+0,8289^2)$ $=0,31$	$\cos^2\beta=$ $(0,9377)^2/(0,9377^2+0,3473^2)$ $=0,88$
Qualité de la représentation sur l'axe G_2	$\cos^2\beta=$ $(0,8289)^2/((-0,559)^2+0,8289^2)$ $=0,69$	$\cos^2\beta=$ $(0,3473)^2/(0,9377^2+0,3473^2)$ $=0,12$

Tableau 3.4-3 : Calcul de la qualité de la représentation sur les axes G_1 et G_2 (cas 2 de la matrice des variances covariances).

Remarquons qu'ici le signe des coordonnées sur les axes ne change pas le calcul des cosinus carrés, on peut soit utiliser les coordonnées calculées à la main ou celles du classeur ACP.

Les valeurs obtenues peuvent varier légèrement selon la précision des coordonnées entrées.

On peut aussi calculer la qualité de la représentation sur le plan (G_1,G_2) : par exemple pour la variable 1, en sommant ses cosinus carrés pour chacun des axes on obtient $0,31 + 0,69 = 1$. La valeur exacte est évidemment 1 puisque nous sommes en dimension 2.

– avec les coefficients de corrélation linéaire : la figure 3.3-4 nous donne les coefficients de corrélation linéaire entre les variables et les axes principaux :

En élevant au carré chacun des ces termes on obtient :

variables	Axe G1	Axe G2
v1	-0,559	0,829
v2	0,9377	0,347

	G1	G2
v1	$(-0{,}559)^2 = 0{,}31$	$(0{,}829)^2 = 0{,}69$
v2	$(0{,}9377)^2 = 0{,}88$	$(0{,}347)^2 = 0{,}12$

Les calculs sont évidemment les mêmes en utilisant le cas 3 de la matrice des corrélations.

C. Calculs à l'aide du classeur ACP de la qualité de la représentation des variables :

La feuille `Synth_var.` (SYNTH des VARiables) est consacrée au calcul de la qualité de la représentation des variables. Vous atteindrez cette feuille en effectuant

Navig / Flèche bleue bas / synth_var

Dans le bloc `B7:G8`, on rappelle en colonne `B` les coordonnées sur l'axe principal G_1 (`axe 1`), la colonne C donne la qualité de la représentation (`qlt`) et la colonne `D` le cumul des qualités de la représentation (`cum.`); de même avec les colonnes `E`, `F` et `G` pour l'axe principal G_2 (`axe 2`). Cette colonne `cum.` cumule les cosinus carrés en effectuant leur somme : pour un axe la valeur obtenue est la même que celle de l'axe (colonne `D` : `axe 1`), pour deux axes on ajoute au cosinus carré du premier le cosinus carré du deuxième (colonne `G` : `axe 1&2`) et on pourrait continuer la même somme en cumulant sur l'ensemble des axes principaux.

Sur la copie d'écran de cette feuille, vous voyez que pour la variable 1 (`v1`), sa qualité de représentation sur l'axe G_1 est 0,31 et le cumul est donc 0,31 ; sur l'axe G_2 on obtient 0,69 qui donne comme cumul 1 = 0,31 + 0,69. Les valeurs sont mes mêmes que celles obtenues par le calcul à la main.

Ces résultats auraient pu être obtenus en élevant au carré chacun des termes de la matrice des corrélations entre variables et facteurs principaux apparaissant dans le bloc `C42:D43`.

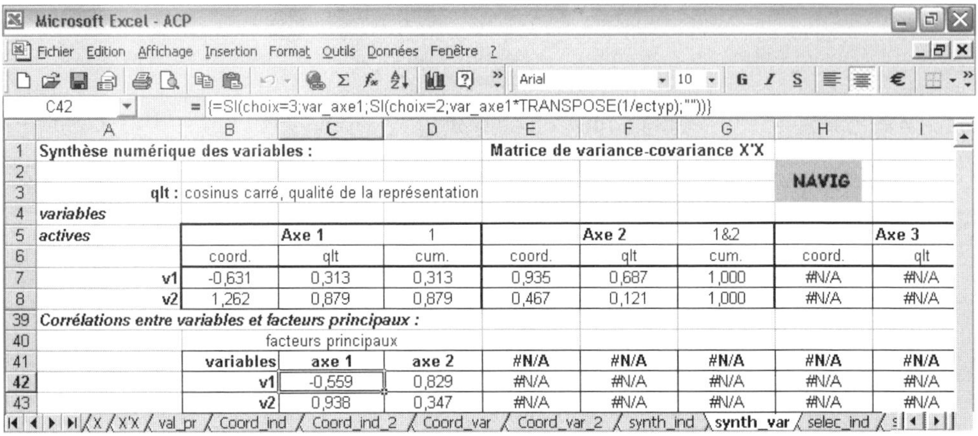

Microsoft Excel - ACP

C42 = {=SI(choix=3;var_axe1;SI(choix=2;var_axe1*TRANSPOSE(1/ectyp);""))}

	A	B	C	D	E	F	G	H	I
1	Synthèse numérique des variables :				Matrice de variance-covariance X'X				
2								NAVIG	
3	qlt :	cosinus carré, qualité de la représentation							
4	variables								
5	actives		Axe 1	1		Axe 2	1&2		Axe 3
6		coord.	qlt	cum.	coord.	qlt	cum.	coord.	qlt
7	v1	-0,631	0,313	0,313	0,935	0,687	1,000	#N/A	#N/A
8	v2	1,262	0,879	0,879	0,467	0,121	1,000	#N/A	#N/A
39	Corrélations entre variables et facteurs principaux :								
40			facteurs principaux						
41		variables	axe 1	axe 2	#N/A	#N/A	#N/A	#N/A	#N/A
42		v1	-0,559	0,829	#N/A	#N/A	#N/A	#N/A	#N/A
43		v2	0,938	0,347	#N/A	#N/A	#N/A	#N/A	#N/A

Figure 3.4-6 : La feuille synth_var du classeur ACP (Ex_1) dans le choix 2 de la matrice des variances-covariances.

Donnons aussi la copie d'écran de la feuille `synth_var` dans le choix 3 où la matrice utilisée est la matrice des corrélations :

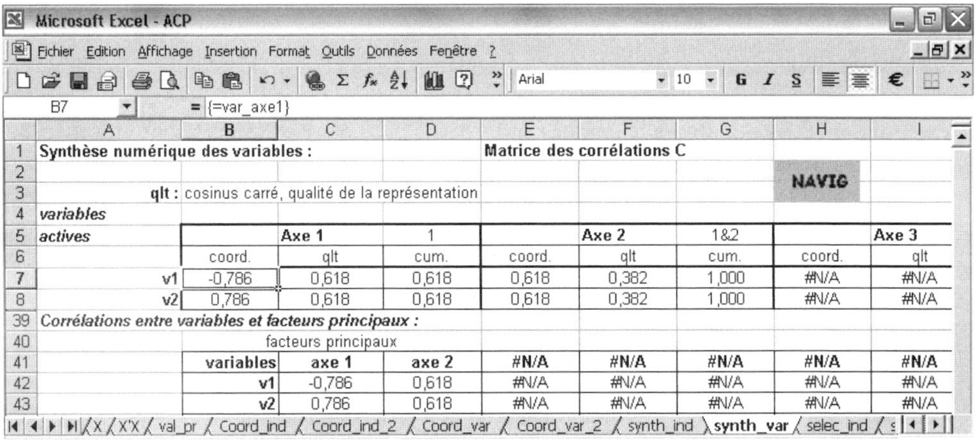

Microsoft Excel - ACP

B7 = {=var_axe1}

	A	B	C	D	E	F	G	H	I
1	Synthèse numérique des variables :				Matrice des corrélations C				
2								NAVIG	
3	qlt :	cosinus carré, qualité de la représentation							
4	variables								
5	actives		Axe 1	1		Axe 2	1&2		Axe 3
6		coord.	qlt	cum.	coord.	qlt	cum.	coord.	qlt
7	v1	-0,786	0,618	0,618	0,618	0,382	1,000	#N/A	#N/A
8	v2	0,786	0,618	0,618	0,618	0,382	1,000	#N/A	#N/A
39	Corrélations entre variables et facteurs principaux :								
40			facteurs principaux						
41		variables	axe 1	axe 2	#N/A	#N/A	#N/A	#N/A	#N/A
42		v1	-0,786	0,618	#N/A	#N/A	#N/A	#N/A	#N/A
43		v2	0,786	0,618	#N/A	#N/A	#N/A	#N/A	#N/A

Figure 3.4-7 : La feuille synth_var du classeur ACP (Ex_1) dans le choix 3 de la matrice des corrélations.

D. Interprétation des variables :

– cas 2 de la matrice des variances-covariances :

quand le choix `2` est effectué (en tapant `2` en `D5` de la feuille `Données`), le bloc `C76:D77` de la feuille `val_pr` vous informe de l'inertie (cf. le paragraphe 2.6 de l'analyse générale) représentée par les axes principaux, ainsi l'axe 1 représente environ

65% de l'inertie totale, l'axe 2 seulement 35%, le cumul de ces deux axes donnant évidemment 100% (nous sommes en dimension 2). Ceci signifie qu'environ 2/3 de la variation totale est expliquée par un seul axe, l'axe factoriel 1. On a vu que la qualité de la représentation de la variable 1 sur cet axe est 0,31 alors qu'elle est de 0,88 pour la variable 2. C'est donc la variable 2 qui *explique* cet axe. La variable 1, a une qualité de représentation de 0,61 sur l'axe 2 et sera donc la *variable explicative* de cet axe.

– cas 3 de la matrice des corrélations :

quand le choix 3 est effectué on lit que l'inertie représentée par l'axe 1 est d' environ 62% de l'inertie totale, l'axe 2 seulement 38%, le cumul de ces deux axes donnant évidemment 100% (nous sommes en dimension 2). On peut voir aussi que la qualité de la représentation des variables 1 et 2 sur l'axe 1 est 0,62 alors qu'elle est seulement de 0,38 pour les deux variables sur l'axe 2. Ce sont donc les deux variables 1 et 2 qui *expliquent* cet axe. L'axe 2 donnera des informations secondaires.

Avant de poursuivre, donnons une explication à cette interprétation différente des axes selon le choix de la matrice des variances-covariances ou de la matrice des corrélations. Vous vous êtes aperçus que l'écart type de la variable 1 (1,127) est inférieur à celui de la variable 2 (1,346) : les transformations effectuées dans le processus de diagonalisation (recherche des valeurs propres et des vecteurs propres) conduit dans le cas où la matrice utilisée est la matrice des variances-covariances à donner plus d'importance aux variables les plus dispersées, celles de plus grands écarts types donc ici la variable 2. Ce fait est en quelque sorte gommé en utilisant la matrice des corrélations qui « équilibre » les variables, il faut néanmoins faire attention, dans ce cas, à des variables de très faibles écarts types, des variables presque constantes, qui joueraient le même rôle que des variables dispersées, alors que des constantes ne jouent quasiment aucun rôle. Nous verrons dans une simulation ce caractère particulier du choix 2 ou 3 à partir de la matrice des données.

Remarque : Il est d'usage de prendre les critères suivants de bonne représentation à partir de la valeur des cosinus carrés ou qualités de la représentation. En notant `qlt` cette valeur on dira :

Très bonne représentation si `qlt` > 0,8

Bonne représentation si 0,65 < `qlt` ≤ 0,8

Représentation moyenne si 0,4 < `qlt` ≤ 0,65

Médiocre représentation si `qlt` ≤ 0,4

3.4.5. Comment interpréter les individus à l'aide de la connaissance des variables explicatives des axes principaux ?

Nous allons dans ce paragraphe lier les qualités de représentation des individus et des variables pour interpréter les images obtenues sur les deux axes principaux et le premier plan principal en distinguant le cas 2 (calculs effectués sur la matrice des variances covariances) du cas 3 (calculs effectués sur la matrice des corrélations).

– cas 2 de la matrice des variances-covariances : nous devons tout d'abord repérer les points individus qui expliquent la formation des axes et qui sont bien représentés sur chacun des deux axes et donc sur le plan principal. Nous convions le lecteur à imprimer le graphe du plan factoriel (1,2) de la feuille `graphes_ind` du classeur ACP, sans avoir oublié d'inscrire `2` en `D5` de la feuille `Données`. En étudiant les contributions relatives de la feuille `synth_ind`, nous remarquons que si tous les individus participaient de la même façon à la formation de l'axe ils auraient une contribution relative de 1/10 = 0,1 ; nous voyons ainsi que ce sont les individus `i5`, `i6`, `i9` et `i10` qui contribuent le plus à la formation de l'axe 1 et `i3`, `i4`, `i7` et `i8` à la formation de l'axe 2. En utilisant les qualités de représentation des individus données par les `qlt` de la feuille `synth_ind`., vous pourrez , en utilisant les mêmes codes que ceux employés dans la figure 3.4-5, mettre en évidence deux groupes d'individus qui s'opposent sur l'axe 1 : les groupes G_1 = {`i6`, `i10` } et G_2 = {`i5` , `i9`} ; alors que sur l'axe 2 ce sont les groupes G_3 = { `i4` , `i3` , `i2` , `i1` } et G_4 = { `i7` , `i8` } qui s'opposent. Comme la variable 2 est explicative de l'axe 1, en revenant aux données initiales (la matrice R), on s'aperçoit que les individus de G_1 ont des valeurs de la variable 2 qui sont positivement grandes et s'opposent aux valeurs négatives de la variable 2 qui composent le groupe G_2 : cet axe correspond à un facteur de taille. De même, la variable 1 est explicative de l'axe 2, les données initiales montrent que les individus de G_4 ont des valeurs de la variable 1 qui sont positivement grandes et s'opposent aux petites valeurs de la variable 2 qui composent le groupe G_3 : cet axe correspond aussi à un facteur de taille.

La consultation de l'image du nuage initial (par exemple celui de la figure 1.1-7) ne vous aurait pas fourni ces regroupements par valeurs de variable sur le plan. N'oublions pas que les deux « vecteurs variables » obtenus en joignant les points variables à l'origine du repère sont presque orthogonaux, ce qui signifie, comme nous l'avons vu, que ces variables ne sont pas corrélées linéairement, comme les axes principaux d'ailleurs, l'indice –0,24, qui représente le coefficient de corrélation linéaire entre les variables, vous le confirme (ce coefficient est calculé en `C30` de la feuille `synth_var`).

La copie d'écran montre ce que vous devez obtenir :

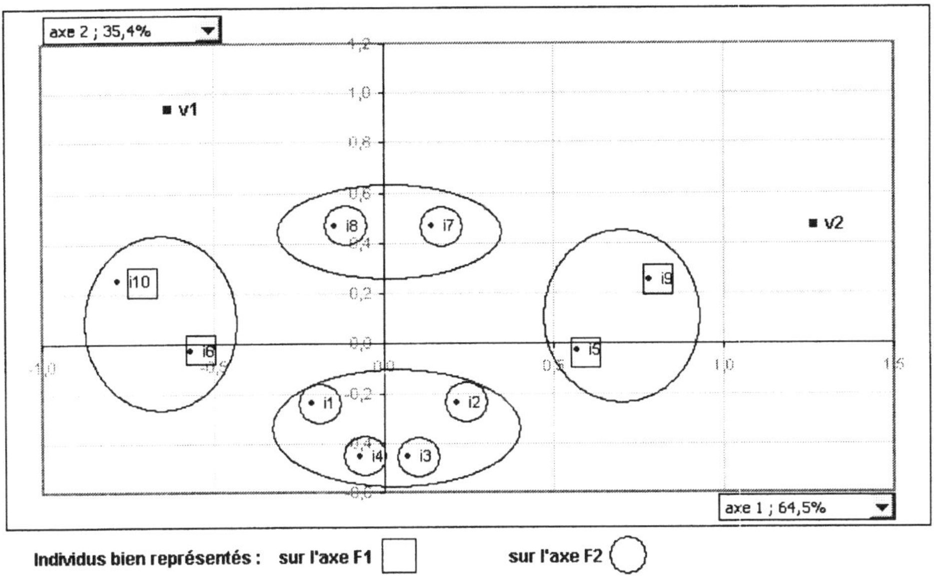

Figure 3.4-8 : Pour l'interprétation des points individus sur le plan factoriel {F1,F2}, choix 2 de la matrice des variances-covariances.

– cas 3 de la matrice des corrélations : les travaux préliminaires sur les individus (paragraphe 3.4.1-B) et sur les variables (paragraphe 3.4.3-D) ont déjà été effectués. Il ne reste plus qu'à affiner l'interprétation en termes de variables. L'axe 1 qui représente 62 % de l'inertie est expliqué par les variables 1 et 2 qui y sont bien représentés en s'opposant comme le prouve le cercle des corrélations de la figure 3.3-9 (c'est une faible anti-corrélation, quand v_1 croît v_2 décroît) : pour les individus deux groupes s'opposent, le groupe `i6` et `i10` où la valeur de v_1 est grande et celle de v_2 négative et moyenne, et le groupe `i5` et `i9` où la valeur de v_1 est petite et celle de v_2 grande et moyenne, on voit ainsi que l'interprétation n'est plus un simple facteur de taille puisqu'il tient compte simultanément des deux variables.

De même, deux groupes s'opposent sur le deuxième axe qui représente 38 % de l'inertie, le groupe `i3` et `i4` où les valeurs de v_1 et celles de v_2 sont petites, et le groupe `i8` et `i7` où les valeurs de v_1 et celles de v_2 sont grandes. Les points `i1` et `i2` sont des points proches du point moyen du nuage. Vous pouvez vous référer à la copie d'écran ci-dessous de la feuille `graphes_ind_var` du classeur ACP pour visualiser ces informations :

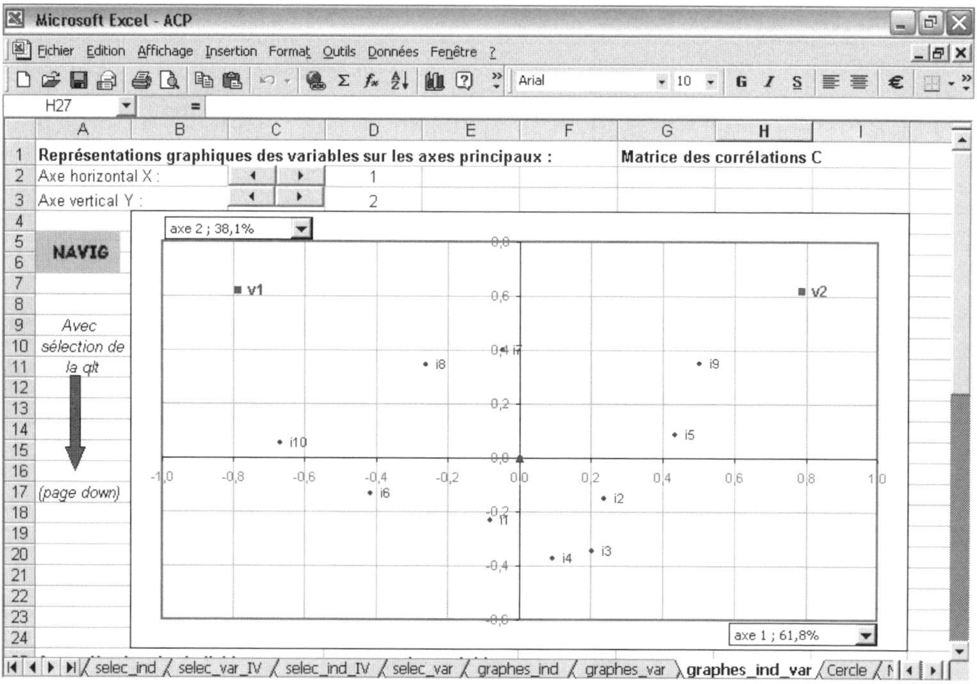

Figure 3.4-9 : Pour l'interprétation des points individus sur le plan factoriel {F1,F2}, choix 3 de la matrice des corrélations.

3.5. Premières simulations à l'aide du classeur ACP

Nous allons utiliser notre classeur ACP pour effectuer des simulations qui nous permettront de mieux appréhender les images du plan factoriel dans des cas particuliers. Par la suite nous généraliserons à plus de deux variables et plus de dix individus. Notre méthode a été de créer un classeur interactif, ce qui signifie que tous les calculs et les graphes sont automatiquement mis à jour quand les éléments de la matrice R sont modifiés.

Nous allons faire deux simulations en utilisant le classeur ACP :

A. La matrice R est formée de deux variables dont les écarts types sont très différents ;

B. La matrice R est formée de deux variables très proches l'une de l'autre.

Les données que nous allons prendre pour ces simulations sont des données réelles qui proviennent de la revue de l'Unicef : « La situation des enfants dans le monde 1999 » (Réf. 20). Les individus seront les 10 pays les plus peuplés de l'Afrique de l'ouest : Burkina Faso (noté Burk. Faso), Cameroun, Côte d'ivoire (noté Côte d'Iv.), Ghana, Guinée, Mali, Niger, Nigéria, Sénégal et Tchad. Quand vous chargerez les exemples (exemples 2A et 2B) qui correspondent à ces simulations sur le classeur ACP, les individus `i1...i10` seront automatiquement remplacés par les noms de ces pays dans le bloc `B6:B25`. Les variables `v1` et `v2` seront aussi remplacées par des variables spécifiques à l'étude. Pour ne pas faire apparaître les éléments supplémentaires, que nous étudierons plus tard, mettez à zéro leur compteur en tapant 0 (ou en utilisant les toupies) dans le bloc `K3:K4`. L'interactivité de ce classeur permettra de mettre à jour automatiquement les étiquettes des points individus et des points variables apparaissant dans les graphes (l'annexe 2 précisera comment cet étiquetage a été réalisé).

– simulation A : vous allez charger l'exemple 2A en effectuant

Navig / Exemples / Ex_2A

Dans cet exemple nous avons choisi de prendre le produit national brut par habitant, exprimé en $EU, de l'année 1996, comme première variable (`v1` est remplacée par `PNB`) ; la deuxième variable sera l'espérance de vie à la naissance, en années, en 1997 (`v2` est remplacée par `E.V. 97`). Les 10 données de ces variables apparaissent dans le bloc C16:D25 de la feuille `Données`.

i (pays)	PNB	E.V. 97
Burk. Faso	230	46
Cameroun	610	56
Côte d'Iv.	660	51
Ghana	360	58
Guinée	560	46
Mali	240	48
Niger	200	48
Nigéria	240	52
Sénégal	570	51
Tchad	160	48

Tableau 3.5-1 : Les données de la simulations A (bloc B16:D25 du classeur ACP, exemple 2B).

Cette simulation va nous permettre de visualiser à nouveau l'importance de la variable la plus dispersée dans la construction des axes principaux quand on utilise la matrice des variances-covariances. Ainsi nous allons comparer les résultats selon que l'on prend le choix `2` en `D5` de la feuille `Données`, c'est-à-dire quand la matrice à diagonaliser est la matrice des variances-covariances ou le choix `3`, c'est-à-dire quand la matrice à diagonaliser est la matrice des corrélations.

- Avec le choix 2 de la matrice des variances-covariances : l'analyse correcte des individus et des variables nous conduit à analyser successivement

La feuille `val_pr.` : cette feuille nous indique que l'axe 1 représente 100 % de l'inertie (remarquez que la valeur propre de l'axe 1est 34262, valeur très grande par rapport à celle de l'axe 2 de 13) ;

La feuille `Synth_ind` : sur cette feuille nous constatons que tous les individus sont presque sur l'axe 1 (sauf le Ghana,qui ne participe pas du tout à la formation de cet axe mais qui en est très proche) car leur qualité de représentation est 1 (pour le Ghana 0,9) ; l'axe 2 est formé par les individus Ghana et Guinée mal représentés sur cet axe ;

La feuille `Synth_var` : la lecture de cette feuille montre que la variable `PNB` explique parfaitement l'axe 1 (sa qualité de représentation est 1), alors que l'axe 2 est expliqué par la variable `E.V. 97` (sa qualité de représentation est 0,89) ;

Les feuilles de représentation graphique :

- la feuille `graphes_var` : le cercle des corrélations montre que la variable `PNB` est sur l'axe 1 et que la variable `E.V. 97` est presque orthogonale à `PNB` : ces variables sont très peu corrélées linéairement (en effet leur coefficient de corrélation linéaire de 0,33 est faible). On retrouvera aussi ci-dessous ces variables sur le plan factoriel de la représentation simultanée des individus et des variables.
- la feuille `graphes_ind` : L'axe 1 (`PNB`) représente les individus par ordre croissant de leur `PNB` : de gauche à droite, du Tchad à la Côte d'ivoire ; l'axe 2 (`E.V. 97`) représente les individus par ordre croissant de leur `E.V. 97` : de bas en haut, de la Guinée au Ghana. Ces deux axes sont des facteurs de taille.
- la feuille `graphes_ind_var` : sur cette représentation simultanée des individus et des variables remarquez que les points variables `E.V. 97` et `PNB` sont pratiquement confondus avec les axes, ceci est du aux énormes différences d'échelle entre les deux variables. Voici l'image de ce plan factoriel :

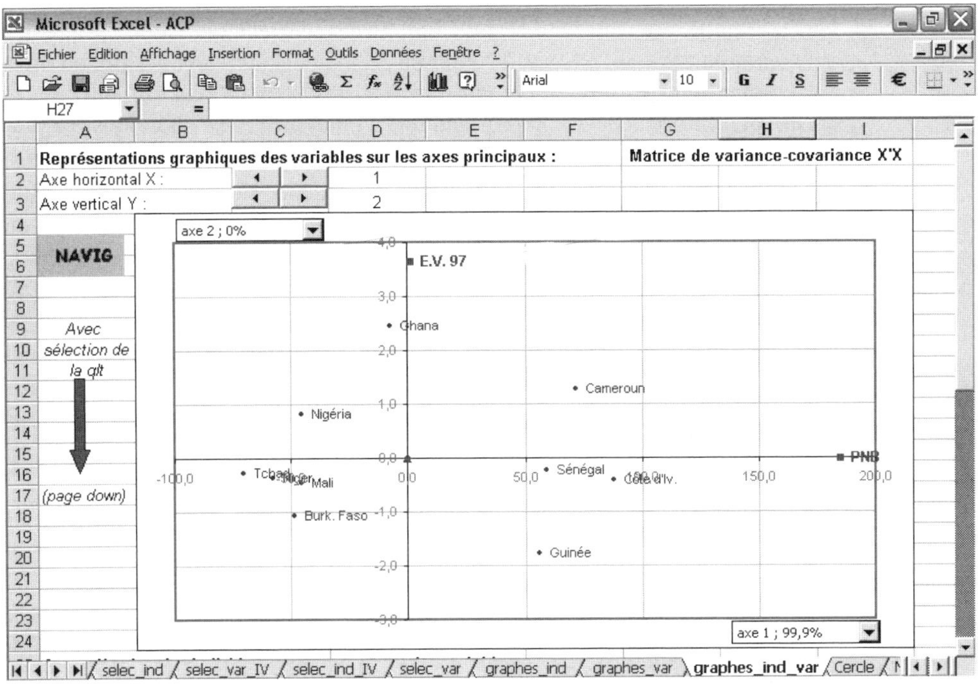

Figure 3.5-1 : La représentation des individus et des variables du plan factoriel (partie haute de la feuille graphes_ind_var du classeur ACP (Ex_2A) pour le choix 2 de la matrice des variances-covariances (attention aux échelles des axes qui sont très différentes).

Remarque : si vous n'avez pas mis à zéro le compteur des points supplémentaires vous vous apercevez que cette représentation comporte deux points « supplémentaires » : un individu la `Mauritanie` et une variable `Alphab.`. Ne vous en préoccupez pas pour l'instant, nous y reviendrons dans le paragraphe 3.6..

- Avec le choix 3 de la matrice des corrélations : comme précédemment nous allons analyser successivement

  La feuille `val_pr` : cette feuille nous indique cette fois que l'axe 1 représente 66,5 % de l'inertie et l'axe 2 33,5 %, l'axe 2 n'est plus négligeable dans l'étude ;

  La feuille `synth_ind` : sur cette feuille nous constatons que les individus Tchad, Mali, Niger, Burkina Faso, Cameroun, Sénégal et Côte d'ivoire sont bien représentés sur l'axe 1 car leur qualité de représentation est supérieure à 0,6 ; les trois autres pays que sont le Ghana, le Nigéria et la Guinée expliquent et sont bien représentés sur l'axe 2 ;

  La feuille `synth_var` : la lecture de cette feuille montre que les variable `PNB` et `E.V. 97` expliquent les 2/3 de l'axe 1 (leur qualité de représentation est de 0,67) mais aussi 1/3 de l'axe 2 (leur qualité de représentation est 0,33) ;

  Les feuilles de représentation graphique :

- la feuille `graphes_var`: le cercle des corrélations montre que les variable `PNB` et `E.V. 97` sont du même côté sur l'axe 1 alors qu'elles s'opposent sur l'axe 2. On retrouvera aussi ci-dessous ces variables sur le plan factoriel de la représentation simultanée des individus et des variables.
- la feuille `graphes_ind` : on obtient deux groupes opposés pour chaun des axes. Sur l'axe 1, le groupe { Tchad, Mali, Niger, Burkina Faso} où le `PNB` et l' `E.V. 97` sont simultanément faibles, s'oppose au groupe { Cameroun, Sénégal, Côte d'ivoire} où le `PNB` et l' `E.V. 97` sont simultanément forts. Sur l'axe 2, à la faible `E.V. 97` et au fort `PNB` de la Guinée s'oppose la forte `E.V. 97` et le faible ou moyen `PNB` du groupe {Nigéria, Ghana}.

Voici l'image de ce plan factoriel avec la représentation simultanée des individus et des variables:

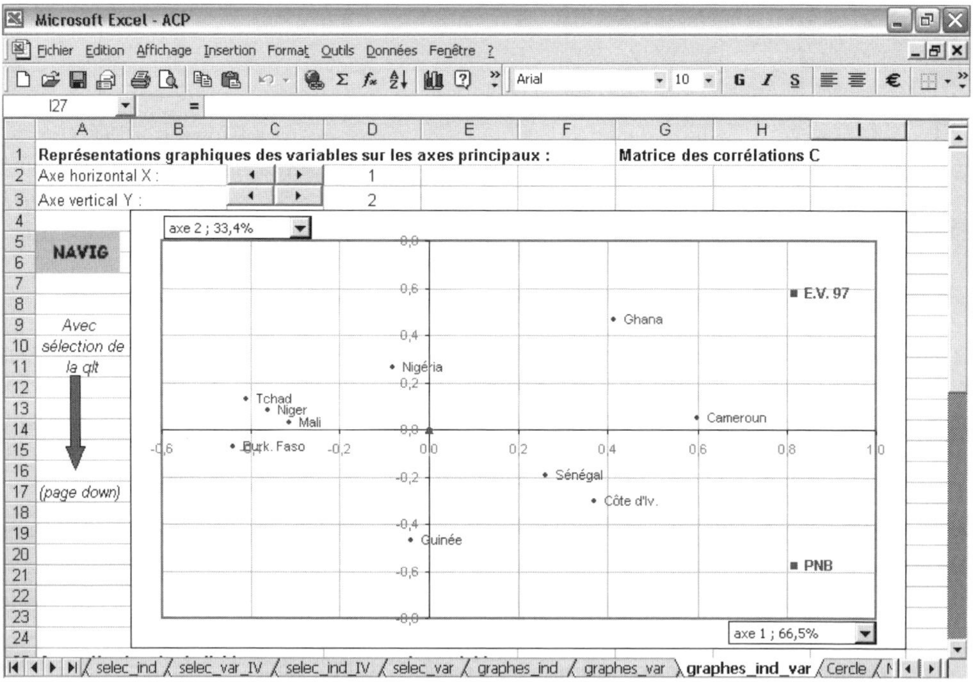

Figure 3.5-2 : La représentation des individus et des variables du plan factoriel (partie haute de la feuille graphes_ind_var du classeur ACP (Ex_2A) pour le choix 3 de la matrice des corrélations).

– simulation B : vous allez charger l'exemple 2B en effectuant

Navig / Exemples / Ex_2B

Dans cet exemple nous prenons deux variables proches l'une de l'autre. Les espérances de vie à la naissance, en années, des 10 pays de l'année 1992, seront prises comme première variable (`v1` est remplacée par `E.V. 92`) et celles de l'année 1997 comme deuxième variable (`v2` est remplacée par `E.V. 97`). Les 10 données de ces variables apparaissent dans le bloc `C16:D25` de la feuille `Données`.

i (pays)	E.V. 92	E.V. 97
Burk. Faso	48	46
Cameroun	56	56
Côte d'Iv.	52	51
Ghana	56	58
Guinée	44	46
Mali	46	48
Niger	46	48
Nigéria	52	52
Sénégal	49	51
Tchad	47	48

Tableau 3.5-2 : Les données de la simulations B (bloc C6:D25 du classeurs ACP, exemple 2B).

Le classeur ACP : l'analyse est faite en prenant le choix `3` sur la feuille `Données` (matrice des corrélations). Remarquez que les moyennes (49,6 et 50,4) et les écarts types (4 et 3,8) de ces deux variables sont très proches, ce qui confirme la proximité de ces deux variables. Analysons successivement :

La feuille `val_pr` : cette feuille nous indique que l'axe 1 représente 97 % de l'inertie (remarquez que la valeur propre de l'axe 1est 1,94, valeur très grande par rapport à celle de l'axe 2 de 0,06) ;

La feuille `synth_ind` : sur cette feuille nous constatons que tous les individus sont presque sur l'axe 1 (sauf le Sénégal) car leur qualité de représentation est supérieure à 0,74 ; le Sénégal est représenté sur l'axe 2, mais c'est en fait un point très proche de la moyenne du nuage des individus comme vous pouvez le constater sur la feuille `Données`.

La feuille `synth_var` : la lecture de cette feuille montre que les variables `E.V. 92` et `E.V. 97` expliquent parfaitement l'axe 1 (leur qualité de représentation est 0,97) ;

Les feuilles de représentation graphique :

- la feuille `graphes_var` : le cercle des corrélations montre que les variables `E.V. 92` et `E.V. 97` sont très corrélées linéairement (en effet leur coefficient de corrélation linéaire est de 0,94 et se situent de part et d'autre de l'axe 1 du côté positif, cette opposition est due à l'axe 2.
- la feuille `graphes_ind_var` : la lecture du plan factoriel, avec la représentation simultanée des individus et des variables, est particulièrement simple. En se référant aux données initiales on remarque que deux points (le Nigéria et le Cameroun) ont les mêmes valeurs

d'espérance de vie en 92 et 97, 52 années pour le Nigéria et 56 années pour le Cameroun. En joignant ces points sur le graphe (ligne grisée épaisse sur la figure 3.5-3) on crée deux demi plans : le plan au-dessous de cette droite et celui au-dessus. Les points au-dessous sont attirés par `E.V. 97` (une plus grande espérance de vie en 97 qu'en 92) et ceux du dessus par `E.V. 92` (une plus grande espérance de vie en 92 qu'en 97). Le facteur de taille est respecté, l'espérance de vie est décroissante de la droite vers la gauche de cet axe 1.

Voici l'image de ce plan factoriel :

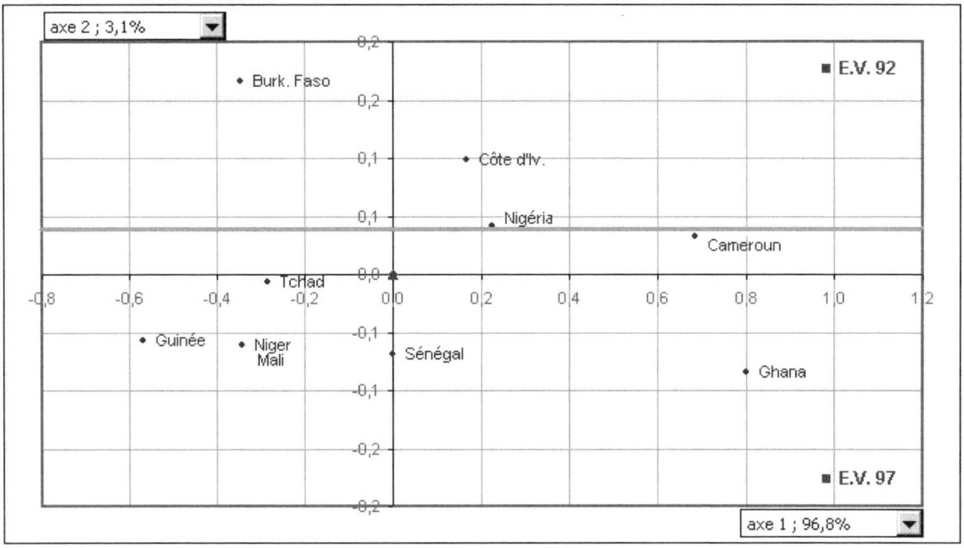

Figure 3.5-3 : La représentation des individus et des variables du plan factoriel (partie haute de la feuille graphes_ind_var du classeur ACP (Ex_2B) pour le choix 3 de la matrice des corrélations)

3.6. Les individus et les variables supplémentaires

On qualifie d'actifs les individus et les variables du tableau R initial, car ce sont eux qui participent à la construction des axes principaux. Il peut arriver que l'on connaisse, par des études précédentes ou par des caractéristiques de référence, des individus et des variables liées à l'étude mais ne faisant pas partie de la matrice R. De tels individus ou variables seront qualifiés d'illustratifs et seront appelés supplémentaires. Il peut-être très intéressant de représenter ces nouveaux individus ou variables sur les graphes déjà obtenus. Nous allons étudier, de façon générale, comment insérer ces points supplémentaires sur les graphes. Les calculs seront effectués sur les données des exemples 1et 2A précédents qui contiennent un individu et une variable supplémentaires.

3.6.1. Points individus ou points lignes supplémentaires

Notons R_+ le tableau qui borde horizontalement le bas du tableau R, les lignes de R_+ sont les individus supplémentaires. L'opération de centrage sera effectuée par rapport au centre de gravité du nuage initial, c'est-à-dire le nuage des individus actifs et l'opération de réduction par les valeurs des écarts types des variables calculés sur les individus actifs. Pour les s individus supplémentaires nous aurons le schéma suivant :

$R = (r_{ij})$ (n,p)	$\rightarrow$	$X = (x_{ij})$ (n,p)
$R_+ = (r_{+ij})$ (s,p)		$X_+ = (x_{+ij})$ (s,p)

Avec

$$x_{+ij} = \frac{r_{+ij} - \bar{r}_j}{s_{ej}\sqrt{n}}, \; i = 1 \ldots s, \; j = 1 \ldots p \text{ où } \quad \bar{r}_j = \frac{1}{n}\sum_{i=1}^{n} r_{ij} \text{ et } s_{ej}^2 = \frac{1}{n}\sum_{i=1}^{n} r_{ij}^2 - \bar{r}_j^2 .$$

Les coordonnées des s points individus supplémentaires sur l'axe α seront alors calculées par X_+u_α, où u_a est le vecteur propre de l'axe α, associé à la valeur propre λ_α calculée à partir de la matrice X'X. Pour ces calculs on doit donc connaître u_α.

3.6.2. Points variables ou points colonnes supplémentaires

Notons R^+ le tableau qui borde verticalement la droite du tableau R, les colonnes de R^+ sont les variables supplémentaires. Les variables supplémentaires du tableau R^+ sont rendues comparables aux p variables analysées par une opération de centrage et/ou de réduction. Pour t variables supplémentaires nous aurons le schéma suivant :

$R = (r_{ij})$ (n,p)	$R^+ = (r^+_{ij})$ (p,t)	$\rightarrow$	$X = (x_{ij})$ (n,p)	$X^+ = (x^+_{ij})$ (n,t)

Avec, pour l'analyse en composantes principales normée

$$x_{ij}^{+} = \frac{r_{ij}^{+} - \overline{r_j^{+}}}{s_{e+j}\sqrt{n}}, \ i = 1\ldots n, j = 1\ldots t \text{ où } \quad \overline{r^{+}_j} = \frac{1}{n}\sum_{i=1}^{n} r^{+}_{ij} \text{ et } s^2_{e+j} = \frac{1}{n}\sum_{i=1}^{n} r_{ij}^{+2} - \overline{r_j^{+}}^2$$

Pour l'analyse non normée, on ne divise pas par l'écart type de la variable supplémentaire. A partir de cette nouvelle matrice X^+, les coordonnées des t points variables supplémentaires sur l'axe α seront alors calculées par $X^+ v_\alpha$, où v_α est le vecteur propre de l'axe α, associé à la valeur propre μ_α calculée à partir de la matrice XX'. Pour ces calculs on doit donc connaître v_α.

3.6.3. Application sur la matrice 10x2 de l'exemple 1 : un individu et une variable supplémentaires

A. Chargeons à nouveau l'exemple 1 par

Navig / Exemples / Ex_1

Cet exemple contient une ligne supplémentaire (un individu supplémentaire) et une colonne supplémentaire (une variable supplémentaire). Le nombre des éléments supplémentaires s'affiche dans le bloc `K3:K4` de la feuille `Données`, les valeurs sont pour la ligne supplémentaire dans le bloc orangé `C118:D118` et pour la colonne supplémentaire dans le bloc orangé `N16:N25`. Le tableau ci-dessous présente les données utilisées avec les notations du paragraphe précédent, nous avons pris le choix `3` (matrice des corrélations), la variable supplémentaire (`vS1`) est la moyenne des deux variables, l'individu supplémentaire (`iS1`) est proche de l'individu moyen pour les deux variables actives :

	Matrice R Les variables actives		R^+ La variable supplémentaire	Matrice X Les variables actives		X^+ La variable supplémentaire
i	v1	v2	vS1	v1	v2	vS1
i1	0,5	0	0,25	-0,11	-0,22	-0,27
i2	-0,1	1,2	0,55	-0,27	0,06	-0,15
i3	-0,5	0,5	0	-0,39	-0,1	-0,37
i4	-0,3	0,1	-0,1	-0,33	-0,2	-0,42
i5	0	2,5	1,25	-0,25	0,37	0,14
i6	1,6	-0,7	0,45	0,2	-0,39	-0,19
i7	2	2	2	0,31	0,25	0,45
i8	2,4	1,2	1,8	0,43	0,06	0,37
i9	0,5	3,5	2	-0,11	0,6	0,45
i10	2,7	-0,9	0,9	0,51	-0,43	0,00

	v1	v2	vS1
total :	8,8	9,4	9,1
moyenne :	0,88	0,94	0,91
écart-type :	1,1277	1,346	0,77
taille :	10		
L'individu supplémentaire	0,86	0,92	R_+

-0,0056	-0,0047	X_+

Tableau 3.6-1 : Tableaux R, R^+ et R_+ des données de l'exemple1 avec un individu et une variable supplémentaires et les tableaux X, X^+ et X_+ .

Donnons un exemple pour le calcul des éléments de X^+ et X_+ :

- la cinquième composante (correspondant à i5) de la variable vS1 c'est-à-dire la cinquième ligne de X^+ :

$$x^+_{51} = \frac{r^+_{51} - \overline{r^+_1}}{s_{e^+1}\sqrt{10}} = \frac{1,25 - 0,91}{0,77\sqrt{10}} = 0,14$$

- la coordonnée transformée de l'individu supplémentaire (vS1) sur la variable 2 c'est-à-dire la deuxième colonne de X_+ :

$$x_{+12} = \frac{r_{+12} - \overline{r_2}}{s_{e2}\sqrt{10}} = x_{+12} = \frac{0,92 - 0,94}{1,346\sqrt{10}} = -0,005$$

Calculons maintenant la composante de l'individu et de la variable supplémentaire sur le premier axe principal :

- pour l'individu iS1 : sa coordonnée sur l'axe 1 sera donnée par X^+u_1 :

$$X^+u_1 = \begin{bmatrix} -0,0056 & -0,0047 \end{bmatrix} \times \begin{bmatrix} -0,71 \\ 0,71 \end{bmatrix} = 0,0006$$

(la précision du résultat dépend du nombre de décimales choisies pour les calculs).

- pour la variable vS1 :

Calculons d'abord les coordonnées du vecteur propre v_1 (v.p. v_1 de l'axe 1) par la formule :

$$Xu_1 = \sqrt{\lambda_1} v_1 \text{ d'où } v_1 = {Xu_1}/{\sqrt{\lambda_1}} =$$

-0,11	-0,22			-0,07
-0,27	0,06			0,21
-0,39	-0,1			0,18
-0,33	-0,2			0,08
-0,25	0,37	x [–0,71/(1,24)$^{1/2}$; 0,71/(1,24)$^{1/2}$]	=	0,39
0,2	-0,39			-0,37
0,31	0,25			-0,04
0,43	0,06			-0,23
-0,11	0,6			0,45
0,51	-0,43			-0,60

La coordonnée de vS1 sur l'axe 1 est donc :

$(X^+)'v_1$ = [–0,27 ; –0,15 ; –0,37 ; –0,42 ; 0,14 ; –0,19 ; 0,45 ; 0,37 ; 0,45 ; 0,00] x v_1

= –0,27 x (–0,07) –0,15 x 0,21 + …+ 0,45 x (0,45) + 0,00 x (–0,60) = 0,1115

B. Le classeur ACP : ce classeur permet de calculer les coordonnées d'un individu et d'une variable supplémentaire sur le plan principal {1,2} et de donner leur représentation sur les graphes (c'est en fait un cas particulier puisque nous avons prévu au plus 10 individus supplémentaires et 5 variables supplémentaires). Précisons la création de ce classeur, nous avons ajouté sur la feuille `Données` en marge droite de la matrice R la variable supplémentaire (notée `vS1`, bloc `N16:N25`) qui forme la matrice R^+ (notée `Tableau R^+ des variables supplémentaires` en `N8`), les paramètres statistiques de cette nouvelle variable figurent en `N10:N13` ; l'individu supplémentaire (noté `iS1`) a ses deux coordonnées pour les variables actives en `C118:D118`, qui forme la matrice R_+ (notée `Tableau R+ des individus supplémentaires` en `A117`). Ces éléments supplémentaires apparaissent en couleur orange à l'écran et sont, comme les données, déprotégés. De la matrice R^+ on déduit la matrice X^+, par l'opération de centrage et de réduction selon le choix `1`(aucune opération), `2` ou `3` ; cette matrice figure en `N5:N14` de la feuille `X` et est notée `X^+` en `M4`. De même on calcule la matrice X_+ (notée `X+`) en `C107:D107`.

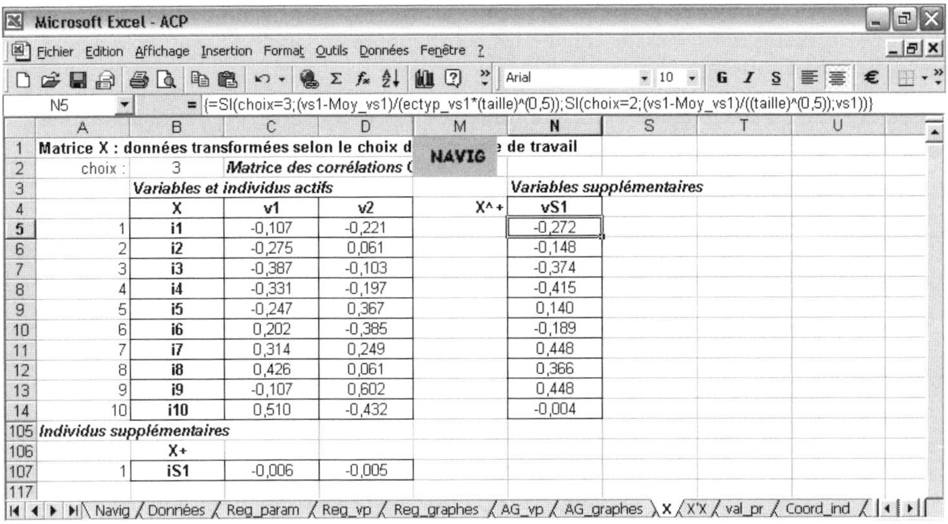

	A	B	C	D	M	N
1	Matrice X : données transformées selon le choix d					e de travail
2	choix :	3	Matrice des corrélations (			
3		Variables et individus actifs				Variables supplémentaires
4		X	v1	v2	X^+	vS1
5	1	i1	-0,107	-0,221		-0,272
6	2	i2	-0,275	0,061		-0,148
7	3	i3	-0,387	-0,103		-0,374
8	4	i4	-0,331	-0,197		-0,415
9	5	i5	-0,247	0,367		0,140
10	6	i6	0,202	-0,385		-0,189
11	7	i7	0,314	0,249		0,448
12	8	i8	0,426	0,061		0,366
13	9	i9	-0,107	0,602		0,448
14	10	i10	0,510	-0,432		-0,004
105	Individus supplémentaires					
106		X+				
107	1	iS1	-0,006	-0,005		
117						

Figure 3.6-1 : La feuille X du classeur ACP (Ex_1) pour le calcul des coordonnées d'un individu et d'une variable supplémentaires (choix 3 de la matrice des corrélations).

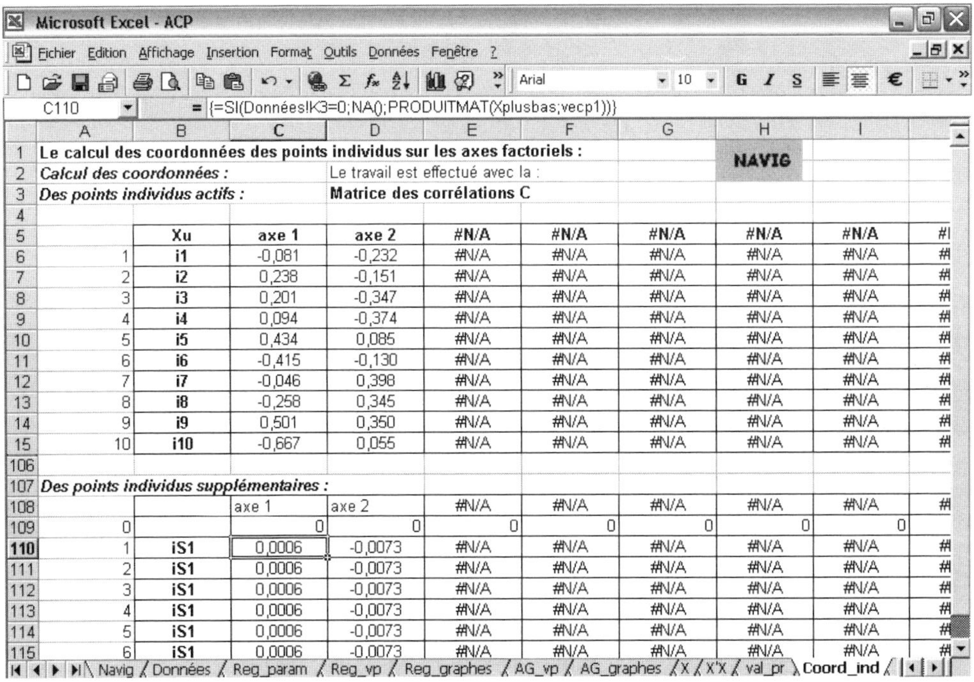

	A	B	C	D	E	F	G	H	I
1	Le calcul des coordonnées des points individus sur les axes factoriels :								
2	Calcul des coordonnées :			Le travail est effectué avec la :					
3	Des points individus actifs :			Matrice des corrélations C					
4									
5		Xu	axe 1	axe 2	#N/A	#N/A	#N/A	#N/A	#N/A
6	1	i1	-0,081	-0,232	#N/A	#N/A	#N/A	#N/A	#N/A
7	2	i2	0,238	-0,151	#N/A	#N/A	#N/A	#N/A	#N/A
8	3	i3	0,201	-0,347	#N/A	#N/A	#N/A	#N/A	#N/A
9	4	i4	0,094	-0,374	#N/A	#N/A	#N/A	#N/A	#N/A
10	5	i5	0,434	0,085	#N/A	#N/A	#N/A	#N/A	#N/A
11	6	i6	-0,415	-0,130	#N/A	#N/A	#N/A	#N/A	#N/A
12	7	i7	-0,046	0,398	#N/A	#N/A	#N/A	#N/A	#N/A
13	8	i8	-0,258	0,345	#N/A	#N/A	#N/A	#N/A	#N/A
14	9	i9	0,501	0,350	#N/A	#N/A	#N/A	#N/A	#N/A
15	10	i10	-0,667	0,055	#N/A	#N/A	#N/A	#N/A	#N/A
106									
107	Des points individus supplémentaires :								
108			axe 1	axe 2	#N/A	#N/A	#N/A	#N/A	#N/A
109	0		0	0	0	0	0	0	0
110	1	iS1	0,0006	-0,0073	#N/A	#N/A	#N/A	#N/A	#N/A
111	2	iS1	0,0006	-0,0073	#N/A	#N/A	#N/A	#N/A	#N/A
112	3	iS1	0,0006	-0,0073	#N/A	#N/A	#N/A	#N/A	#N/A
113	4	iS1	0,0006	-0,0073	#N/A	#N/A	#N/A	#N/A	#N/A
114	5	iS1	0,0006	-0,0073	#N/A	#N/A	#N/A	#N/A	#N/A
115	6	iS1	0,0006	-0,0073	#N/A	#N/A	#N/A	#N/A	#N/A

Figure 3.6-2 : La feuille Coord_ind du classeur ACP(Ex_1) du calcul des coordonnées d'un individu supplémentaire (choix 3 de la matrice des corrélations).

La feuille `coord_ind` ci-dessus calcule les coordonnées de l'individu supplémentaire `iS1` dans le bloc `C110:D110`.

La feuille `coord_var` calcule les coordonnées de la variable supplémentaire `vS1` en `C22:D22`. En voici sa copie d'écran :

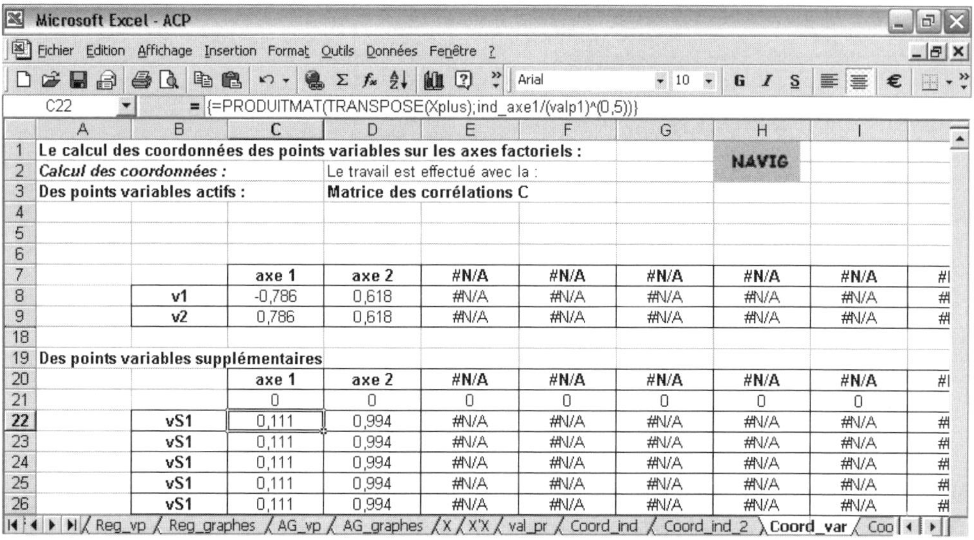

	A	B	C	D	E	F	G	H	I
1	Le calcul des coordonnées des points variables sur les axes factoriels :								
2	Calcul des coordonnées :			Le travail est effectué avec la :				NAVIG	
3	Des points variables actifs :			Matrice des corrélations C					
4									
5									
6									
7			axe 1	axe 2	#N/A	#N/A	#N/A	#N/A	#N/A
8		v1	-0,786	0,618	#N/A	#N/A	#N/A	#N/A	#N/A
9		v2	0,786	0,618	#N/A	#N/A	#N/A	#N/A	#N/A
18									
19	Des points variables supplémentaires								
20			axe 1	axe 2	#N/A	#N/A	#N/A	#N/A	#N/A
21			0	0	0	0	0	0	0
22		vS1	0,111	0,994	#N/A	#N/A	#N/A	#N/A	#N/A
23		vS1	0,111	0,994	#N/A	#N/A	#N/A	#N/A	#N/A
24		vS1	0,111	0,994	#N/A	#N/A	#N/A	#N/A	#N/A
25		vS1	0,111	0,994	#N/A	#N/A	#N/A	#N/A	#N/A
26		vS1	0,111	0,994	#N/A	#N/A	#N/A	#N/A	#N/A

Figure 3.6-3 : La feuille Coord_var du classeur ACP(Ex_1) du calcul des coordonnées d'un individu supplémentaire (choix 3 de la matrice des corrélations).

On retrouve bien les résultats des calculs effectués à la main.

Remarques :

- les zéros présents en première ligne de ces tableaux sont nécessaires pour les représentations graphiques lorsqu'il n'y a pas d'éléments supplémentaires, la marque de ces éléments est alors rapportée à l'origine du repère sans libellé.

- la répétition des valeurs des coordonnées sur les 10 lignes prévues pour les individus supplémentaires ou les 5 lignes des variables vient du fait qu'il s'agit d'une formule matricielle en dimension 1, ceci n'a aucune incidence sur les résultats et les représentations.

Les feuilles de représentation graphique affichent ces éléments supplémentaires avec leurs libellés. Ainsi sur la copie d'écran de la feuille `graphes_ind_var` de la figure 3.3-6 vous voyez le point `iS1` très proche de l'origine, rappelons que ces données étaient proches de l'individu moyen pour les deux variables actives et que la variable `vS1` se situe entre `v1` et `v2`, cette variable correspondait à la moyenne des deux variables actives.

3.6.4. Application aux données de l'exemple 2A

Quand vous chargez l'exemple 2A, la `Mauritanie` est prise comme individu supplémentaire et le taux d'alphabétisme des adultes en 1995 (noté `alphab.`) comme variable supplémentaire.

Voici ces données présentées par ordre croissant de la variable active E.V. 97 :

i	PNB	E.V. 97	alphab.(R^+)
Burk. Faso	230	46	19
Guinée	560	46	36
Mali	240	48	31
Niger	200	48	14
Tchad	160	48	48
Côte d'Iv.	660	51	40
Sénégal	570	51	33
Nigéria	240	52	57
Cameroun	610	56	63
Ghana	360	58	65
moyenne :	383	50,4	40,6
écart-type :	185,1	3,852	16,63
taille :	10		
Mauritanie	470	53	R_+

Tableau 3.6-2 : Les données de l'individu et de la variable supplémentaires de l'exemple 2A du classeur ACP .

Après avoir sélectionné le choix `3` (la matrice des corrélations), consultons les graphes obtenus. On s'aperçoit que la Mauritanie se retrouve plutôt au centre de gravité du nuage coincé entre le Nigéria et le Cameroun pour son `E.V. 97` et entre le Sénégal et le Ghana pour son `PNB`. Quant à la variable `Alphab.`, elle est dans la direction et proche de la variable active E.V. 97, ce qui ne nous étonne guère si on consulte ses valeurs : à de grandes espérances de vie correspondent un grand taux d'alphabétisme. Donnons l'image du plan factoriel {1,2} de la feuille `graphes_ind_var` du classeur ACP.

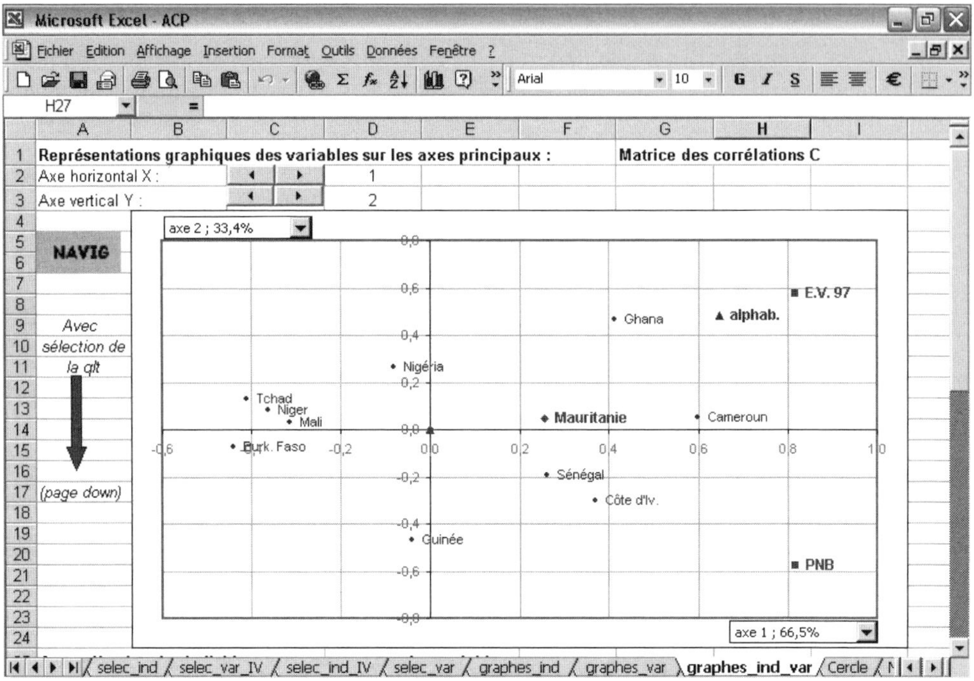

Figure 3.6-4 : Le plan factoriel {1,2} avec la variable et l'individu supplémentaire de l'exemple 2A du classeur ACP (choix 3 de la matrice des corrélations).

3.6.5. Sélections avancées

Nous avons vu, dans le paragraphe 3.4.3, que l'interprétation et la lecture correcte des représentations sur les plans factoriels reposaient sur la contribution relative des individus à la formation des axes et la qualité de la représentation des individus et des variables sur les axes factoriels et par conséquence sur les plans associés. Pour cela nous avons calculé les « $\cos^2$ » pour la qualité de représentation d'un individu et les « corr^2 » (qui sont aussi des cosinus-carrés) pour la qualité de représentation d'une variable. Dans la remarque du paragraphe 3.4.4 nous avons donné des critères de bonne représentation selon la valeur de ces $\cos^2$, noté aussi `qlt`. Si l'étude comporte peu d'individus une lecture des colonnes contenant ces valeurs de `qlt` permet d'en faire ressortir aisément les individus les mieux représentés selon le critère choisi, mais cette lecture devient très fastidieuse dès que le nombre d'individu est grand. Ainsi une automatisation de cette tâche est un gain de temps considérable.

A cet effet, nous avons ajouté quatre feuilles supplémentaires à notre classeur, les feuilles `selec_ind`, `selec_var` et `selec_ind_IV`, `selec_var_IV` qui conduiront à des présentations modifiées sur les feuilles de représentation graphique `graphes_ind`, `graphes_var` et `graphes_ind_var` (`selec` pour sélection, `ind` pour individu et `var` pour variable). Nous allons présenter ces sélections sur un exemple de six individus actifs et trois supplémentaires, de trois variables actives et trois supplémentaires. Cet exemple est l'exemple 3 dans le mode matrice des corrélations (choix 3), que vous chargerez en effectuant comme à l'accoutumée :

Navig / Exemples / Ex_3

A : Les feuilles `selec_ind`, `selec_var` et `selec_ind_IV`, `selec_var_IV` de sélection des individus et des variables.

- La feuille `selec_ind` : vous sélectionnerez cette feuille en effectuant

Navig / flèche bleue bas / selec_ind

L'axe horizontal (`Axe X`) sera choisi par un menu déroulant sur la fenêtre située sur le bloc `C5:D5`, la fenêtre donnera le nom de l'axe et son inertie, vous choisirez de même l'axe vertical (`Axe Y`) dans la fenêtre située sur le bloc `F5:G5`. Le plan factoriel sera celui de ces deux axes sélectionnés : les numéros des axes, sous la forme d'un couple, apparaîtront en `H7` et l'inertie de ce plan, somme des deux inerties précédentes, en `I7`.

Pour chacun des axes et des plans factoriels que vous avez sélectionnés, vous avez le choix des critères dans les cellules de la ligne 6 (par exemple en `B6` pour la qualité de la représentation `qlt` sur l'axe `X` et en `C6` pour la contribution relative `cr` à la constitution de l'axe `X`), ces critères sont indépendants d'un axe à l'autre. Les choix de ces critères pourront être par exemple ceux du paragraphe 3.4.4. Les cellules contenant les critères sont colorées en jaune clair et donc déprotégées. Vous pouvez à tout moment modifier votre critère. Une fois ces valeurs entrées, un appel à la feuille `synth_ind`, sélectionne les individus retenus pour ce critère et le libellé de l'individu apparaît : par exemple sur la copie d'écran ci-dessous l'individu 2 (`i2`) est retenu deux fois car son $\cos^2$ ou `qlt` est supérieur à 0,5 et sa contribution relative `cr` est supérieure à 0,17. En vis à vis de l'individu retenu par sa `qlt` est reporté le signe de sa coordonnée sur l'axe, par exemple cet individu `i2` est de signe positif, ceci est très pratique pour juger d'un coup d'œil les positions respectives des individus bien représentés. Il faudra seulement se méfier des individus proches de l'origine, mais la consultation du graphe nous y aidera. Il en sera de même pour le plan factoriel mais seuls les libellés des individus apparaissent, comme les critères sont indépendants, il peut arriver que des individus ne soient pas représentés sur les axes mais représentés sur les plans et réciproquement (n'oublions pas aussi que le $\cos^2$ d'un plan est la somme des $\cos^2$ des axes le formant).

Au bas de la colonne des individus (ligne `110`) apparaît le pourcentage d'individus représentés pour le critère choisi, par exemple 50 % des individus sur l'axe 1 ont une `qlt` supérieur à 0,5 et 33,3 % des individus participent activement à la formation de l'axe 1. Sous le tableau des individus actifs (bloc `B112:I124`) est donné un tableau identique pour les individus supplémentaires mais bien sûr avec le seul critère de la `qlt`.

Remarques :

- dans la cellule `D4` nous donnons la valeur v = 1/nombred'individus qui peut-être un critère possible de la contribution relative d'un individu à la formation de l'axe. Une valeur `cr` supérieure à cette valeur v montre que cet individu participe plus fortement à la constitution de l'axe et d'autant plus que cette valeur est forte. Cette valeur sera automatiquement prise à l'ouverture du classeur mais vous pouvez la changer.

- si les critères des axes sont donnés avec des décimales, par exemple 0,5 pour la `qlt` de l'axe 1, nous donnerons la `qlt` du plan par un nombre entier qui exprime en fait un pourcentage, par exemple la valeur 9 en `H6` signifie 90% (nous vous rappelons en `H5` qu'il faut multiplier cette valeur par 10% en indiquant `x10%`), ceci pour des raisons de sélection automatique sur les graphes.

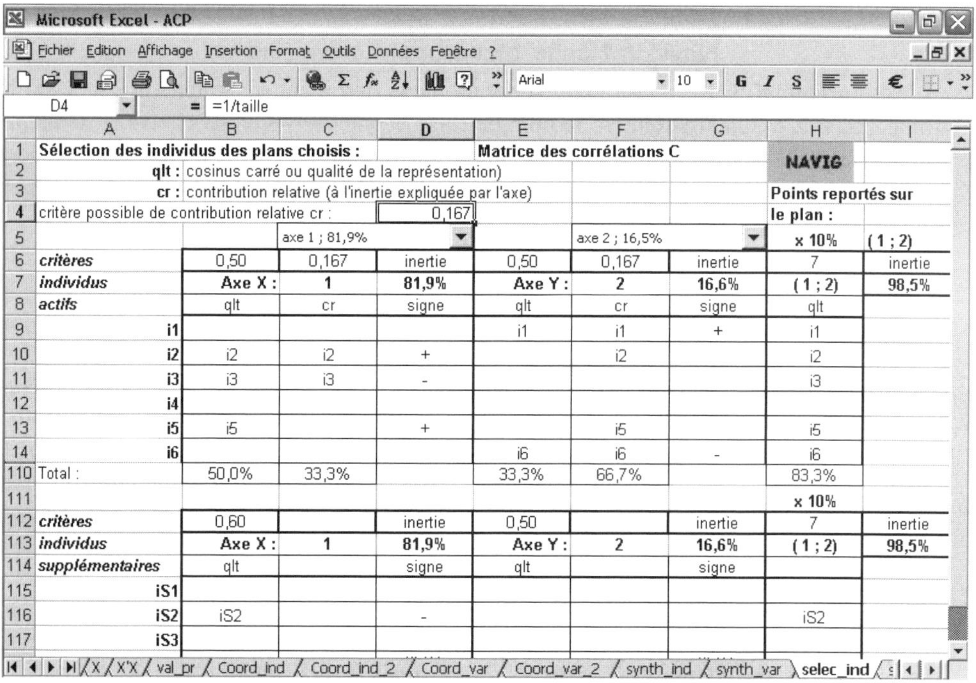

	A	B	C	D	E	F	G	H	I
1	**Sélection des individus des plans choisis :**				**Matrice des corrélations C**			**NAVIG**	
2	**qlt :**	cosinus carré ou qualité de la représentation)							
3	**cr :**	contribution relative (à l'inertie expliquée par l'axe)						**Points reportés sur**	
4	critère possible de contribution relative cr :			0,167				**le plan :**	
5			axe 1 ; 81,9%			axe 2 ; 16,5%		**x 10%**	**(1 ; 2)**
6	***critères***	0,50	0,167	inertie	0,50	0,167	inertie	7	inertie
7	***individus***	**Axe X :**	**1**	**81,9%**	**Axe Y :**	**2**	**16,6%**	**(1 ; 2)**	**98,5%**
8	***actifs***	qlt	cr	signe	qlt	cr	signe	qlt	
9	**i1**				i1	i1	+	i1	
10	**i2**	i2	i2	+		i2		i2	
11	**i3**	i3	i3	-				i3	
12	**i4**								
13	**i5**	i5		+		i5		i5	
14	**i6**				i6	i6	-	i6	
110	Total :	50,0%	33,3%		33,3%	66,7%		83,3%	
111								**x 10%**	
112	***critères***	0,60		inertie	0,50		inertie	7	inertie
113	***individus***	**Axe X :**	**1**	**81,9%**	**Axe Y :**	**2**	**16,6%**	**(1 ; 2)**	**98,5%**
114	***supplémentaires***	qlt		signe	qlt		signe		
115	**iS1**								
116	**iS2**	iS2		-				iS2	
117	**iS3**								

Figure 3.6-5 : La feuille selec_ind du classeur ACP de sélection des individus selon les critères de la ligne 6 pour les individus actifs et de la ligne 112 pour les individus supplémentaires (Ex_3).

- La feuille `selec_var` : vous sélectionnerez cette feuille en effectuant

Navig / flèche bleue bas / selec_var

Nous avons, sur cette feuille, procédé de la même façon que pour les individus mais bien sûr seulement pour la qualité de la représentation ou cosinus carré ou corrélation au carré (nous conserverons sur les feuilles de calcul le terme explicite de `qlt`).

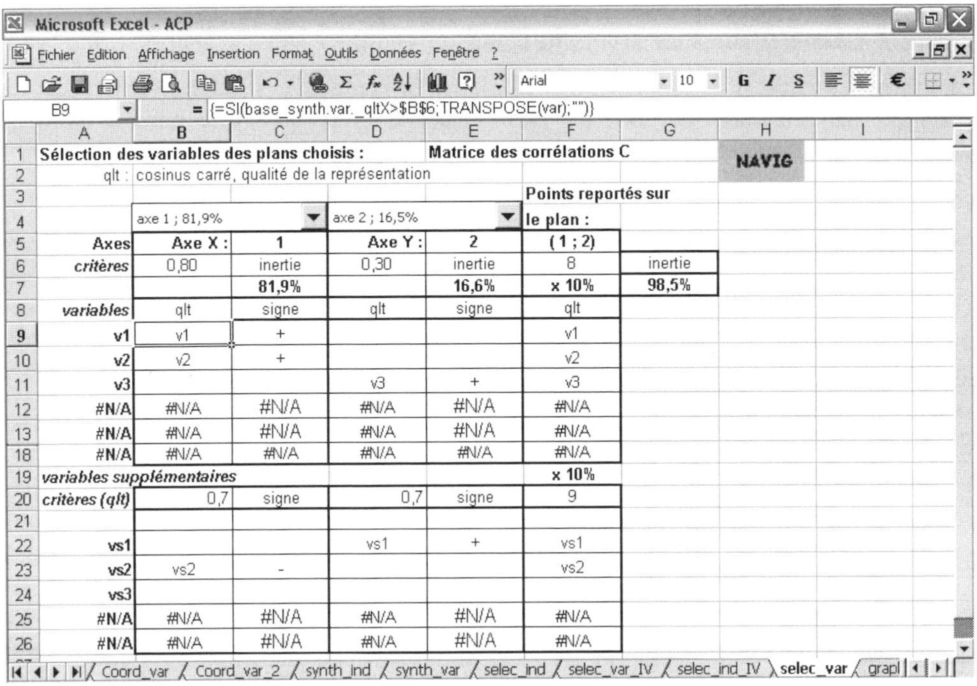
Microsoft Excel - ACP

B9 = {=SI(base_synth.var._qltX>$B$6;TRANSPOSE(var);"")}

	A	B	C	D	E	F	G	H
1	Sélection des variables des plans choisis :				Matrice des corrélations C			NAVIG
2	qlt :	cosinus carré, qualité de la représentation						
3						Points reportés sur		
4		axe 1 ; 81,9%		axe 2 ; 16,5%		le plan :		
5	Axes	Axe X :	1	Axe Y :	2	(1 ; 2)		
6	critères	0,80	inertie	0,30	inertie	8	inertie	
7			81,9%		16,6%	x 10%	98,5%	
8	variables	qlt	signe	qlt	signe	qlt		
9	v1	v1	+			v1		
10	v2	v2	+			v2		
11	v3			v3	+	v3		
12	#N/A	#N/A	#N/A	#N/A	#N/A	#N/A		
13	#N/A	#N/A	#N/A	#N/A	#N/A	#N/A		
18	#N/A	#N/A	#N/A	#N/A	#N/A	#N/A		
19	variables supplémentaires					x 10%		
20	critères (qlt)	0,7	signe	0,7	signe	9		
21								
22	vs1			vs1	+	vs1		
23	vs2	vs2	-			vs2		
24	vs3							
25	#N/A	#N/A	#N/A	#N/A	#N/A	#N/A		
26	#N/A	#N/A	#N/A	#N/A	#N/A	#N/A		

Coord_var / Coord_var_2 / synth_ind / synth_var / selec_ind / selec_var_IV / selec_ind_IV / selec_var / grapl

Figure 3.6-6 : La feuille selec_var du classeur ACP de sélection des variables selon les critères de la ligne 6 pour les variables actives et de la ligne 20 pour les variables actives (Ex_3).

- Les feuilles `selec_ind_IV` et `selec_var_IV` : vous sélectionnerez ces feuilles en effectuant

Navig / flèche bleue bas / selec_ind_IV ou **selec_var_IV**

Pour la représentation simultanée des individus et des variables, il faut que les axes associés aux individus et aux variables soient les mêmes, ce qui n'était pas exigé pour les sélections des individus précédents, des variables précédentes. Ceci nous a conduit à répéter les feuilles de sélection précédentes, le terme `IV` qui apparaît dans ces feuilles signifie `Individu-Variable`. Dès que vous changez un axe du plan pour les individus, cette modification est répétée pour les variables et réciproquement.

Nous avons, sur cette feuille, procédé de la même façon que pour les individus mais bien sûr seulement pour la qualité de la représentation ou cosinus carré ou corrélation au carré (nous conserverons sur les feuilles de calcul le terme explicite de `qlt`).

B : Les feuilles `graphes_ind`, `graphes_var` et `graphes_ind_var` de la représentation graphique des individus et/ou variables sélectionnés.

Les feuilles de représentation graphique `graphes_ind`, `graphes_var` et `graphes_ind_var` que vous atteindrez en effectuant respectivement

Navig / flèche bleue bas / graphes_ind ou **graphes_var** ou **graphes_ind_var**

sont toutes structurées de la même manière: la partie haute de ces feuilles contiennent les graphes sans sélection. Ce sont les représentations graphiques que nous avons déjà commentées. Quand vous êtes sur une de ces feuilles et que vous cliquez sur

flèche bleue bas

vous obtenez les graphes, sur le plan factoriel choisi, qui intègrent ces sélections en associant aux individus et/ou aux variables sélectionnés les étiquettes (les libellés) correspondantes, les autres points non sélectionnés apparaissent néanmoins mais sans étiquettes. Ceci a l'avantage très important de rendre les graphiques beaucoup plus clairs et ce faisant beaucoup plus lisibles.

Précisons les manipulations que vous pouvez effectuer sur ces représentations graphiques qui font du classeur ACP un outil réellement convivial et interactif.

- La feuille `graphes_ind` : dans le bloc `D2:D3` de la partie haute de cette feuille, vous sélectionnez l'axe horizontal X et l'axe vertical Y, axes sur lesquels se font votre représentation, le choix de la matrice de travail est rappelé en `G1`. Les noms de ces axes et leur inertie, apparaissent comme légende sur la représentation graphique. En cliquant sur la flèche bleue (notée `page down`) vous aboutissez à la représentation graphique avec la sélection des individus. Le choix de la `qlt` des individus actifs effectué sur la feuille `selec_ind` apparaitra sur la fenêtre de la cellule `E26`, mais vous pouvez directement modifier dans la liste déroulante ce choix en sélectionnant un pourcentage. Ce nouveau choix sera activé dans la feuille `selec_ind`. Vous procéderez de la même façon pour les individus supplémentaires. Vous avez aussi accès directement au choix des axes en sélectionnant les axes dans les menus déroulants des fenêtres. S'ils ne sont pas sélectionnés, les individus restent néanmoins apparents par leurs marques.

  Donnons à titre d'exemple la représentation du plan factoriel 1&2 des individus de l'exemple 3 sur lequel vous remarquerez que l'individu actif `i4`, les individus supplémentaires `iS1` et `iS3` n'apparaissent pas car mal représentés selon les critères choisis.

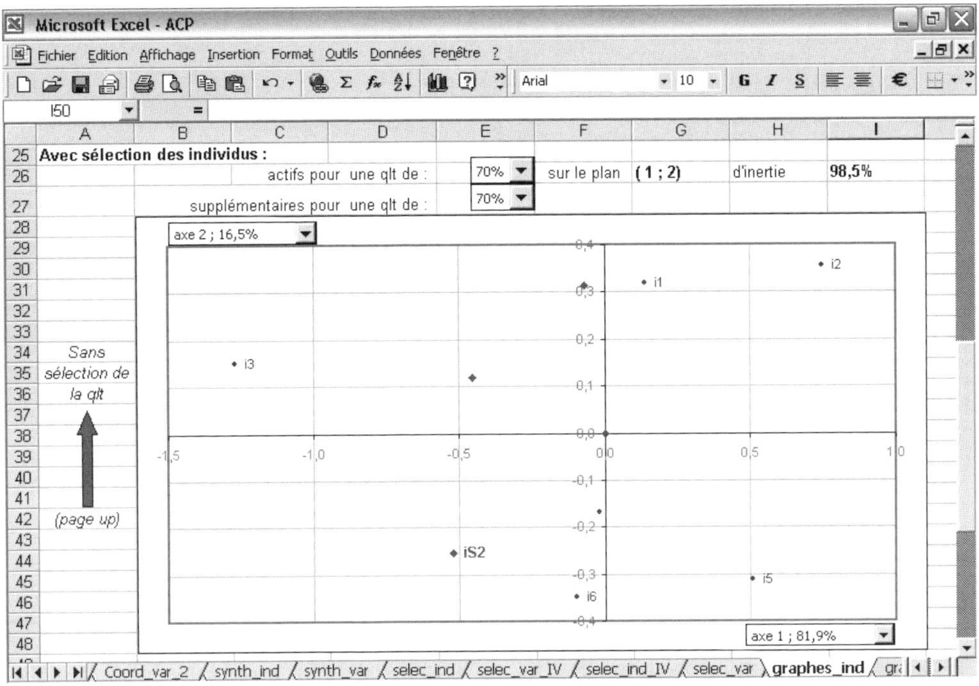

Figure 3.6-7 : La partie basse de la feuille graphes_ind du classeur ACP avec sélection des individus sur le plan principal 1&2 (Ex_3).

- La feuille `graphes_var` : le traitement graphique de la sélection des variables, est pour cette feuille, en tout point identique à celle des individus.
- La feuille `graphes_ind_var` : la partie haute de cette feuille donne la représentation simultanée des individus et des variables (actifs et supplémentaires) pour des axes sélectionnés dans le bloc `D2:D3`. Dans la partie basse vous pourrez sélectionner indépendamment les `qlt` des individus et des variables, actifs ou supplémentaires. La représentation simultanée du graphe ci-dessous vous montre qu'en plus des points individus non représentés précédemment, la variable supplémentaire vS3 n'apparaît pas car mal représentée selon le critère choisi.

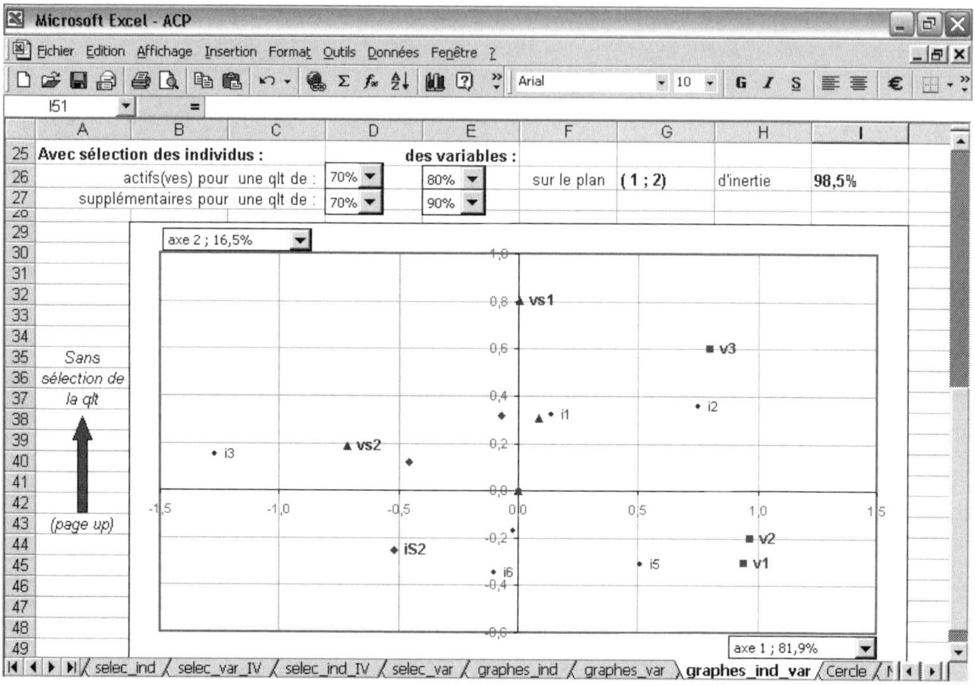

Figure 3.6-8 : Partie basse de la feuille graphes_ind_var du classeur ACP avec sélection des individus et des variables sur le plan principal 1&2 (Ex_3).

3.7. Le classeur ACP

Dans ce paragraphe nous supposons que le lecteur connaît les bases de la théorie de l'analyse en composantes principales et sait effectuer les calculs matriciels inhérents à cette théorie. Nous allons donc simplement donner la structure du classeur ACP, rappeler les grandes lignes de l'interprétation d'une analyse en composantes principale et effectuer des applications sur des exemples.

3.7.1. Le classeur ACP

A l'ouverture du classeur ACP, comme vous avez du le remarquer lors de son chargement, on vous dira `Ce classeur contient des macros`, cliquer alors sur `Activer les macros` pour que ces macros apparaissent dans `/Outils/Macro/Visual Basic Editor` et soient actives dès la demande d'exécution approuvée, ce qui assurera l'interactivité du classeur.

Vous arrivez sur la feuille de navigation `Navig` qui vous permet de vous diriger facilement dans ce classeur. Nous avons associé à un grand nombre des feuilles du classeur ACP, des boutons de commande ou des icônes qui permettent de se déplacer facilement, mais pas pour toutes les feuilles. Ces boutons reprennent le nom des feuilles auxquelles vous pourriez accéder aussi en cliquant sur leur onglet. C'est d'ailleurs ce qu'il faut faire quand le bouton n'existe pas.

Les boutons de commande apparaissent sur un fond beige et portent le nom des feuilles à atteindre, il suffira de cliquer sur ces boutons. Il y a peu d'icônes de navigation : des flèches bleues dirigées soit vers le haut (pour atteindre une partie haute de la feuille), soit vers le bas (pour atteindre une partie basse de la feuille) ; l'icône **NAVIG** sur fond parme qui vous ramènera à cette feuille de navigation et l'icône **exemples** sur la feuille `Exemples` qui contient les exemples utilisés (le chargement automatique des exemples se fait à partir des boutons de la feuille `Navig_ex`). Sur les feuilles de navigation, vous verrez des petits triangles rouges (bord supérieur droit d'une cellule), ce sont des marques qui indiquent qu'un commentaire est associé à la cellule : le descriptif de la feuille à atteindre pour les boutons de la feuille de navigation `Navig`, le descriptif des exemples pour les boutons de la feuille de navigation `Navig_ex`.

Nous indiquons par une suite de pressions sur les boutons, représentés par leur nom et séparés de slashes, les actions à effectuer. Ainsi pour atteindre la feuille `Données` que nous détaillons ci-dessous vous devrez effectuer

Navig / Données

si vous n'étiez pas sur la feuille `Navig`, simplement

Données

si vous étiez déjà sur la feuille `Navig`. Ces instructions seront précédées de $\Rightarrow$

qui signifiera que vous devrez exécuter les actions qui suivent.

⇒ Navig / Données

La feuille Données : c'est sur cette feuille que l'on entre les données (le tableau R) dans le bloc B15:L115, avec les libellés des variables (première ligne de ce tableau) et les libellés des individus (première colonne de ce tableau). Ce sont les libellés que vous aurez écrits qui s'afficheront sur les graphes. Vous pouvez prendre 100 individus au plus et 10 variables au plus. Les lignes (individus) supplémentaires sont à donner dans le bloc B118:L127 (10 au plus) et les colonnes (variables) supplémentaires dans le bloc N15:R115 (5 au plus). Une fois vos données entrées, vous sélectionnez le nombre d'individus actifs ou supplémentaires, le nombre de variables actives ou supplémentaires que vous désirez étudier dans les blocs D3:D4 et K3:K4, soit par les toupies, soit en tapant les valeurs. Vous pouvez sélectionner moins de lignes ou de colonnes que celles du tableau R, ce sont les valeurs sélectionnées qui définissent les matrices (R, R^+, R_+) sur lesquelles se feront les calculs. Le choix 2 (matrice des variances-covariances), 3 (matrice des corrélations) sera donné en D5.

Ces blocs sont déprotégés et colorés en jaune clair pour les actifs et en orange pour les supplémentaires. La colonne M15:M115 et la ligne B16:L116 sont aussi déprotégées, ce qui peut-être intéressant pour les utiliser comme « pivot » pour échanger dans une application actifs et supplémentaires.

Les calculs des paramètres statistiques des variables, paramètres calculés sur le nombre de lignes actives, figurent aux lignes 10 (le maximum), 11 (le minimum), 12 (l'écart type) , 13 (la moyenne) et sur la ligne 14 la taille de l'échantillon réel (le nombre de lignes du tableau R).

Vous pouvez aussi entrer directement des données d'exemple :

⇒ Navig / Exemples / Ex_0 : videra vos tableaux de toutes leurs données, c'est ce qu'il faudrait faire avant de rentrer ses propres données ;

⇒ Navig / Exemples / Ex_3 : chargera l'exemple 3, en précisant le nombre de lignes et de colonnes actives et/ou supplémentaires, il ne vous reste plus qu'à préciser le choix de votre matrice de travail qui sera donné en D5. Effectuons pour la suite ce chargement de l'exemple 3 et choisissons 3 (la matrice des corrélations) comme matrice de travail.

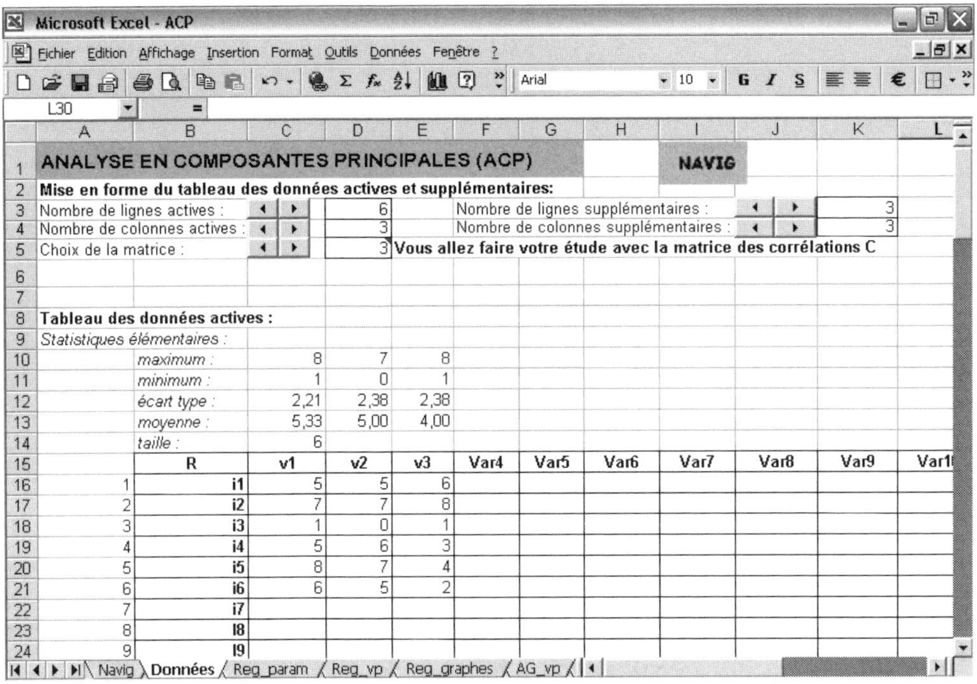

Figure 3.7-1: La feuille Données du classeur ACP (Ex_3).

⇒ Navig / flèche bleue bas / val_pr

La feuille `val_pr` : vous arrivez ainsi directement au tableau résumé du calcul des valeurs propres ainsi qu'à un diagramme en bâtons de l'inertie des axes associés. Le haut de cette feuille est consacré aux vecteurs propres, le bloc `C9:L18`. Les calculs des valeurs propres et des vecteurs propres sont effectués à l'aide de fonctions personnalisées (`ValP()` et `VecP()`), macros instructions dont nous reparlerons dans l'annexe 2.

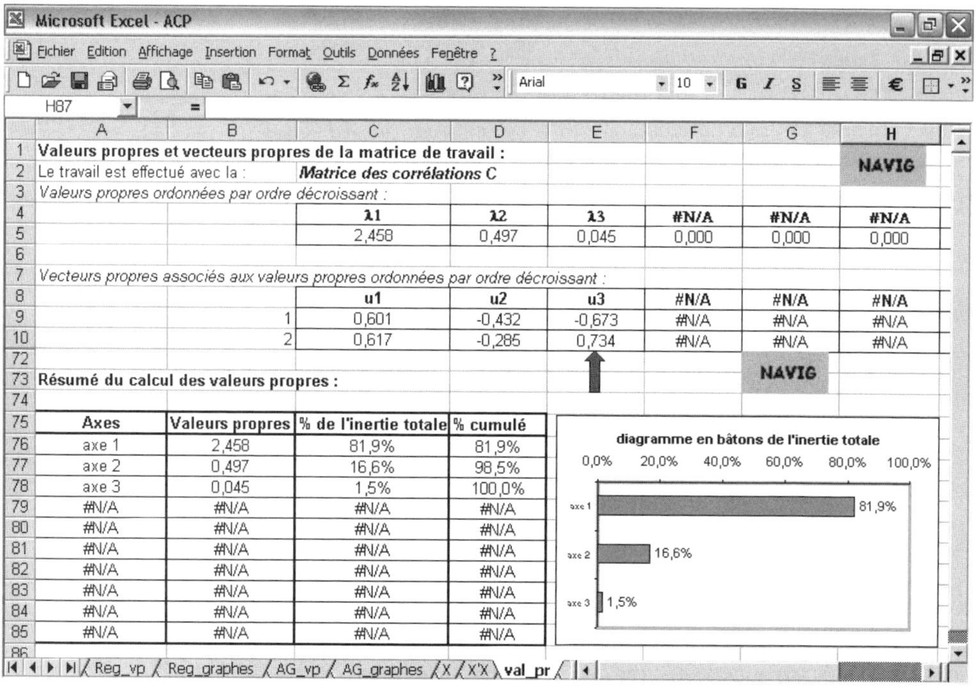

	A	B	C	D	E	F	G	H
1	Valeurs propres et vecteurs propres de la matrice de travail :							
2	Le travail est effectué avec la :		Matrice des corrélations C					
3	Valeurs propres ordonnées par ordre décroissant :							
4			λ1	λ2	λ3	#N/A	#N/A	#N/A
5			2,458	0,497	0,045	0,000	0,000	0,000
6								
7	Vecteurs propres associés aux valeurs propres ordonnées par ordre décroissant :							
8			u1	u2	u3	#N/A	#N/A	#N/A
9		1	0,601	-0,432	-0,673	#N/A	#N/A	#N/A
10		2	0,617	-0,285	0,734	#N/A	#N/A	#N/A
72								
73	Résumé du calcul des valeurs propres :							
74								

	Axes	Valeurs propres	% de l'inertie totale	% cumulé
75	Axes	Valeurs propres	% de l'inertie totale	% cumulé
76	axe 1	2,458	81,9%	81,9%
77	axe 2	0,497	16,6%	98,5%
78	axe 3	0,045	1,5%	100,0%
79	#N/A	#N/A	#N/A	#N/A
80	#N/A	#N/A	#N/A	#N/A
81	#N/A	#N/A	#N/A	#N/A
82	#N/A	#N/A	#N/A	#N/A
83	#N/A	#N/A	#N/A	#N/A
84	#N/A	#N/A	#N/A	#N/A
85	#N/A	#N/A	#N/A	#N/A

Figure 3.7-2 : La feuille Val_pr. du classeur ACP(Ex_3).

⇒ Navig / flèche bleue bas / synth_ind

La feuille `synth_ind` : cette feuille est consacrée au calcul des coordonnées et de la qualité de la représentation des individus. On rappelle en colonne `B` de cette feuille les coordonnées des individus actifs sur l'axe principal F_1 (`axe 1`), la colonne C donne la qualité de représentation sur cet axe (`qlt`) et la colonne `D` le cumul des qualités de représentation (`cum.`); de même avec les colonnes `E`, `F` et `G` pour l'axe principal F_2 (`axe 2`) et ainsi de suite pour tous les axes principaux. La colonne `cum.` cumule les cosinus carrés en effectuant leur somme : pour un axe la valeur obtenue est la même que celle de l'axe (colonne `D` : `axe 1`), pour deux axes on ajoute au cosinus carré du premier le cosinus carré du deuxième (colonne `G` : `axe 1&2`) et on pourrait continuer la même somme en cumulant sur l'ensemble des axes principaux.

La colonne D donne les contributions relatives des individus (notées simplement `cr`) pour l'axe principal F_1 (`axe 1`), de même avec la colonne `H` pour l'axe principal F_2 (`axe 2`), etc..

Les coordonnées et la qualité de la représentation des individus supplémentaires sont données de la ligne `112` à la ligne `121` de cette feuille.

⇒ Navig / flèche bleue bas / synth_var

La feuille `synth_var` : cette feuille est consacrée au calcul des coordonnées et de la qualité de la représentation des variables. Dans le bloc `B7:G8`, on rappelle en colonne `B` les coordonnées des variables actives sur l'axe principal G_1 (`axe 1`), la colonne C donne la qualité de la représentation (qlt) et la colonne D le cumul des qualités de la représentation (cum.) ; de même avec les colonnes E, F et G pour l'axe principal G_2 (axe 2) et ainsi de suite pour tous les axes principaux. Cette colonne cum. cumule les cosinus carrés en effectuant leur somme : pour un axe la valeur obtenue est la même que celle de l'axe (colonne D : axe 1), pour deux axes on ajoute au cosinus carré du premier le cosinus carré du deuxième (colonne G : axe 1&2) et on pourrait continuer la même somme en cumulant sur l'ensemble des axes principaux.

Les coordonnées et la qualité de la représentation des variables supplémentaires sont données de la ligne 20 à la ligne 24 de cette feuille.

⇒ **Navig / flèche bleue bas / selec_ind**

La feuille selec_ind : cette feuille est consacrée à la sélection des individus selon leur qualité de représentation (qlt). L'axe horizontal (Axe X) sera choisi par un menu déroulant sur la fenêtre située sur le bloc C5:D5, la fenêtre donnera le nom de l'axe et son inertie, vous choisirez de même l'axe vertical (Axe Y) dans la fenêtre située sur le bloc F5:G5. Le plan factoriel sera celui de ces deux axes sélectionnés : les numéros des axes, sous la forme d'un couple, apparaîtront en H7 et l'inertie de ce plan, somme des deux inerties précédentes, en I7.

Pour chacun des axes et des plans factoriels que vous avez sélectionnés, vous avez le choix des critères dans les cellules de la ligne 6 (par exemple en B6 pour la qualité de la représentation qlt sur l'axe X et en C6 pour la contribution relative cr à la constitution de l'axe X), ces critères sont indépendants d'un axe à l'autre. Les choix de ces critères pourront être par exemple ceux du paragraphe 3.4.4. Les cellules contenant les critères sont colorées en jaune clair et donc déprotégées. Vous pouvez à tout moment modifier votre critère. Une fois ces valeurs entrées, un appel à la feuille synth_ind, sélectionne les individus retenus pour ce critère et le libellé de l'individu apparaît.

Dans la cellule D4 nous donnons la valeur v = 1/(nombre d'individus) qui peut-être un critère possible de la contribution relative d'un individu à la formation de l'axe.

⇒ **Navig / flèche bleue bas / selec_var**

La feuille selec_var : cette feuille est consacrée à la sélection des variables selon leur qualité de représentation (qlt). Nous avons, sur cette feuille, procédé de la même façon que pour les individus mais bien sûr seulement pour la qualité de la représentation ou cosinus carré ou corrélation au carré (nous conserverons sur les feuilles de calcul le terme explicite de qlt).

⇒ **Navig / flèche bleue bas / selec_ind_IV** ou **selec_var_IV**

Les feuilles selec_ind_IV et selec_var_IV : pour la représentation simultanée des individus et des variables, il faut que les axes associés aux individus et aux variables soient les mêmes, ce qui n'était pas exigé pour les sélections des individus précédents, des variables précédentes. Ceci nous a conduit à répéter les feuilles de sélection précédentes, le terme IV qui apparaît dans ces feuilles signifie Individu-Variable. Dès que vous changez un axe du plan pour les individus, cette modification est répétée pour les variables et réciproquement.

⇒Navig / flèche bleue bas / graphes_ind ou **graphes_var** ou **graphes_ind_var**

Les feuilles de représentation graphique `graphes_ind`, `graphes_var` et `graphes_ind_var` sont toutes structurées de la même manière : la partie haute de ces feuilles contiennent les graphes sans sélection des points et la partie basse les graphes avec sélection des points selon leur `qlt`. Quand vous êtes sur une de ces feuilles et que vous cliquez sur

flèche bleue bas

vous obtenez les graphes, sur le plan factoriel choisi, qui intègrent ces sélections en associant aux individus et/ou aux variables sélectionnés les étiquettes (les libellés) correspondantes, les autres points non sélectionnés apparaissent néanmoins mais sans étiquettes. Ceci a l'avantage très important de rendre les graphiques beaucoup plus clairs et ce faisant beaucoup plus lisibles.

Précisons les manipulations que vous pouvez effectuer sur ces représentations graphiques qui font du classeur ACP un outil réellement convivial et interactif.

- La feuille `graphes_ind` : dans le bloc `D2:D3` de la partie haute de cette feuille, vous sélectionnez l'axe horizontal X et l'axe vertical Y, axes sur lesquels se font votre représentation, le choix de la matrice de travail est rappelé en `G1`. Les noms de ces axes et leur inertie, apparaissent comme légende sur la représentation graphique. En cliquant sur la flèche bleue (notée `page down`) vous aboutissez à la représentation graphique avec la sélection des individus. Le choix de la `qlt` des individus actifs effectué sur la feuille `selec_ind` apparaîtra sur la fenêtre de la cellule `E26`, mais vous pouvez directement modifier dans la liste déroulante ce choix en sélectionnant un pourcentage. Ce nouveau choix sera activé dans la feuille `selec_ind`. Vous procéderez de la même façon pour les individus supplémentaires. Vous avez aussi accès directement au choix des axes en sélectionnant les axes dans les menus déroulants des fenêtres. S'ils ne sont pas sélectionnés, les individus restent néanmoins apparents par leurs marques.
- La feuille `graphes_var` : le traitement graphique de la sélection des variables, est pour cette feuille, en tout point identique à celle des individus.
- La feuille `graphes_ind_var` : la partie haute de cette feuille donne la représentation simultanée des individus et des variables (actifs et supplémentaires) pour des axes sélectionnés dans le bloc `D2:D3`. Dans la partie basse vous pourrez sélectionner indépendamment les `qlt` des individus et des variables, actifs ou supplémentaires.

Il ne faut pas oublier que nous travaillons sous Excel et que les graphiques, bien qu'ils soient automatiquement générés, peuvent être modifiés en utilisant les larges commodités d'Excel dans l'élaboration des graphiques. Cette remarque est encore « un plus » de notre approche. Nous aurons l'occasion de voir quelques modifications apportant une amélioration à la lecture des graphes lors de l'étude de l'exemple 4A ci-dessous mais donnons auparavant un résumé pour l'interprétation d'une analyse en composantes principales.

3.8. Un résumé pour l'interprétation d'une analyse en composantes principales

Dans ce paragraphe nous allons donner un plan à suivre pour l'interprétation d'une analyse en composantes principales. Ce plan ne peut être que partiel mais donnera les grandes lignes à respecter. En préambule insistons sur le fait, qu'en cas de doute sur l'interprétation sur les individus, sur les variables, sur leurs proximités il faut se référer au tableau des données initiales et que, seule une connaissance approfondie du domaine de l'étude en permet son interprétation. Nous donnons ici des critères « objectifs » d'interprétation mais qui, à eux seuls, ne seront peut-être pas suffisants pour une étude irréprochable.

- **Etape 1** : regarder le plan principal 1&2, formé par les axes principaux 1 et 2. Sur ce plan il faut voir comment se répartissent les individus. Trois situations typiques peuvent se présenter comme sur le schéma suivant :

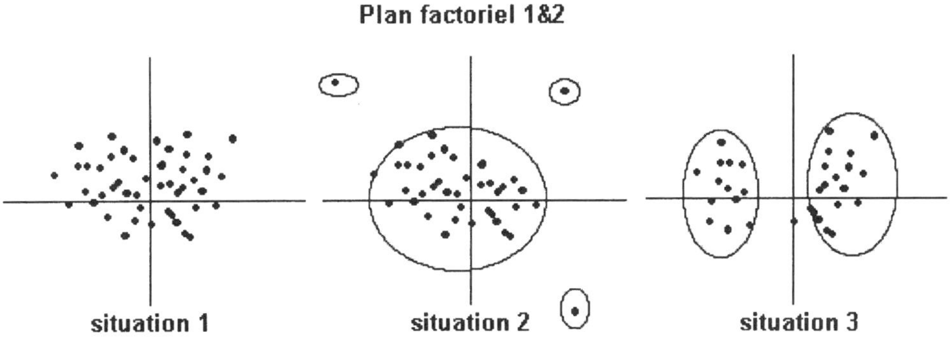

Figure 3.8-1: Schéma représentant les trois situations typiques sur le plan factoriel 1&2.

- situation 1 : les individus se répartissent uniformément sur le plan, c'est la situation idéale pour examiner de plus près les résultats de l'ACP ;
- situation 2 : quelques individus sont isolés du nuage des autres individus, ces individus faussent l'ACP, il est recommandé de les supprimer de l'analyse et de la refaire sans ces individus, lesquels pourront être placés en supplémentaires ;
- situation 3 : quelques groupes d'individus forment des nuages bien distincts, cela signifie que des sous-populations ont été mises en évidence. Si cette image représente le but recherché , c'est-à-dire mettre en évidence des sous-groupes d'individus, on peut continuer l'analyse. Sinon, cette existence de sous-groupes fausse les corrélations entre les variables et il faudrait recommencer l'analyse sur chacun des sous-groupes.

- **Etape 2** : regarder les valeurs propres de chaque axe et les pourcentages de variation expliquée par chaque composante principale. Le bon sens nous conduit à retenir les axes jusqu'à un seuil suffisant d'information en tenant compte de la valeur dégressive des valeurs propres. N'oublions pas que l'ACP effectuée sur la matrice des corrélations attribue la valeur propre 1 à une variable initiale et donc on ne retiendra que les axes dont la part de variation est supérieure à celle d'une variable initiale, c'est-à-dire dont la valeur propre est supérieure à 1. Enfin, il peut apparaître qu'un axe éloigné de faible inertie soit intéressant car il est lié à une variable particulièrement importante pour l'étude.

- **Etape 3** : étudier les variables. L'interprétation des variables se fait à partir du cercle des corrélations et de leur qualité de représentation (leur $\cos^2$ ou corr^2 noté aussi `qlt`) qui donne la part de variation de la variable expliquée par l'axe. Rappelons les critères usuels :

  Très bonne représentation si `qlt` > 0,8

  Bonne représentation si 0,65 < `qlt` ≤ 0,8

  Représentation moyenne si 0,4 < `qlt` ≤ 0,65

  Médiocre représentation si `qlt` ≤ 0,4

Une variable est d'autant mieux représentée qu'elle se situe près du cercle des corrélations. Les variables les plus liées à un axe (à un plan) donne une typologie de cet axe (de ce plan) qui le résument. Il faut évidemment tenir compte du signe des coordonnées des variables pour mettre en évidence les corrélations positives ou négatives (anti-corrélations) et l'angle entre les variables (un angle droit signant l'absence de corrélation linéaire).

Les variables supplémentaires permettent de regarder les liaisons de ces variables avec les variables actives de l'étude.

- **Etape 4** : étudier les individus. La variance des coordonnées des individus sur un axe est la valeur propre de cet axe. Les individus qui participent le plus à la formation de cet axe sont ceux les plus éloignés de l'origine (0,0), c'est-à-dire ceux dont les coordonnées sont les plus fortes en valeur absolue, soit encore ceux dont la contribution relative `cr` est la plus élevée. Deux cas peuvent se présenter :

- soit l'axe est représenté par seulement quelques individus, ces individus « suspects » doivent être retirés et l'ACP doit être recommencée sans ces individus. Ces individus retirés peuvent être étudiés en supplémentaires ;
- soit l'axe est construit par un ensemble homogène d'individus, on dit alors que l'axe est stable et sa signification n'est pas modifiée par la présence de quelques individus en plus ou en moins.

Pour interpréter correctement la proximité ou l'éloignement entre individus il faut tenir compte de leur qualité de représentation (`qlt`) sur l'axe (sur le plan) étudié et cela par l'intermédiaire de leur $\cos^2$. Nous prendrons comme critère de représentation :

Très bonne représentation si `qlt` > 0,8

Bonne représentation si 0,65 < `qlt` ≤ 0,8

Représentation moyenne si 0,4 < `qlt` ≤ 0,65

Médiocre représentation si `qlt` ≤ 0,4

On peut ainsi créer des regroupements d'individus proches bien ou très bien représentés, ces regroupements auront des caractéristiques voisines.

Si vous voulez situer un nouvel individu (qui peut-être, par exemple, un individu « moyen » de certains individus de l'étude) par rapport aux individus actifs vous devez le placer en supplémentaire.

- **Etape 5** : étudier les représentations graphiques. L'étude de ces représentations se fait parallèlement aux étapes précédentes. Les graphes proposés sont de trois types : le plan des individus, le plan des variables et enfin, le plan des variables et des individus (appelé aussi biplot). Il ne faut pas oublier alors que les variables doivent être « pensées » comme des vecteurs joignant le « point variable » à l'origine le centre du repère, l'interprétation des variables se faisant à partir de leur direction. Il faut tenir compte de cette remarque dans l'étude de la représentation simultanée des variables et des individus.

Nous allons utiliser ces étapes pour l'interprétation d'un exemple sur des données socio-démographiques.

Tout l'intérêt de l'ACP réside dans l'interprétation de grands tableaux. Notre méthode a été de donner les bases théoriques et interprétatives sur des petits tableaux. Nous allons maintenant donner un exemple qui nous permettra d'effectuer l'analyse en composantes principales sur un tableau de 7 variables et de 12 individus, ce qui est déjà une bonne base pour la compréhension générale de cette analyse.

3.9. Nouvelles simulations avec le classeur ACP

Le classeur ACP, avec sa parfaite interactivité, permet de mettre en évidence, de comprendre, de visionner les effets produits par modifications des individus et/ou variables actifs et/ou supplémentaires. Nous allons charger un exemple (réf. 11&18), qui est bien connu dans l'approche pédagogique de l'ACP, il s'agit de l'exemple 6 que vous entrerez sur la feuille `Données` en effectuant

Navig / Exemples / Ex_6

Dans la suite nous vous proposerons de faire quelques manipulations sur les données de cet exemple en utilisant les fonctionnalités d'Excel. Si vous voulez utiliser directement les résultats de ces manipulations sans les effectuer, chargez à la place de l'exemple 6, l'exemple 6 bis (**Ex_6bis**).

A l'ouverture de cet exemple vous aurez 12 individus et 7 variables actives, et aucun élément en supplémentaire. Décrivons les données de cet exemple. Cet exemple du domaine socio-économique a pour individus des catégories socio-professionnelles, les CSP, (`MA` : travailleur manuel, `EM` : employé, `CA` : cadre) croisées avec leur nombre d'enfants (de `2` à `5`), la notation employée pour un individu est la CSP suivie du nombre d'enfants, par exemple `MA2` signifiera un ménage de deux enfants où le chef de famille est un travailleur manuel. Les variables concernent la dépense annuelle en francs par type d'aliments : `pain`, `fruit`, `viande`, `volaille`, `lait`, `légume` et `vin`.

L'hétérogénéité des ces variables nous conduit à faire le choix 3 de la matrice des corrélations en `D5`.

Avant d'effectuer des modifications sur les individus et les variables nous allons interpréter rapidement cet exemple.

⇒ Navig / flèche bleue bas / val_pr

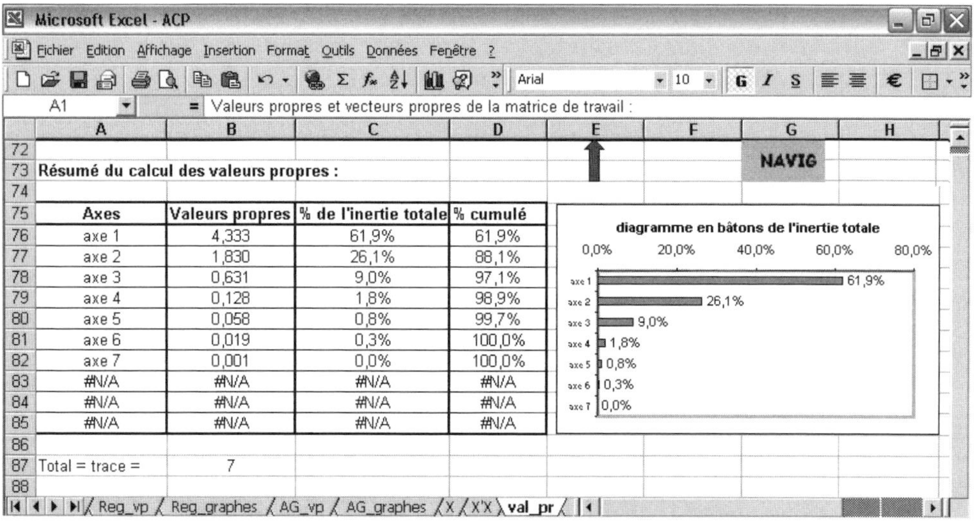

Résumé du calcul des valeurs propres :

Axes	Valeurs propres	% de l'inertie totale	% cumulé
axe 1	4,333	61,9%	61,9%
axe 2	1,830	26,1%	88,1%
axe 3	0,631	9,0%	97,1%
axe 4	0,128	1,8%	98,9%
axe 5	0,058	0,8%	99,7%
axe 6	0,019	0,3%	100,0%
axe 7	0,001	0,0%	100,0%
#N/A	#N/A	#N/A	#N/A
#N/A	#N/A	#N/A	#N/A
#N/A	#N/A	#N/A	#N/A

Total = trace = 7

Figure 3.9-1 : La feuille val_pr du classeur ACP (Ex_6 ou Ex_6bis).

On remarque que les pourcentages des deux premiers axes sont très élevés, 88,1% de la variance est représentée par le premier plan principal, l'axe 3 ajoutant 9% de variance. Les trois premiers axes sont largement suffisants pour l'étude.

⇒ Navig / flèche bleue bas / graphes_var / flèche bleue bas

Avec une `qlt` de plus de 80%, toutes les variables, à l'exception du `vin`, sont représentées sur le plan 1&2. Laissons de côté la variable vin, nous y reviendrons plus tard. L'axe 1 semble expliqué par le groupe `fruit, viande, volaille, légume` (variables correspondant à des denrées chères corrélées positivement entre elles) et l'axe 2 par `pain` et `lait` (variables correspondant à des denrées de base corrélées positivement entre elles). Remarquons que ces deux groupes de variables sont presque orthogonaux.

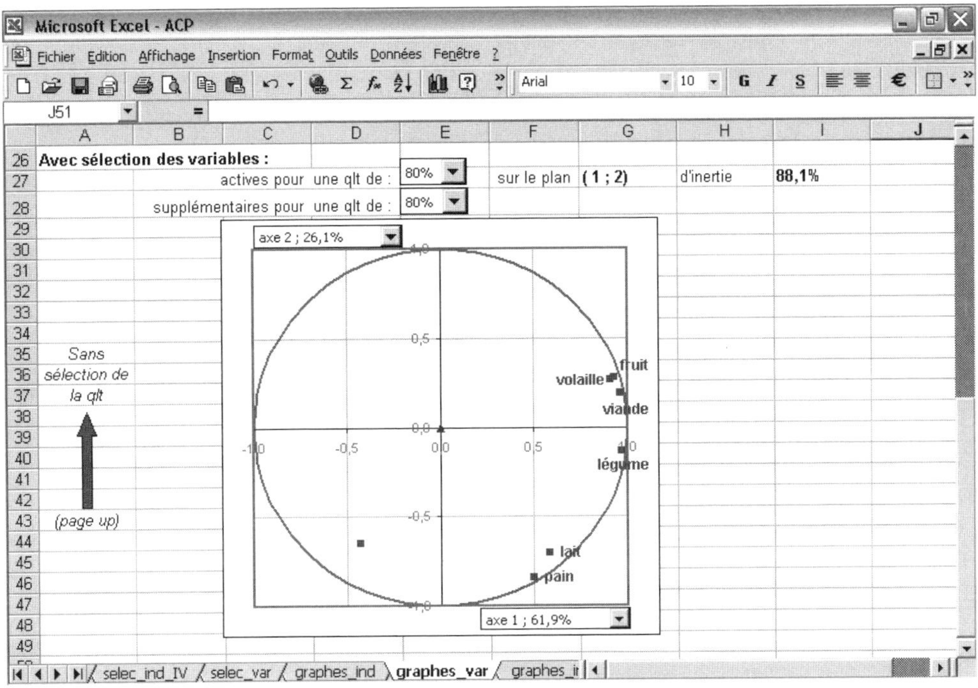

Figure 3.9-2 : La feuille graphes_var du classeur ACP (Ex_6).

⇒ Navig / flèche bleue bas / graphes_ind / flèche bleue bas

Avec une qlt de plus de 70%, tous les individus (sauf CA2)sont représentées sur le plan 1&2. Une structure maillée d'une géométrie quasiment parfaite montre que la dépense globale augmente selon le nombre d'enfants du ménage (de 2 à 5), selon la CSP (de MA à CA). Il suffirait pour s'en rendre compte de joindre par des segment les individus ayant un même nombre d'enfants et ceux ayant une même CSP. Nous allons procéder autrement, ce qui nous permettra de faire une première simulation sur ce classeur. Nous allons créer 7 individus supplémentaires qui vont correspondre à des individus « moyens » selon leur nombre d'enfants et selon leur CSP. Pour faciliter cette mise en œuvre nous allons masquer des lignes de la feuille Données pour faire apparaître à la fois les données et la zone des individus supplémentaires, pour cela déprotégez la feuille par Outils/Protection/Oter la protection de la feuille et mettez en surimpression des lignes 28 à 115, puis Format / Ligne / Masquer (pour supprimer ce masquage vous remplacerez Masquer par Afficher). Si vous avez choisi de charger l'exemple 6bis les modifications suivantes sont déjà effectuées comme vous pourrez le remarquer aux lignes réservées aux individus supplémentaires.

En C117, vous allez taper =(C16+C17+C18)/3, ce qui représente la moyenne des dépenses pour les ménages de deux enfants que nous noterons ENF2, vous procéderez de même pour ENF3, ENF4 et ENF5 dans le bloc C118:C121. En C122, vous allez taper =(C16+C19+C22+C25)/4, ce qui représente la moyenne des dépenses pour les ménages de la CSP travailleurs manuels que nous noterons MA, vous procéderez de même pour EM et CA dans le bloc C122:C124. Mettez ensuite en surimpression le bloc C118:C124 et collez le pour l'ensemble des variables, c'est-à-dire sur le bloc C118 :I124.

Que vous ayez fait ces modifications ou chargé l'exemple 6bis tapez 7 en K3 pour indiquer le nombre de lignes supplémentaires à prendre en compte et effectuez

⇒ Navig / flèche bleue bas / graphes_ind

Deux axes partagent le plan, celui proche de la première bissectrice pour les CSP (de droite à gauche : CA, EM, MA), celui proche de la deuxième bissectrice (de droite à gauche de ENF5 à ENF2). La dépense globale augmente avec la CSP et le nombre d'enfants.

Regardons la représentation simultanée des individus et des variables actifs bien représentés (une qlt d'au moins 70% pour les individus et 80% pour les variables) en effectuant

⇒ Navig / flèche bleue bas / graphes_ind_var / flèche bleue bas

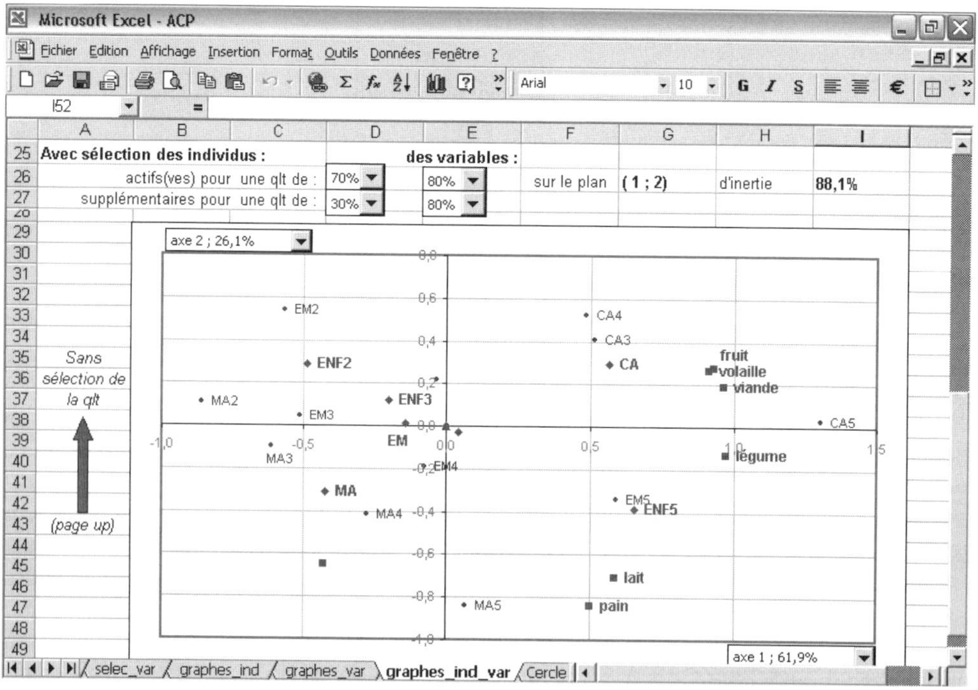

Figure 3.9-3: La feuille graphes_ind_var du classeur ACP (Ex_6bis).

On voit que les dépenses en pain, lait (et vin en prenant une qlt de 60%) rapprochent les employés manuels et non manuels et les éloignent des cadres alors que les dépenses importantes en viande, volaille, légumes sont proches des cadres et des employés à 5 enfants. Remarquez que CA2 est très mal représenté sur ce plan, en sélectionnant sur ce graphe l'axe 3, on fait apparaître cet individu (pour une qlt de 70%) et aussi la variable vin (pour une qlt de 50%) et ces points sont proches. Une analyse du tableau des données initiales montre que la dépense en vin pour les CA2 est très importante par rapport aux autres CA, ce qui explique sa situation paradoxale (à moins que ce soit une erreur dans la saisie des données, nous y reviendrons ci-dessous).

Remettons à zéro le compteur des points supplémentaires (taper 0 en K3) et essayons maintenant de répondre à quelques questions en effectuant simplement des modifications sur nos données et en consultant soit des feuilles, soit des graphes du classeur ACP. Afin de voir en temps réel ces modifications, il vous sera agréable d'avoir à l'écran deux fenêtres du classeur ACP, une à gauche de l'écran sur laquelle vous faites les changements, l'autre à droite qui affiche les modifications (ou bien en haut et en bas). Pour afficher ces deux fenêtres vous procéderez comme suit en ayant une seule feuille du classeur ACP ouverte :

```
Fenêtre / Nouvelle fenêtre / Fenêtre /
                                Réorganiser Vertical (pour gauche/droit)
                                            Horizontal (pour haut/bas)
```

Effectuons ces manipulations pour avoir notre écran scindé en deux, la feuille Données à gauche et le feuille graphes_var à droite comme sur la copie d'écran suivante. Quand l'écran est ainsi scindé vous ne pourrez pas utiliser les toupies, vous devrez donc taper les valeurs dans les cellules associées. Pour faire apparaître le graphe, cliquez sur l'onglet de la feuille Navig et déplacez l'écran à l'aide des flèches en bas à droite.

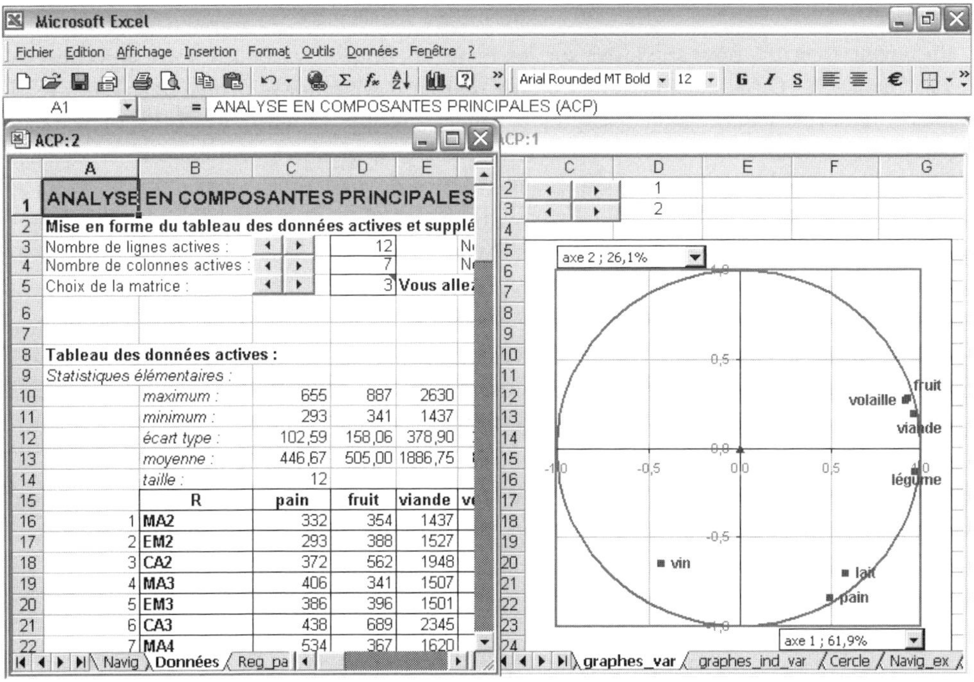

Figure 3.9-4 : L'écran scindé en deux après une réorganisation verticale du classeur ACP (Ex_6).

Remarquez aussi que les boutons de commande ne sont actifs que sur la copie 1 notée ACP :1 en bas de votre écran.

Que se passe-t-il, pour l'inertie d'un axe ou d'un plan principal, si on enlève (ou ajoute) une ou plusieurs variables ?

La feuille synth_var montre que la variable vin est moyennement représentée sur les axes 1 et 2. Nous allons supprimer cette variable. Il vous suffit pour cela de taper 6 en D4 pour travailler sur les six premières variables. Vous voyez la variable vin disparaître, les autres variables se déplacer légèrement et les inerties des axes changer. L'axe 1 est passé de 61,9% à 69,8%, l'axe 2 est resté pratiquement inchangé en passant de 26,1% à 25,4%, globalement le plan 1&2 a gagné 7,2% d'inertie en passant de 88,1% à 95,3%. La consultation de l'axe 3 (sélectionnez axe 3 comme axe vertical) nous informe que l'inertie est passée de 9% à 3,2%, c'est cet axe qui a le plus subi de perte d'inertie par la suppression de la variable vin. Il est clair qu'avec les 6 variables actives, le seul plan 1&2 suffit.

La variable légume, très bien représentée sur l'axe 1, est proche des variables viande, volaille et fruit. Sa suppression ne devrait pas entraîner de grandes modifications du plan 1&2. Tapons 5 en D4 pour travailler sur les cinq premières variables. Vous voyez la variable légume disparaître. L'axe 1 a perdu environ, par cette suppression, 5% de son inertie, qui s'est reportée sur l'axe 2 qui passe à 30,3%, le plan 1&2 conservant une inertie stable de 95,4%.

En tapant 4 en D4 pour travailler sur les quatre premières variables vous supprimerez la variable lait. On augmente ainsi l'inertie du plan 1&2 et on se trouve dans une situation idéale de deux axes, l'axe 1 expliqué par le groupe fruit, viande, volaille, (variables correspondant à des denrées chères corrélées positivement entre elles) et l'axe 2 par pain (variable correspondant à une denrées de base), ces deux groupes étant non corrélés. De gauche à droite pour l'axe 1, l'augmentation des dépenses par CSP pour les denrées chères et de bas en haut pour l'axe 2 celle du pain, la consultation du graphe simultané de la feuille graphes_ind_var vous en convaincra.

On peut poursuivre ces suppressions de variables jusqu'à n'en conserver que deux, qui somme toute, seraient assez représentatives de ce tableau : il s'agit des variables pain et fruit. Tapez 2 en D4 pour ne travailler que sur les deux premières variables. La feuille graphes_ind_var vous montre que ces deux variables sont corrélées positivement sur l'axe 1 et s'opposent sur l'axe 2.

Sur cette dernière sélection avec seulement deux variables, créons trois variables supplémentaires qui vont correspondre aux colonnes que nous venons de supprimer.

Si vous avez choisi de charger l'exemple 6bis les modifications suivantes sont déjà effectuées comme vous pourrez le remarquer dans les colonnes réservées aux variables supplémentaires.

La variable FVV, moyenne des trois variables fruit, viande et volaille, la variable LP qui est la moyenne de lait et pain, et la variable légume qui est la même que dans le tableau initial. Leur construction se fait de la même façon que pour les individus, par exemple pour la variable LP, tapez LP en O15, le nouveau libellé, en O16 la formule de calcul =(G16+C16)/2 et copiez cette valeur sur le bloc O16:O27. Pour prendre en compte ces variables supplémentaires indiquez leur nombre en tapant 3 en K4. Sur la feuille graphes_var vous verrez que ces trois variables supplémentaires occupent pratiquement les mêmes positions que si elles étaient actives. Si vous avez toujours à l'écran les deux fenêtres, en tapant 6 ou 7 en D4, pour rendre à nouveau les variables actives, vous verrez que les variables supplémentaires se superposent à elles.

Remettons à zéro le compteur des points supplémentaires (taper 0 en K3 et en K4) et sélectionnons les 7 variables comme actives en tapant 7 en D4.

Que se passe-t-il, pour l'inertie d'un axe ou d'un plan principal, si on enlève (ou ajoute) un ou plusieurs individus ?

En réorganisant vos fenêtres horizontalement, faites apparaître les lignes 3, 4 et 5 de la feuille Données et le graphe des individus de la feuille graphes_ind (vous pouvez augmenter et/ou diminuer la hauteur de ces fenêtres en jouant sur la barre centrale horizontale et sélectionner pour la feuille du graphe un zoom à 75%). La copie d'écran suivante vous montre ce que vous devez obtenir. Nous allons supprimer les individus correspondant à 5 enfants en supprimant les trois dernières lignes du tableau des données, pour cela il suffit de taper 9 en D3. L'axe 1 est passé de 61,3% à 57%, l'axe 2 a gagné cette inertie en passant de 26,1% à 29,6%, globalement le plan 1&2 a conservé à peu près la même inertie en passant de 88,1% à 86,7%. Les points cadres se sont regroupés près de l'axe 1, le point CA2 étant toujours très mal représenté. La consultation de l'axe 3 (sélectionnez axe 3 comme axe vertical) nous informe que c'est sur cet axe qu'est bien représenté le point CA2. En supprimant ces plus gros consommateurs l'image des variables a bien changé en marquant encore plus nettement deux groupes de variables non corrélées qui représentent chacun un axe : . L'axe 1 est expliqué par le groupe fruit, viande, volaille, légume et l'axe 2 par pain et lait avec une qlt de plus de 80%. La variable vin reste toujours explicative de l'axe 3 avec une qlt de plus de 60% sur le plan 1&3. La représentation simultanée de la feuille graphes_ind_var vous donnera une image convaincante de cette opposition dans la consommation entre cadres et travailleurs manuels et employés et leur nombre d'enfants.

Voici la copie de l'écran scindé en deux après une réorganisation horizontale où l'on a conservé que les 9 premiers individus.

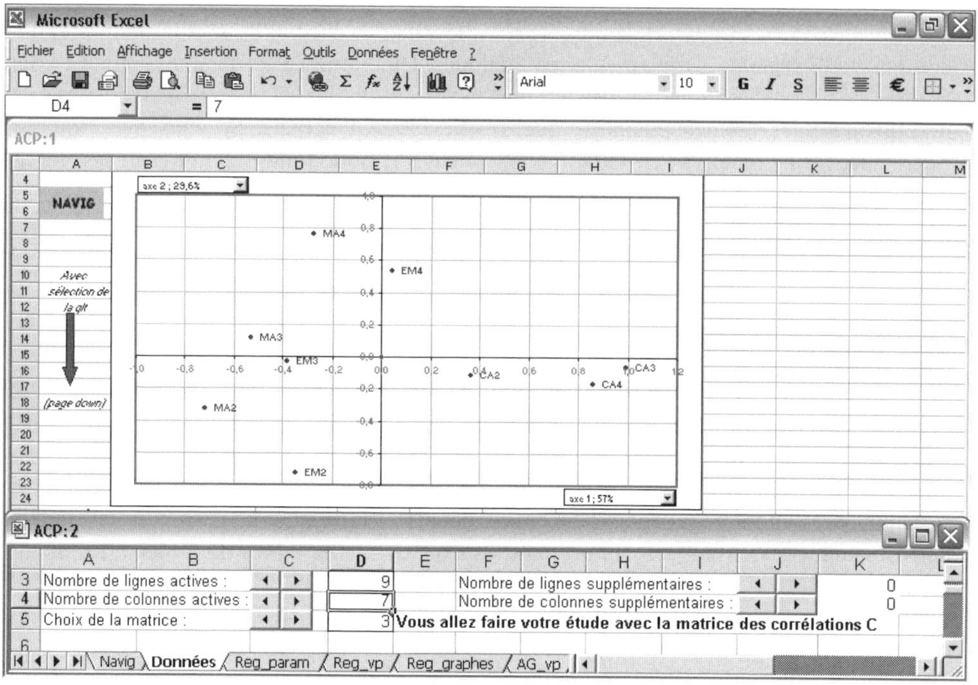

Figure 3.9-5 L'écran scindé en deux après une réorganisation horizontale du classeur ACP (Ex_6).

N'y a-t'il pas eu d'erreur dans la saisie des données par échange de la donnée de la variable `vin` *entre* `EM2` *et* `CA2` *?*

Rechargez l'exemple 6, sans les individus supplémentaires, et sur la feuille `Données` échangez les valeurs de la variable `vin` pour `EM2` et `CA2` (258 à la place de 433 et réciproquement). L'axe 1 a gagné presque 4% d'inertie qui correspond à la même perte sur l'axe 3. L'image des plans 1&2 et 1&3 est devenue beaucoup plus cohérente, le point `CA2` étant bien dans la « ligne » des autres cadres. On serait ainsi tenter de dire, par l'homogénéité de ces derniers résultats, qu'une erreur de saisie est apparue sur les données que nous avons traitées mais qui sont celles de nos références.

3.10. Application et interprétation du classeur ACP sur l'exemple 4A

A – Présentation des données : nous allons sur des données réelles, extraites de la revue de l'UNICEF « La situation des enfants dans le monde 1999 » (réf. 20) traiter et interpréter une analyse en composantes principales pour un tableau à 62 lignes (les individus actifs) et 6 colonnes (les variables actives). Présentons tout d'abord les données utilisées qui correspondent à l'exemple 4A :

- les 62 individus actifs sont les pays d'Afrique au sud du Sahara et les pays d'Afrique du Nord et Moyen-Orient : 46 pays pour la première région et 20 pour la deuxième sont recensés comme tels par l'UNICEF, nous n'en avons retenus que 43 pour la première région (trois d'entre eux , l'Erythrée, le Gabon et Sao Tomé-et-Principe, présentant des données manquantes pour les variables que nous avons choisies) et 19 pour la deuxième (le Qatar présentant des données manquantes).

- Les 6 variables sont issues des indicateurs de base de l'étude des « statistiques économiques et sociales mondiales en rapport avec le bien-être des enfants ». Donnons le symbole que nous avons employé et la signification donnée par l'UNICEF de ces variables :
  - `Pop.97` : population du pays,en 1997, exprimée en milliers d'habitants ;
  - `Nb.nais.` : nombre annuel de naissances, en 1997, exprimé en milliers ;
  - `PNB 96` : produit national brut, par habitant en 1996, exprimé en $EU ;
  - `EV 97` : espérance de vie à la naissance, en 1997, exprimée en années ;
  - `Tx alph.` : taux d'alphabétisme des adultes en 1995 (correspond au pourcentage de la population âgée de 15 ans ou plus sachant lire et écrire) ;
  - `Tx scol.` : taux de scolarisation dans le primaire pour la période 1990-1996 (correspond au nombre total d'enfants scolarisés dans le primaire, quel que soit leur âge, divisé par le nombre total d'enfants appartenant au groupe d'âge correspondant officiellement à ce niveau d'enseignement).

B – Le classeur ACP : les données correspondant à ces individus et ces variables sont entrées dans la feuille `Données` du classeur ACP en effectuant

Navig / Exemples / Ex_4A

Il arrive souvent lors d'une analyse en composantes principales qu'on adjoigne au nom de l'individu une variable : ceci permet de compléter le descriptif de l'individu. A chaque pays l'UNICEF associe un classement selon TMM5, un classement, bien qu'étant quantitatif, ne pourrait être utilisé comme variable d'une analyse en composantes principales (un classement « 2 » n'est pas deux fois un classement « 1 »). Cette procédure est une manière élégante d'introduire une variable quantitative ordinale en tant qu'élément supplémentaire. Précisons la définition du classement selon TMM5 : TMM5 signifie le taux de mortalité des moins de cinq ans. Aux pays sont associés ces taux de mortalité évalués pour 1997, taux qui est censé refléter la capacité des pays à protéger la vie de leurs enfants. Plus le classement TMM5 est élevé, plus la protection est forte : par exemple pour la France ce taux est de 181 alors qu'il est de 47 pour le Ghana et de 22 pour le Burkina Faso.

Une étude du bloc `N228:R289` de la feuille `Exemples` vous montrera comment cette opération de tronquage et de concaténation a été effectuée, cette procédure pourra être réactualisée sur d'autres données. Par exemple l'Afrique du sud est libellée avec cette notation `AFRI-69` (les quatre premières lettres du nom du pays-son classement TMM5).

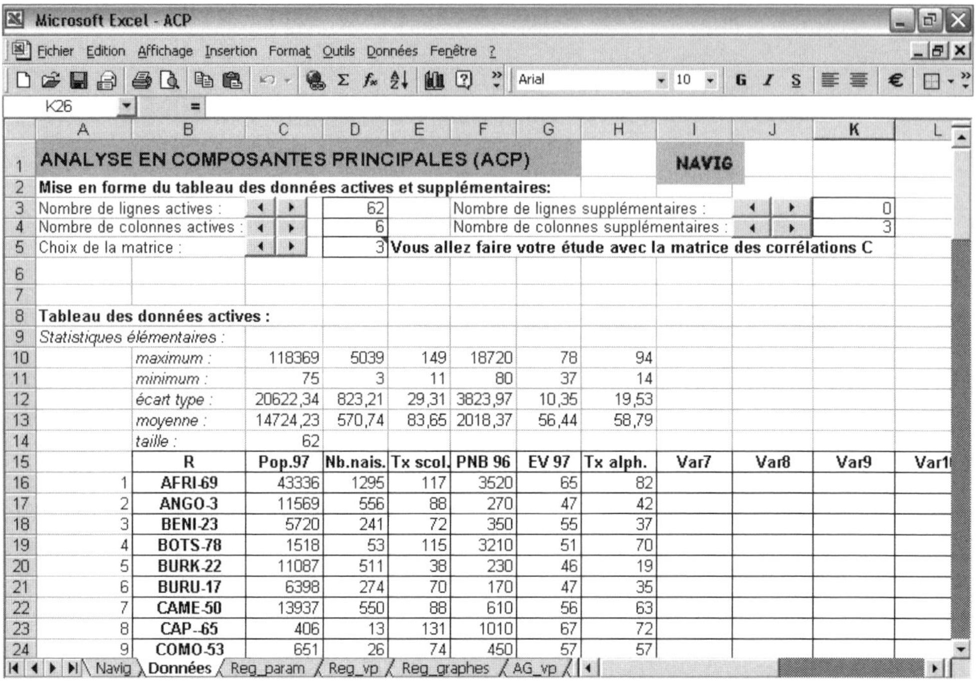

Microsoft Excel - ACP

ANALYSE EN COMPOSANTES PRINCIPALES (ACP) NAVIG

Mise en forme du tableau des données actives et supplémentaires:

Nombre de lignes actives :	62	Nombre de lignes supplémentaires :	0	
Nombre de colonnes actives :	6	Nombre de colonnes supplémentaires :	3	
Choix de la matrice :	3	Vous allez faire votre étude avec la matrice des corrélations C		

Tableau des données actives :

Statistiques élémentaires :

		Pop.97	Nb.nais.	Tx scol.	PNB 96	EV 97	Tx alph.	Var7	Var8	Var9	Var1
	maximum :	118369	5039	149	18720	78	94				
	minimum :	75	3	11	80	37	14				
	écart type :	20622,34	823,21	29,31	3823,97	10,35	19,53				
	moyenne :	14724,23	570,74	83,65	2018,37	56,44	58,79				
	taille :	62									
	R										
1	AFRI-69	43336	1295	117	3520	65	82				
2	ANGO-3	11569	556	88	270	47	42				
3	BENI-23	5720	241	72	350	55	37				
4	BOTS-78	1518	53	115	3210	51	70				
5	BURK-22	11087	511	38	230	46	19				
6	BURU-17	6398	274	70	170	47	35				
7	CAME-50	13937	550	88	610	56	63				
8	CAP--65	406	13	131	1010	67	72				
9	COMO-53	651	26	74	450	57	57				

Navig / Données / Reg_param / Reg_vp / Reg_graphes / AG_vp

Figure 3.10-1 : Une partie de la feuille Données du classeur ACP (Ex_4A).

C – L'analyse en composantes principales sur le classeur ACP :

L'analyse des écarts types des différentes variables montre, du fait de leur hétérogénéité, qu'il faut choisir l'analyse en composantes principales normée, c'est-à-dire celle effectuée avec la matrice des corrélations. Frappons donc `3` dans la cellule `D5`.

Nous allons effectuer l'analyse en composantes principales de ces données en suivant les étapes établies dans le paragraphe 3.8.

- Etape 1 : Regardons la représentation des individus sur le plan principal 1&2 en effectuant

Navig / flèche bleue bas / graphes_ind

Et en sélectionnant 1 comme axe horizontal et 2 comme axe vertical :

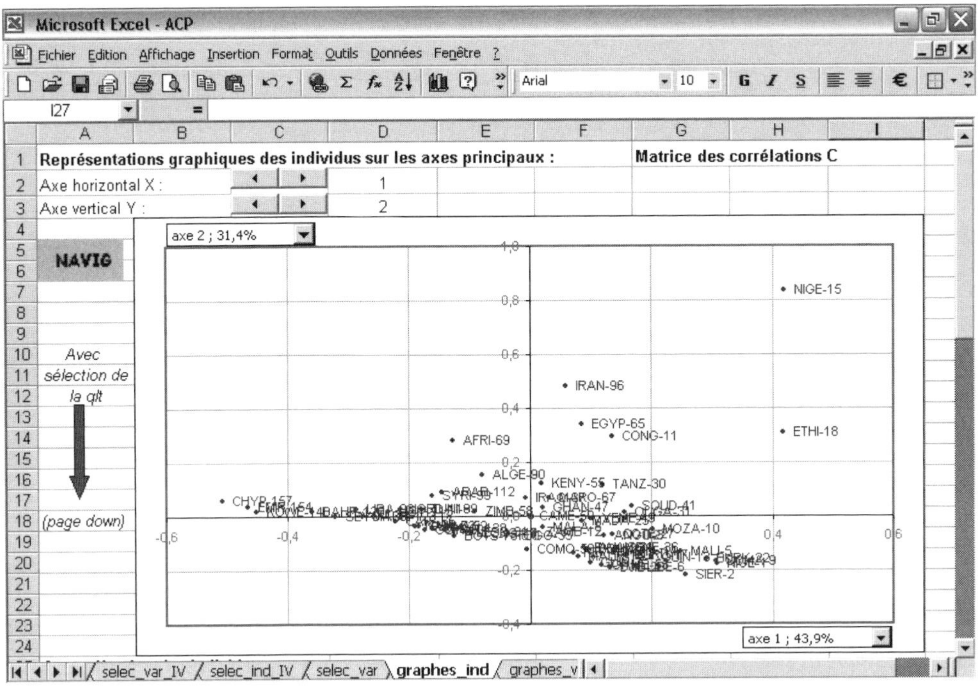

Figure 3.10-2 : : Les individus sur plan principal 1&2 du classeur ACP (Ex_4A).

On voit très nettement que sur ce plan le point `NIGE-15` est très excentré par rapport au reste du nuage. On se retrouve dans situation 2 décrite ci-dessus, ce qui nous amène à effectuer une nouvelle analyse en composantes principales en supprimant cet individu que nous prendrons comme supplémentaire ultérieurement.

Nous ne pouvons pas supprimer directement la ligne associée à cet individu sur le classeur ACP car les références des multiples formules sont liées à la matrice des données de 100 lignes. Nous pouvons par contre le faire simplement sur la feuille `Exemples`, le nouveau tableau obtenu avec la donnée `NIGE-15` ôtée sera nommé exemple 4B. Chargeons cet exemple

Navig / Exemples / Ex_4B

Regardons à nouveau la répartition des individus sur le plan principal 1&2 suite à cette suppression :

Navig / flèche bleue bas / graphes_ind

cette fois un groupe de cinq pays se distingue nettement de l'ensemble du nuage (`Iran-96`, `Ethio-18`, `Egy-65`, `Cong-11` et `Afri-69`).

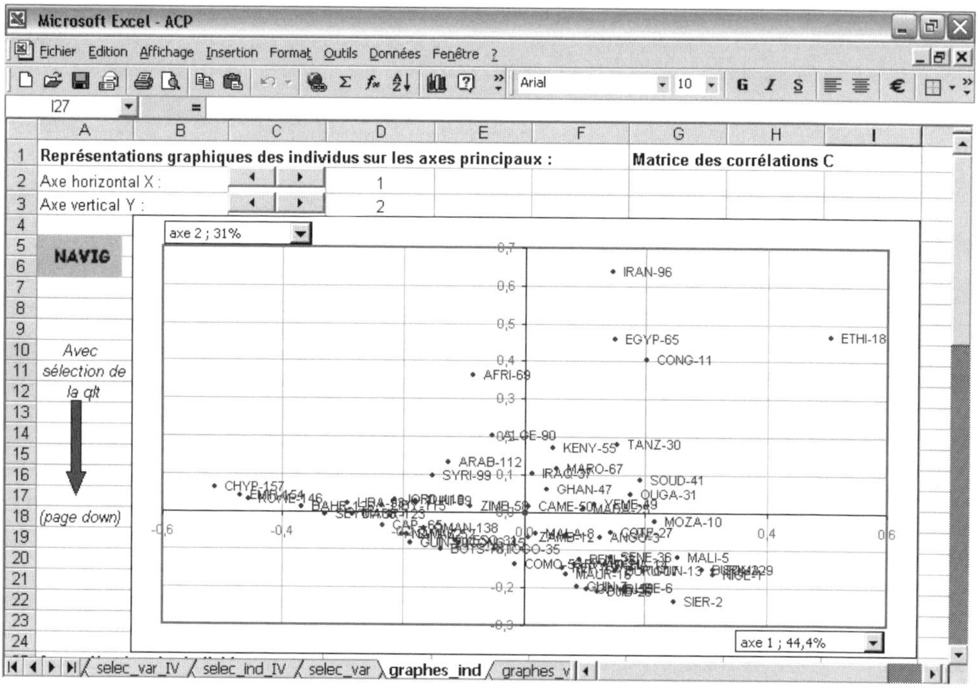

Figure 3.10-3 : Les individus sur plan principal 1&2 du classeur ACP (Ex_4B), après suppression du point NIGE-15.

Nous sommes dans la situation 3, nous analyserons plus loin ce groupe mais pour poursuivre l'analyse nous allons supprimer ces individus. Procédons comme précédemment en créant un nouveau tableau qui supprime les lignes correspondantes à ces cinq pays, ce nouveau tableau est l'exemple 4C que nous chargeons :

Navig / Exemples / Ex_4C

Regardons à nouveau la répartition des individus sur le plan principal 1&2 suite à cette suppression du groupe des cinq pays :

Navig / flèche bleue bas / graphes_ind

Pour ne pas être gêné par les individus et variables supplémentaires, que nous étudierons plus tard, nous allons mettre à zéro leur « compteur » en tapant `0` dans les cellules `K3` et `K4` de la feuille `Données`.

Cette fois le nuage est régulièrement distribué sur le plan, nous allons donc examiner de plus près les résultats de l'analyse en composantes principales sur le classeur ACP.

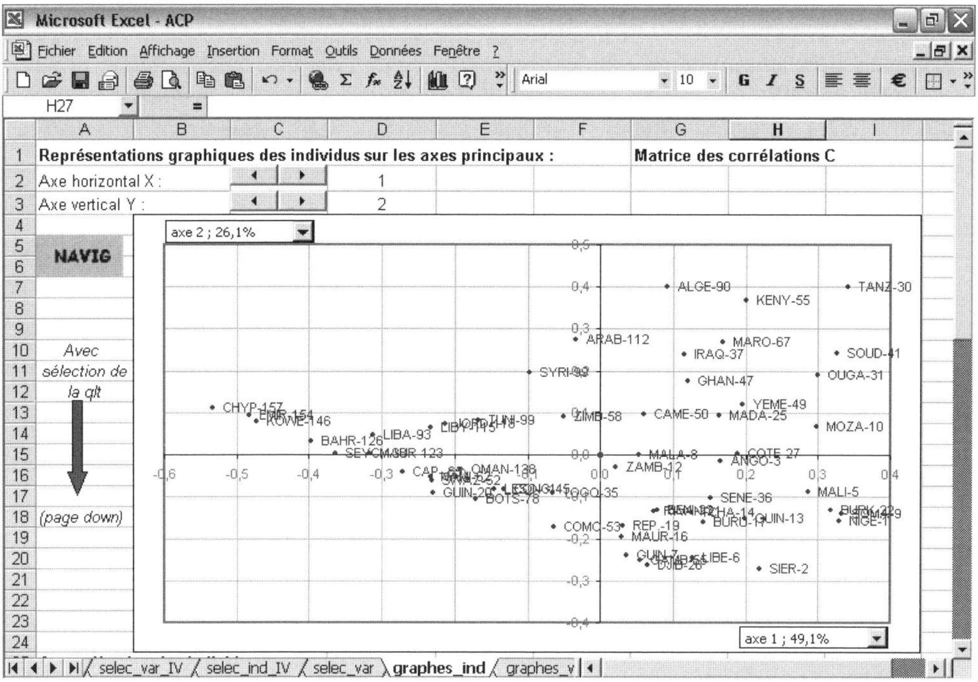

Figure 3.10-4 : Les individus sur plan principal 1&2 du classeur ACP de l'exemple 4C, après suppression du groupe des six pays (sans l'affichage des individus supplémentaires).

⇒ Navig / flèche bleue bas / val_pr

- Etape 2 : la feuille `val_pr` donne les résultats des calculs de la diagonalisation sur la matrice des corrélations :

Résumé du calcul des valeurs propres :			
		% de l'inertie totale	% cumulé
axe 1 et v.p. λ_1 =	2,950	49,2%	49,2%
axe 2 et v.p. λ_2 =	1,571	26,2%	75,3%
axe 3 et v.p. λ_3 =	0,969	16,1%	91,5%
axe 4 et v.p. λ_4 =	0,284	4,7%	96,2%
axe 5 et v.p. λ_5 =	0,203	3,4%	99,6%
axe 6 et v.p. λ_6 =	0,024	0,4%	100,0%
total =	6,000		

Figure 3.10-5: les valeurs propres et les pourcentages d'inertie du classeur ACP sur Ex_4C.

Ainsi, en se contentant des trois premiers axes factoriels, 91,5 % de l'inertie du nuage sera expliquée. Le plan 1&2, à lui seul, expliquant 75 % de l'inertie totale. Comme les valeurs propres $\lambda_1 = 2,95$ et $\lambda_2 = 1,57$ sont grandes et supérieures à 1 elles synthétisent de façon importante les variables initiales, la valeur propre $\lambda_3 = 0,97$, légèrement inférieure à 1, devra être regardée plus finement car elle est très intéressante.

⇒ Navig / flèche bleue bas / selec_var

- Etape 3 : Regardons la synthèse numérique des variables donnée par la feuille `selec_var`. Nous sélectionnons d'abord les axes 1 et 2, puis changeons l'axe 2 en axe 3. Nous donnons dans le tableau ci-dessous les résultats pour les critères de `qlt` apparaissant à la première ligne.

Critère (`qlt`) :	0,50	0,50	0,33	0,70	0,40
variables :	Axe 1	Axe 2	Axe 3	plan 1&2	plan 1&3
Pop.97		Pop.97 +		Pop.97	
Nb.nais.	Nb.nais. +			Nb.nais.	Nb.nais.
Tx scol.			Tx scol. -		Tx scol.
PNB 96	PNB 96 -		PNB 96 +		PNB 96
EV 97	EV 97 -			EV 97	EV 97
Tx alph.	Tx alph. -			Tx alph.	Tx alph.
total :	4	1	2	4	5

Figure 3.10-6 : Sélection des variables (feuille selec_var de ACP, Ex_4C) à partir des critères donnés en première ligne.

Ces résultats proviennent des sélections automatiques effectuées sur les résultats de la feuille `synth_var` que nous rappelons ci-dessous :

variables	Axe 1		1	Axe 2		1&2	Axe 3		1&2&3
	coord.	qlt	cum.	coord.	qlt	cum.	coord.	qlt	cum.
Pop.97	0,62	0,38	0,38	0,78	0,60	0,99	0,01	0,00	0,99
Nb.nais.	0,71	0,51	0,51	0,69	0,47	0,98	0,00	0,00	0,98
Tx scol.	-0,66	0,44	0,44	0,26	0,07	0,51	-0,65	0,42	0,92
PNB 96	-0,71	0,50	0,50	0,20	0,04	0,54	0,59	0,34	0,89
EV 97	-0,71	0,50	0,50	0,47	0,22	0,73	0,35	0,12	0,85
Tx alph.	-0,79	0,62	0,62	0,41	0,16	0,78	-0,29	0,09	0,87

Figure 3.10-7 : Les résultats de la synthèse numérique des variables sur les trois premiers axes factoriels de ACP, Ex_4C.

L'étude des `qlt` montre clairement que :

- l'axe 1 est bien représenté par la variable `Tx alph.` (critère supérieur à 0,6), variable corrélée positivement à `EV 97`, `PNB 96` et négativement à `Nb.nais.` (moyennement représentées : critère supérieur à 0,5) ;
- l'axe 2 est représenté clairement par la variable `Pop.97` (critère supérieur à 0,6) et aussi en partie par la variable `Nb.nais.` (critère supérieur à 0,45);
- en résumé le plan 1&2 est associé aux quatre variables : `Pop. 97`, `Nb.nais.` (critère supérieur à 0,98) et `EV.97`, `Tx alph.` (critère supérieur à 0,7). Remarquons que deux groupes de variables (`Pop. 97`, `Nb.nais.` d'une part et `EV 97`, `Tx alph.`, `PNB 96` d'autre part) sont pratiquement à angle droit sur le cercle des corrélations du plan G1&G2. Consultons le cercle des corrélations en effectuant

  ⇒ **Navig / flèche bleue bas / graphes_var**

  En sélectionnant les axes 1 et 2 on voit que ces deux groupes sont non corrélés comme le prouve l'extrait du tableau de la matrice de corrélations que l'on atteint par

  ⇒ **Navig / flèche bleue bas / synth_var**

variables	Pop.97	Nb.nais.	PNB 96	EV 97	Tx alph.
Pop.97	1,00				
Nb.nais.	0,96	1,00			
PNB 96	-0,27	-0,33	1,00		
EV 97	-0,07	-0,22	0,68	1,00	
Tx alph.	-0,19	-0,27	0,47	0,58	1,00

Figure 3.10-8 : Extrait de la matrice des corrélations.

- l'axe 3 est moyennement représenté par la variable `Tx.scol.` (la `qlt` est de l'ordre de 0,4), cet axe sera néanmoins intéressant.

⇒ **Navig / flèche bleue bas / selec_ind**

- Etape 4 : reproduisons la sélection automatique des individus en fonction des critères de qualité de représentation (`qlt`) que nous avons choisis. Nous sélectionnons d'abord les axes 1 et 2, puis changeons l'axe 2 en axe 3. Nous donnons dans le tableau ci-dessous les résultats pour les critères de `qlt` apparaissant à la première ligne.

Critère (qlt) :	0,65	0,65	0,25	0,90	0,80
individus	Axe 1	Axe 2	Axe 3	plan 1&2	plan 1&3
ANGO-3	ANGO-3 +				
BURK-22	BURK-22 +				BURK-22

BURU-17				BURU-17	
CAP--65	CAP--65 -				CAP--65
COMO-53		COMO-53 -			
CONG-45			CONG-45 -		CONG-45
COTE-27	COTE-27 +			COTE-27	COTE-27
GAMB-55		GAMB-55 -		GAMB-55	
GHAN-47				GHAN-47	
GUIN-13				GUIN-13	
GUIN-20			GUIN-20 -		GUIN-20
GUIN-7		GUIN-7 -			
KENY-55		KENY-55 +		KENY-55	
MADA-25	MADA-25 +				
MALA-8			MALA-8 -		
MALI-5	MALI-5 +				MALI-5
MAUR-123	MAUR-123 -			MAUR-123	MAUR-123
MAUR-16		MAUR-16 -			
MOZA-10	MOZA-10 +			MOZA-10	MOZA-10
NAMI-62			NAMI-62 -		NAMI-62
NIGE-1					NIGE-1
REP.-19		REP.-19 -			
SEYC-138	SEYC-138 -			SEYC-138	SEYC-138
SIER-2				SIER-2	
SOMA-9			SOMA-9 +		SOMA-9
SWAZ-52	SWAZ-52 -		SWAZ-52 -		SWAZ-52
TANZ-30				TANZ-30	
TCHA-14				TCHA-14	
TOGO-35			TOGO-35 -		

ZAMB-12			ZAMB-12 -		
ZIMB-58			ZIMB-58 -		
ALGE-90		ALGE-90 +		ALGE-90	
ARAB-112		ARAB-112 +	ARAB-112 +		
BAHR-126	BAHR-126 -			BAHR-126	BAHR-126
CHYP-157	CHYP-157 -				CHYP-157
DJIB-26		DJIB-26 -			
EMIR-154			EMIR-154 +		EMIR-154
IRAQ-37		IRAQ-37 +		IRAQ-37	
KOWE-146			KOWE-146 +		KOWE-146
LIBA-93	LIBA-93 -				LIBA-93
LIBY-115	LIBY-115 -			LIBY-115	LIBY-115
OMAN-138			OMAN-138 +		OMAN-138
SOUD-41				SOUD-41	
Total :	25 %	17,9 %	23,2 %	30,4 %	35,7 %

Figure 3.10-9 : Extrait de la feuille selec_ind du classeur ACP, Ex_4C.

Les critères choisis de 0,65 pour les axes 1 et 2 (individus bien représentés) et de 0,9 pour le plan 1&2 et 0,8 pour le plan 1&3 (individus très bien représentés) montrent clairement la formation de quatre groupes qui s'opposent deux à deux sur chacun des deux axes :

- sur l'axe 1 : un groupe de représentants Keny-55, Soud-41, Iraq-37, Ghan-47, Mada-25, Moza-10 et Cote-27, pays dont le classement TMM5 est faible (inférieur à 50 environ) aux pays dont le classement TMM5 est grand (Chyp-157, Bahr-126, Liby-115, Seyc-138 et Maur-123, qui sont les éléments participant le plus à la formation de l'axe 1 du fait de leur cr élevée) qui correspondent aux pays de grande espérance de vie (EV 97) et aux taux d'alphabétisation élevé (Tx alph.);
- sur l'axe 2 : les pays de fortes populations (Pop 97) et de nombre de naissances (Nb.nais.) élevé (Alge-90, Tanz-30, Ken-55, qui sont les éléments participant le plus à la formation de l'axe 2 du fait de leur cr élevée) par rapport à ceux de faible population et de nombre de naissances peu élevé (Sier-2, Gamb-55, Buru-17).

Donnons l'image des individus et des variables ainsi sélectionnés à partir de la représentation graphique du plan 1&2 de la feuille graphes_ind_var :

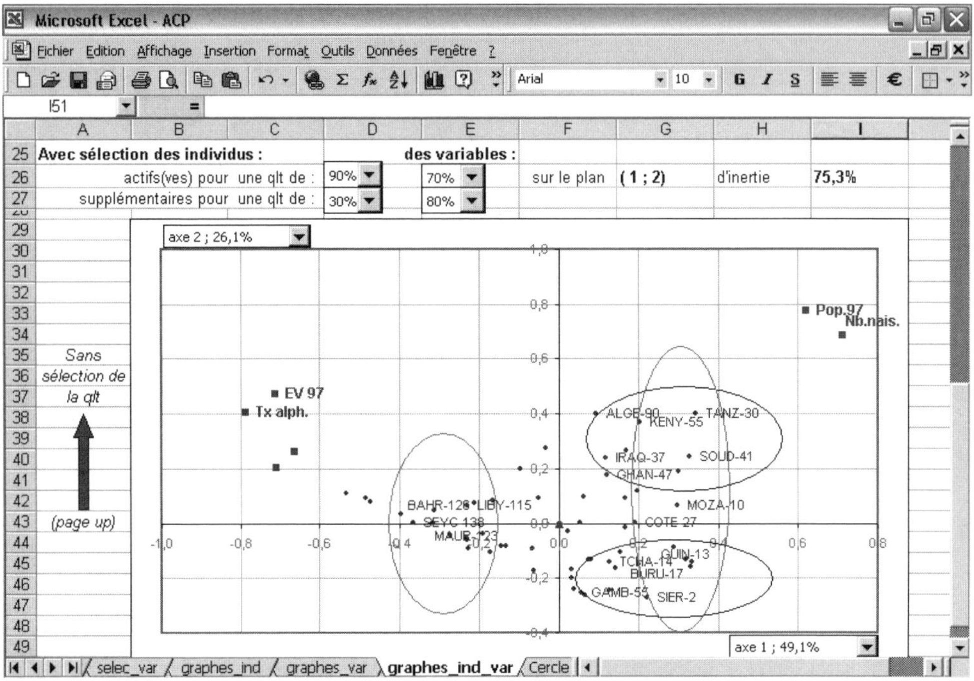

Figure 3.10-10 : Le plan principal 1&2 de la feuille graphe_ind_var du classeur ACP (EX_4C) avec sélection des individus bien représentés.

- sur l'axe 3 apparaissent les pays de fort taux de scolarisation (`Tx scol.`) et de faible produit national brut (`PNB 96`) comme `Guin-20`, `Nami-62`, `Swaz-52` qui s'opposent à ceux de faible taux de scolarisation (`Tx scol.`) et de fort produit national brut (`PNB 96`) comme `Chyp-157`, `Emir-154` , `Kowe-146` (qui participent fortement à la formation de l'axe 3 du fait de leur `cr` élevée) . C'est une information très intéressante donnée par cet axe d'inertie faible. Donnons l'image des individus et des variables ainsi sélectionnés à partir de la représentation graphique du plan 1&3 de la feuille `graphes_ind_var` :

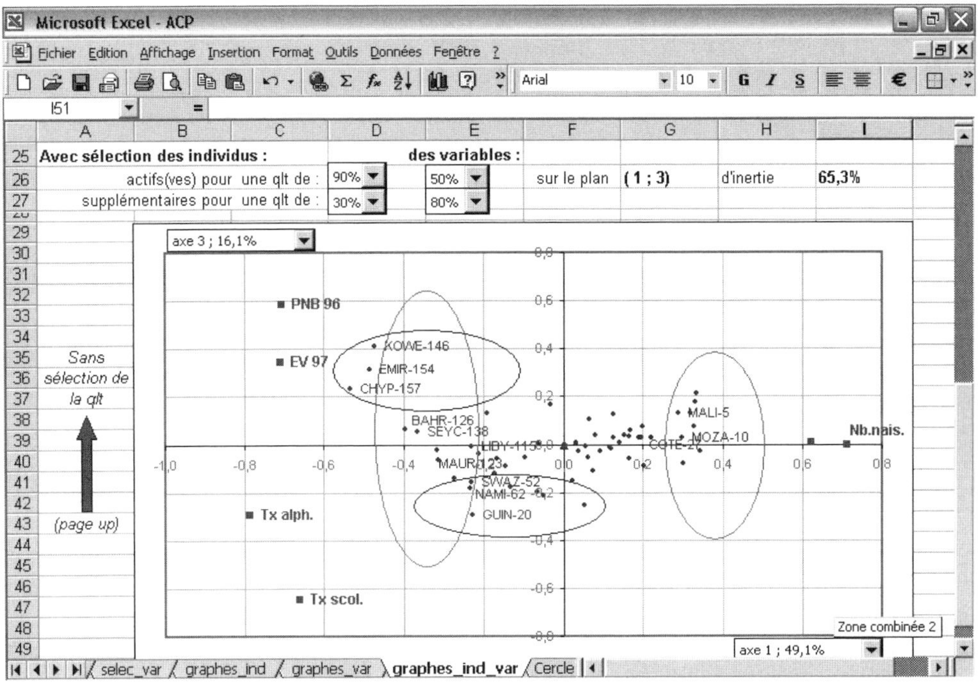

Figure 3.10-11 : : Le plan principal 1&3 de la feuille graphe_ind_var du classeur ACP (Ex_4C) avec sélection des individus bien représentés.

Remarque : nous avons choisi de ne faire apparaître que les points individus très bien ou bien représentés pour alléger les graphiques, d'autres graphes peuvent bien sûr être effectués, il suffit que vous modifiez les critères choisis sur la feuille `graphes_ind_var`. Les nouveaux points sélectionnés apparaîtront sur les graphes. L'outil graphique de Windows (Paint) permet d'utiliser cette fonctionnalité pour mettre en évidence sur les graphes produits par Excel des groupements qui vous semblent pertinents pour votre étude, c'est ainsi que nous avons modifié les graphes de la feuille `graphe_ind_var` pour effectuer les représentations données ci-dessus.

- les éléments supplémentaires : nous avons choisi de prendre en éléments supplémentaires les individus `Nige-15`, `Ethi-18` et `Afri-69` et en variables supplémentaires les trois variables : `Nb.déc` (nombre annuel de décès des moins de 5 ans, en 1997, exprimé en milliers), `TV` , `Radio` (variables donnant le nombre de postes pour 1000 habitants en 1995). Ces données ont été reportées automatiquement lors du chargement de l'exemple 4C sur le classeur ACP, n'oubliez pas d'indiquer `3` dans les cellules `K3` et `K4` de la feuille `Données` pour que ces éléments supplémentaires soient pris en compte.

L'étude de ces individus supplémentaires, exclusivement représentés sur le plan 1&2, montre que `Ethi-18` qui est liée à l'axe 1 exprime sa faible espérance de vie (`EV 97`) et se situe entre `Nige-15` et `Afri-69` sur l'axe 2, axe d'explication de la taille de la population (`Nige-15`, `Ethi-18` et `Afri-69` sont en ordonnées décroissantes sur cet axe en relation avec la taille de la population de ces pays). La variable Nb.déc., liée aux variables Nb.nais. et Pop.97, s'oppose sur l'axe 1 à la variable EV 97 ; les variables Radio et TV, liées, sont très proches de PNB 96, variable explicative de l'axe 1. On retrouve la variable TV sur l'axe 3, le cercle des corrélations du plan G1&G3 est d'ailleurs une bonne illustration des proximités entre variables actives et supplémentaires, bien représentées. Donnons en la représentation issue de la feuille graphes_var du classeur ACP :

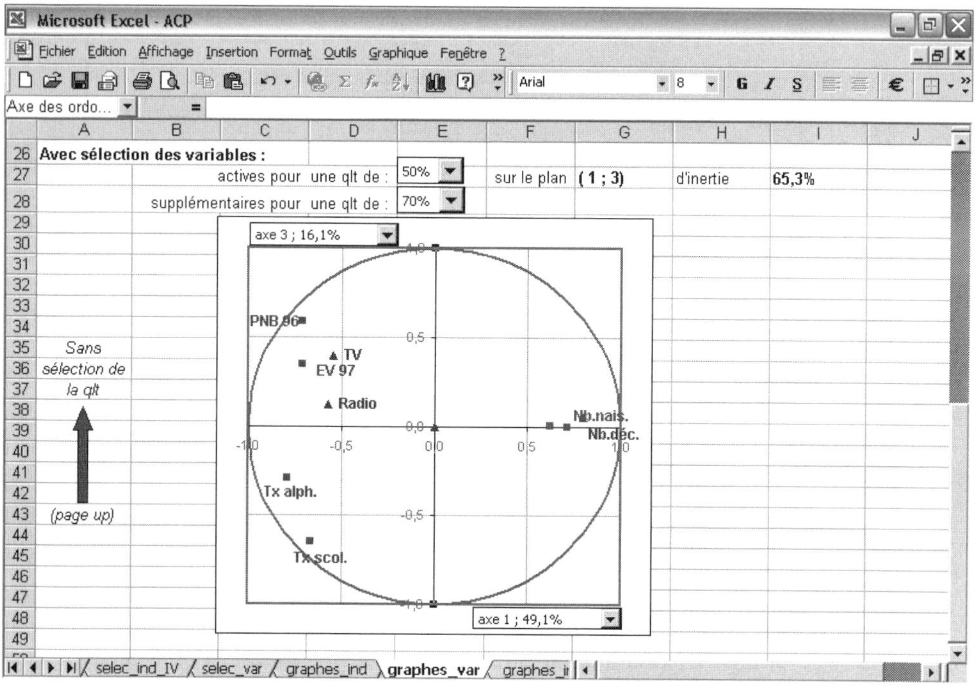

Figure 3.10-12 : Le positionnement des variables supplémentaires sur le plan G1&G3 de l'exemple 4C du classeur ACP.

3.11. Des exemples supplémentaires

La feuille Exemples que vous atteindrez en effectuant

Navig / Exemples / Ex_(n°de l'exemple)

contient bien d'autres exemples que nous allons décrire ci-dessous. Sur cette feuille Exemples, nous indiquons pour chaque exemple, son nombre de lignes et colonnes actives, son nombre de lignes et colonnes supplémentaires et le type de données auquel il correspond. Quand vous passez la souris sur le petit triangle rouge situé sur cette dernière cellule vous aurez une description des individus et des variables de cette étude. Nous allons les décrire et en donner une interprétation rapide que vous pourrez améliorer. Ceci n'exclut nullement que vous travailliez avec vos propres exemples.

3.11.1. Exemple 5 : données agronomiques

⇒ Navig / Exemples / ex_5

Il s'agit des résultats d'une étude agronomique sur des variétés de blé tendre (réf. 12). Les individus, au nombre de 39, sont des variétés de blé tendre sur lesquels on étudie les dix variables :

- HEP : hauteur de l'épi dans la tige (le 10/05/81)
- DEP : date d'épiaison (nombre de jours depuis le 01/05/81)
- QTE : quantité d'eau contenue dans le grain (en décigramme)
- H20 : teneur en eau du grain (en %)
- PMS : poids en matière sèche du grain (en décigramme)
- EM2 : nombre d'épis par m^2
- CTE : coefficient de tallage épis
- G/E : nombre de grains par épi
- GM2 : nombre de grains par m^2
- PMG : poids de mille grains (en gramme, à 16% d'humidité)

Trois nouvelles variétés sont prises comme individus supplémentaires et la variable supplémentaire est RDT le rendement.

L'hétérogénéité de ces variables nous conduit à faire une étude sur la matrice des corrélations (analyse en composantes principales normée).

⇒ Navig / Val_pr

Le premier plan explique 66,3% de l'inertie totale, il faut ajouter le troisième axe pour obtenir 83,2%. Nous nous restreindrons aux trois premiers axes bien que les suivants, notamment le quatrième puisse être intéressant.

⇒ Navig / graphes_var / flèche bleue bas

Sur le plan 1&2, avec une sélection de la qlt d'au moins 60% (variables bien et très bien représentées), l'axe 1 oppose d'une part HEP à DEP et d'autre part PMS à H2O. La première opposition traduit un facteur de précocité, la seconde naturelle entre la teneur en eau et la matière sèche. L'axe 2 est représenté principalement par la variable QTE, mais il faut prendre une qlt de 50% pour la faire apparaître, est non corrélée à la précocité.

⇒ Navig / graphes_ind / flèche bleue bas

En prenant une qlt d'au moins 70% sur le plan 1&2, on voit que sur l'axe 1 deux groupes s'opposent, les variétés 6, 13, 20 et 29, à gauche et 11, 15, 19, 21, 24, 26 et 37 à droite. Sur l'axe 2 la variété 27 s'oppose à la variété 23.

⇒ Navig / graphes_ind_var / flèche bleue bas

Sur ce graphe simultané des individus et des variables (en conservant les qlt précédentes), un spécialiste de ces données pourra vérifier que les variétés 6, 13, 20 et 29 sont des variétés les plus tardives (hauteur de l'épi faible, date d'épiaison tardive) qui s'opposent aux variétés 11, 15, 19, 21, 24, 26 et 37 les plus précoces (hauteur de l'épi élevée, date d'épiaison précoce). Les deux variétés 23 et 27 s'opposant par leur quantité d'eau.

Affichons sur cette représentation les individus supplémentaires iS1, iS2 et iS3. Ils apparaissent nettement et l'on remarque que la variété iS2 serait du même type que le groupe contenant la variété 6, la variété iS1 serait du même type que le groupe contenant la variété 11, la variété iS3 étant intermédiaire. Vous pouvez bien sûr poursuivre cette étude en examinant d'autres axes que vous jugerez pertinents.

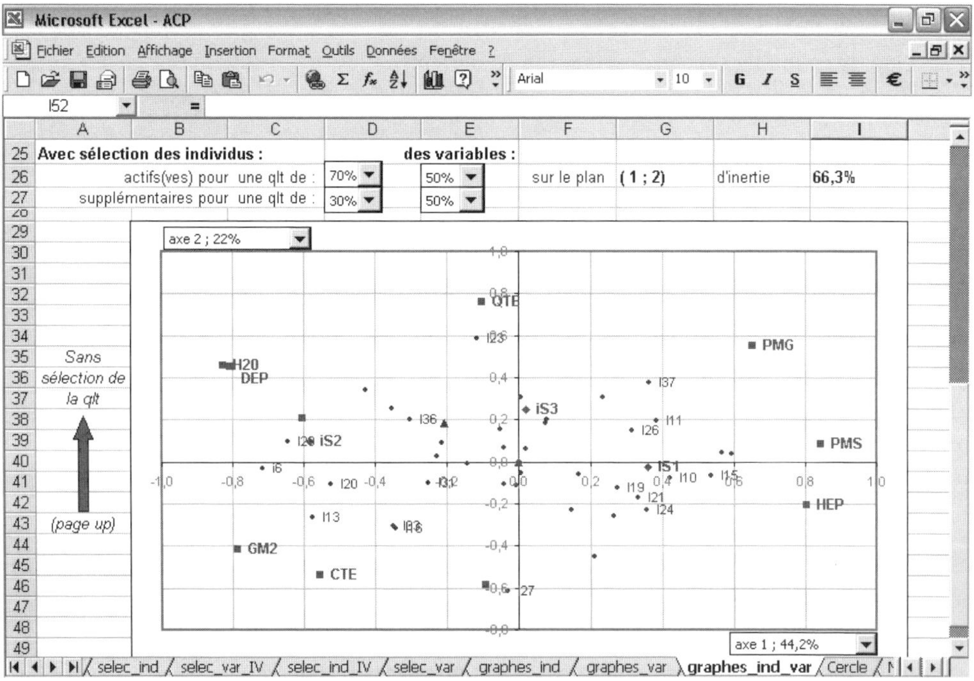

Figure 3.11-1 : La partie basse de la feuille graphes_ind_var pour l'exemple 5 traité par le classeur ACP.

3.11.2. Exemple 7 : données archéo-biologiques

⇒ Navig / Exemples / ex_7

Les 100 individus de cette étude (réf. 17) sont des crânes de momies égyptiennes libellés selon cinq périodes, par échantillon de 20 individus (-IV : 4000 avant J-C, -III : 3300 avant J-C, -II : 1850 avant J-C, -2C : 200 avant J-C, +1,5C : 150 après J-C). L'individu i1-IV correspond ainsi à un crâne de la période 4000 avant J-C. Les 4 variables sont des mesures sur le crâne :

- MB : largeur maximum du crâne
- BH : hauteur basibregmatique du crâne
- BL : hauteur basalvéolaire du crâne
- NH : hauteur nasale du crâne

L'hétérogénéité de ces variables nous conduit à faire une étude sur la matrice des corrélations (analyse en composantes principales normée).

⇒ Navig / Val_pr

Comme chacun des axes a une inertie importante (par ordre croissant de numérotation des axes : 34%, 28,5%, 20,7%, 16,8%) on ne trouvera certainement pas de corrélations importantes entre les variables.

⇒ Navig / graphes_var / flèche bleue bas

En prenant une qlt d'au moins 50% sur le plan 1&2 on voit que le groupe BH, BL s'oppose au groupe MB sur l'axe 1, l'axe 2 étant principalement représenté par la variable NH et en partie aussi avec BH.

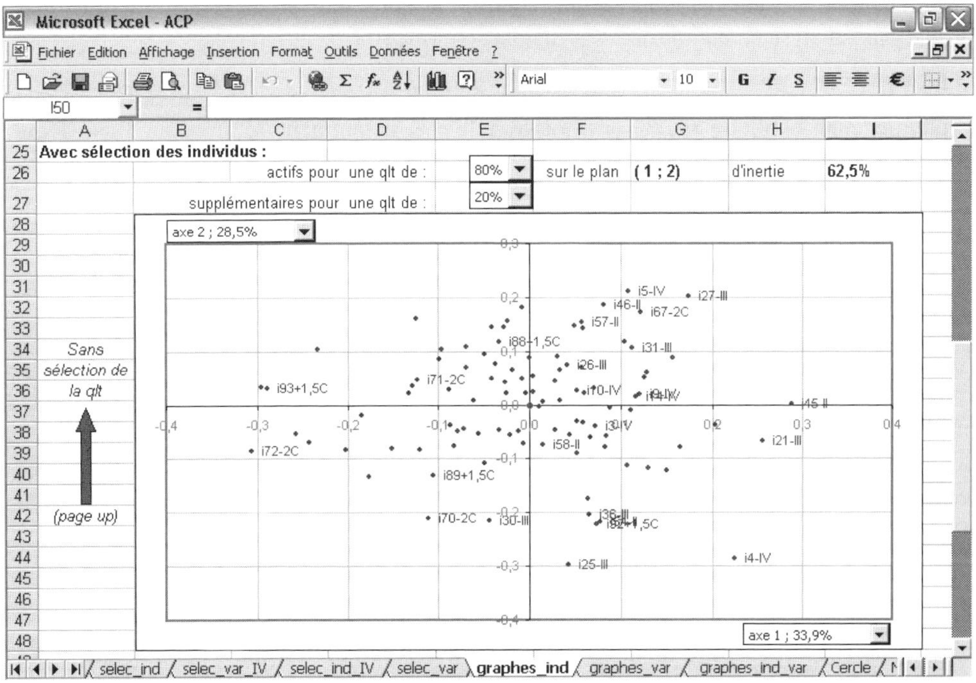

Figure 3.11-2 : La partie basse de la feuille graphes_ind pour l'exemple 7 traité par le classeur ACP.

⇒ Navig / graphes_ind / flèche bleue bas

En prenant une `qlt` d'au moins 80% sur le plan 1&2, on voit que sur l'axe 1 deux groupes s'opposent selon leur âge. Les récents (`-2C` ; `+1,5C`) à gauche de l'axe et les très anciens (`-IV`, `-III`, `-II`) à droite de l'axe. Les répartitions dans ces deux groupes sont assez mélangées. L'étude simultanée nous conduirait à conclure que les crânes de période récente ont une grande `MB` et une petite `ML` en opposition à ceux des périodes anciennes de petite `MB` et de grande `BL`. Mais bien sûr, ceci serait à approfondir en présence d'un spécialiste de ces données.

3.11.3. Exemple 8 : données d'étude alimentaire

⇒ Navig / Exemples / ex_8

Les 30 individus de cette étude sont des fromages de Cheddar sur lesquels ont été mesurées les 4 variables :

- `goût` : par une note donnée par un goûteur du fromage
- `ac. acét.` : log de la concentration en acide acétique du fromage
- `H2S` : log de la concentration en sulfide d'hydrogène du fromage
- `ac. lactic.` : concentration en acide lactique du fromage

L'hétérogénéité de ces variables nous conduit à faire une étude sur la matrice des corrélations (analyse en composantes principales normée).

⇒ Navig / Val_pr

Le premier plan explique 85,5% de l'inertie totale et notamment 73,5% pour l'axe 1 qui contiendra beaucoup d'information, il faut ajouter le troisième axe pour obtenir 94,5%. Nous nous restreindrons aux deux premiers axes.

⇒ Navig / graphes_var / flèche bleue bas

En prenant une `qlt` d'au moins 70% sur le plan 1&2 on voit que le groupe `ac. lactic.`, `H2S`, `goût`, `ac.acét.` est explicatif de l'axe 1. La variable `ac.acét.` explique aussi en partie l'axe 2. Ces variables sont corrélées positivement sur l'axe 1 et `goût` et `ac.acét.` s'opposent sur l'axe 2.

⇒ Navig / graphes_ind / flèche bleue bas

En prenant une `qlt` d'au moins 80% sur le plan 1&2, on voit que sur l'axe 1 deux groupes s'opposent : le groupe `1, 5, 9, 13, 17, 21, 22, 25, 28` (situé à gauche)au groupe `4, 12, 16, 20, 24` (situé à droite).

⇒ Navig / graphes_ind_var / flèche bleue bas

Sur ce graphe simultané des individus et des variables (en conservant les `qlt` précédentes), et en s'appuyant sur les données on vérifie que les individus de gauche ont tous des faibles valeurs pour les quatre variables et s'opposent à ceux de droite pour lesquels ces valeurs sont grandes. La position particulière de l'individu `30` bien représenté sur ce plan est due à sa très faible note pour le `goût` et à son fort taux d'acide acétique.

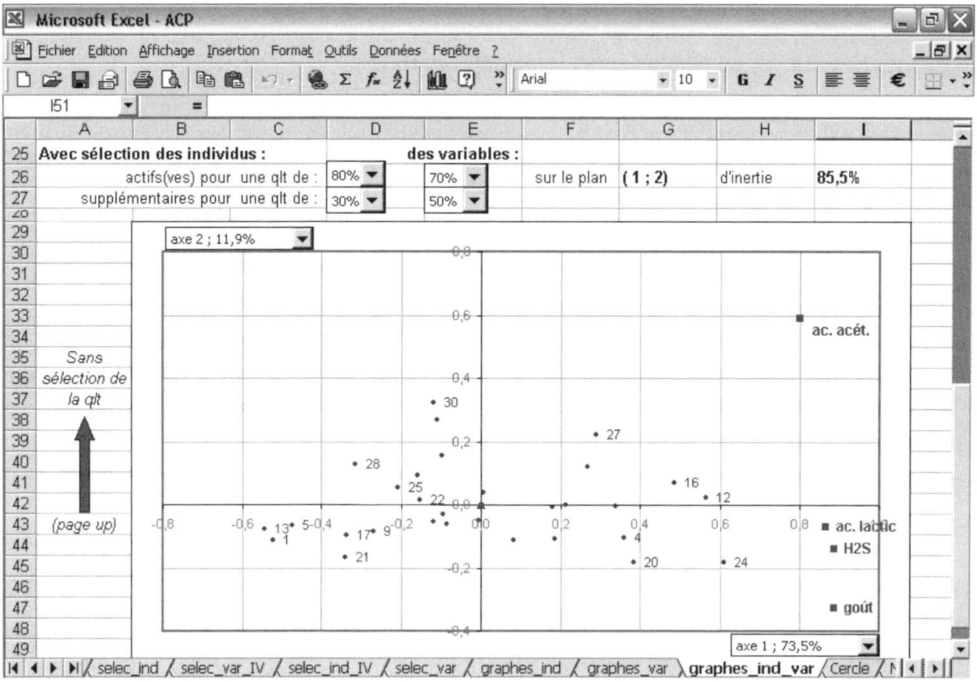

Figure 3.11-3 : La partie basse de la feuille graphes_ind_var pour l'exemple 8 traité par le classeur ACP.

3.11.4. Exemple 9 : données socio-économiques

⇒ Navig / Exemples / ex_9

Les individus sont 26 pays européens (réf. 17 ; les données datent de 1979, ce qui expliquent les noms de certains pays) représentés par leur nom sur lesquels ont été mesurées 9 variables :

- `Agr` : pourcentage de travailleurs employés dans l'agriculture
- `Mines` : pourcentage de travailleurs employés dans les mines
- `Usines` : pourcentage de travailleurs employés dans les usines
- `Electric` : pourcentage de travailleurs employés dans les usines de production électrique
- `Construction` : pourcentage de travailleurs employés dans la construction
- `Ind. Serv.` : pourcentage de travailleurs employés dans les industries de service
- `Finance` : pourcentage de travailleurs employés dans la finance
- `Social` : pourcentage de travailleurs employés dans le domaine social
- `Transport` : pourcentage de travailleurs employés dans le domaine du transport

L'hétérogénéité de ces variables nous conduit à faire une étude sur la matrice des corrélations (analyse en composantes principales normée).

⇒ **Navig / Val_pr**

Le premier plan explique 64,8% de l'inertie totale, il faut ajouter le troisième axe pour obtenir 76,6%. Nous nous restreindrons aux trois premiers axes bien que les suivants, qui contiennent une information non négligeable, notamment le quatrième et le cinquième puisse être intéressant.

⇒ **Navig / graphes_var / flèche bleue bas**

En prenant une `qlt` d'au moins 70% sur le plan 1&2 on voit que la variable `Agr` est explicative de l'axe 1. Les variables `Mines` (en haut) et `Ind. Serv.` (en bas) s'opposent sur l'axe 2. Avec la même `qlt` sur le plan 1&3, c'est l'opposition entre `Electric` (en haut) et `Construction` (en bas) qui apparaît.

⇒ **Navig / graphes_ind / flèche bleue bas**

En prenant une `qlt` d'au moins 80% sur le plan 1&2 on voit que les pays `Yougoslavie` et `Turquie` sont représentés par l'axe 1. Les pays `RDA`, `Tchécoslovaquie`, `Pologne` (en haut) et `Belgique` , `Pays-Bas` (en bas) s'opposent sur l'axe 2. Avec une `qlt` de 60% sur le plan 1&3, c'est l'opposition entre `Grande-Bretagne` (en haut) et `Italie`, `Portugal`, `Grèce` (en bas) qui apparaît.

⇒ **Navig / graphes_ind_var / flèche bleue bas**

L'image de la représentation simultanée des individus et des variables sur les plans 1&2 et 1&3 est ici particulièrement édifiante. Pour l'axe 1, les pays où le pourcentage de travailleurs dans l'agriculture est important : `Yougoslavie` et `Turquie` ; pour l'axe 2, les pays où le pourcentage de travailleurs dans les mines est important (`RDA`, `Tchécoslovaquie`, `Pologne`) s'opposent à celui des travailleurs des industries de service (`Belgique` et `Pays-Bas`). L'axe 3 marque l'opposition des pays où le pourcentage de travailleurs dans la construction est important (`Italie`, `Portugal`, `Grèce`, pour une `qlt` de 60%) à celui des travailleurs de la production d'électricité (`Grande-Bretagne`).

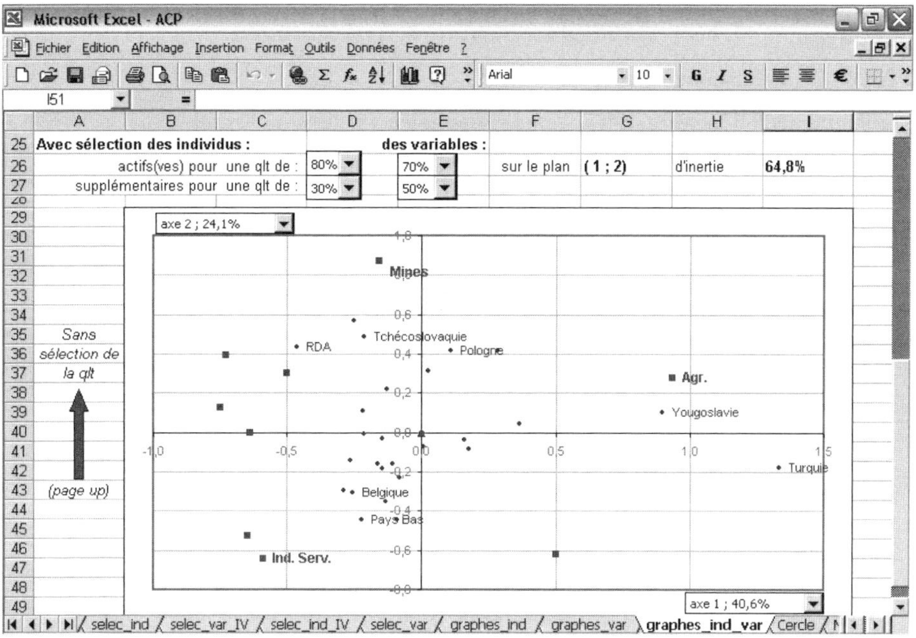

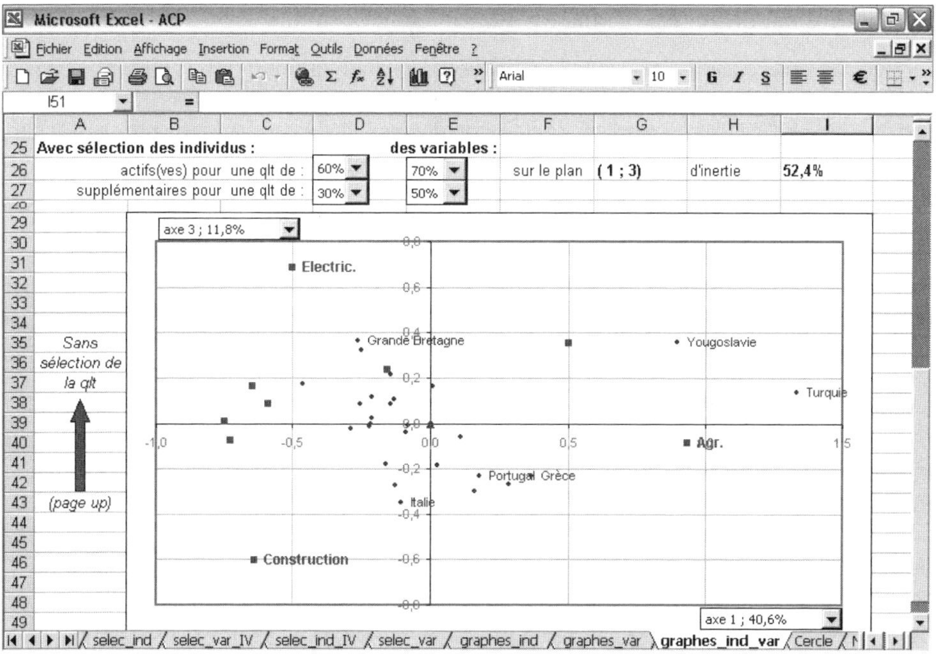

Figure 3.11-4 : La partie basse de la feuille graphes_ind_var pour l'exemple 9 traité par le classeur ACP (plan 1&2 en haut, plan 1&3 en bas).

3.11.5. Exemple 10 : données botaniques

⇒ **Navig / Exemples / ex_10**

Cet exemple (réf. 17) reprend les données des célèbres « iris de Fisher ».

Les individus sont des iris associés à leur espèce : Setosa (espèce n°1), Verginica (espèce n°2), Versicolor (espèce n°3). Dans l'exemple d'origine il y a 150 individus, dont 50 par espèce, nous n'en retenons ici que 99 dont 33 par espèce. Les individus seront notés par leur numéro suivi du numéro de leur espèce, par exemple `34-2` signifie que l'individu 34 est de la deuxième espèce.

Les variables sont des caractéristiques sur les pétales et les sépales :

- `larg_pétale` : largeur de pétale
- `long_pétale` : longueur de pétale
- `larg_sépale` : largeur de sépale
- `long_sépale` : longueur de sépale.

⇒ **Navig / Val_pr**

Le premier plan explique 96,2% de l'inertie totale et notamment 71,9% pour l'axe 1 qui contiendra beaucoup d'information, il faut ajouter le troisième axe pour obtenir 99,4%. Nous nous restreindrons aux deux premiers axes.

⇒ **Navig / graphes_var / flèche bleue bas**

Sur le plan 1&2, avec une sélection de la `qlt` d'au moins 90% (variables très bien représentées), l'axe 1 est représenté par les trois variables `larg_pétale`, `long_pétale`, `long_sépale` parfaitement corrélées positivement entre elles et non corrélées à l'axe 2 représenté par la variable `larg_sépale`.

⇒ **Navig / graphes_ind / flèche bleue bas**

En prenant une `qlt` d'au moins 90% sur le plan 1&2, on voit que sur l'axe 1 les trois espèces apparaissent clairement sous la forme de trois nuages : l'espèce 1 (située à gauche) qui s'oppose aux espèces 2 et 3 (situées à droite). L'intérêt de ce jeu de données est de « discriminer » les espèces 2 et 3.

⇒ **Navig / graphes_ind_var / flèche bleue bas**

L'image de la représentation simultanée des individus et des variables sur les plans 1&2 est édifiante. Sur ce graphe simultané des individus et des variables (en conservant les `qlt` précédentes), et en s'appuyant sur les données, on vérifie que les individus de gauche en bas ont tous des faibles valeurs pour les quatre variables et s'opposent à ceux de droite en haut pour lesquels ces valeurs sont grandes, en passant de l'espèce 1 à 3. Par exemple l'iris 32 de l'espèce 1, à une petite largeur de sépale et des petites valeurs pour les trois autres variables contrairement à l'iris 99 qui a une grande largeur de sépale et des grandes valeurs pour les trois autres variables.

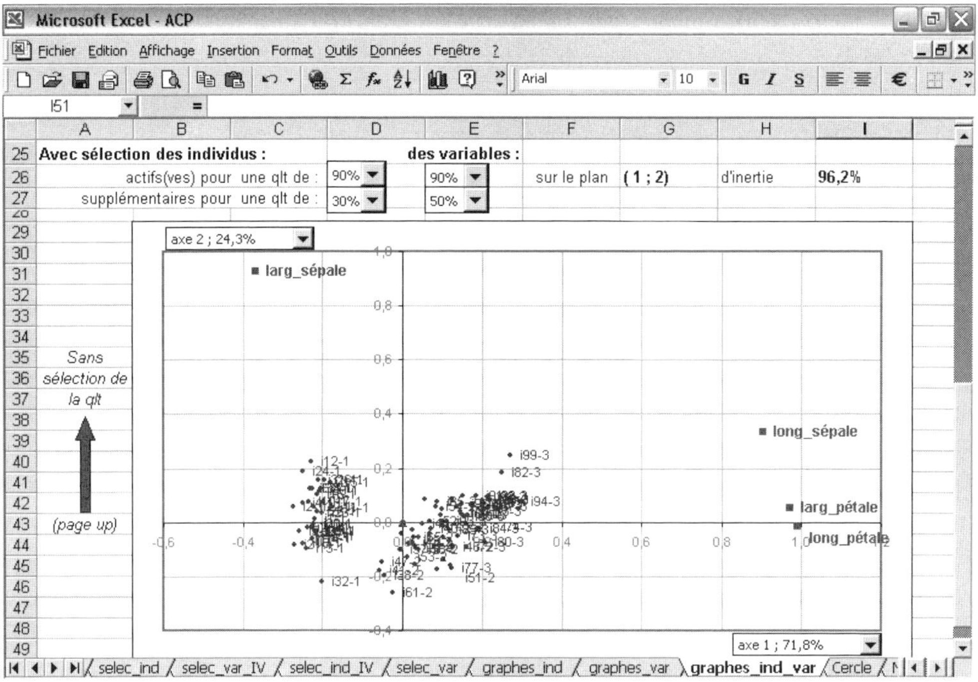

Figure 3.11-5 : La partie basse de la feuille graphes_ind_var pour l'exemple 10 traité par le classeur ACP.

3.11.6. Exemple 11 : données socio-démographiques

⇒ Navig / Exemples / ex_10

Les individus de cet exemple (réf. 2) sont les 95 départements de la France continentale représentés par leur n° administratif de 1 à 95 sur lesquels des facteurs socio-économiques et socio-démographiques ont été mesurés en 1990 représentés par les variables actives et supplémentaires suivantes.

Les 10 variables actives :

-`ETRA` : part des étrangers dans la population locale (nombre d'étrangers/nombre d'habitants du département)

-`JEUN` : part des 0-19 ans dans la population totale du département

-`AGE` : part des 65 ans et plus dans la population totale du département

-`CHOM` : taux de chômage

-les professions et catégories socio-professionnelles : `AGRI` (agriculteurs), `ARTI` (artisans), `CADR` (cadres), `EMPL` (employés), `OUVR` (ouvriers) et `PROF_I` (professions intermédiaires)

Les 5 variables supplémentaires :

-`FISC` : produit, en francs constants 1990, des quatre taxes directes locales par département

-CRIM : taux de criminalité par habitant (nombre de délits total par habitant du département)

-FE_90 : taux de fécondité (nombre de naissances rapporté au nombre de femmes fécondes de 15 à 49 ans

-TXCR : taux de croissance de la population (mesuré sur la période intercensitaire 1982-1990)

-URBR : taux d'urbanité d'un département (un département est dit urbain lorsque plus de la moitié de sa population vit dans des agglomérations de plus de 20000 habitants).

⇒ **Navig / Val_pr**

Le premier plan explique 70,8% de l'inertie totale, il faut ajouter le troisième axe pour obtenir 82,6%. Nous nous restreindrons dans cette analyse sommaire aux trois premiers axes mais, bien entendu, l'analyse pourra se poursuivre avec profit sur les autres axes.

Nous allons ici regarder directement les représentations simultanées des variables et des individus en prenant une qlt de 80%, c'est-à-dire des individus et des variables très bien représentées.

⇒ **Navig / graphes_ind_var / flèche bleue bas**

- le plan 1&2 : ce plan oppose sur l'axe 1 les professions intermédiaires (PROF_I) de la région Ile de France (91,95,78,94,92,77) à la variable AGE des départements de population âgée :Cantal(15), Creuse(23), Dordogne (24), Lot(46), Ariège(09), Tarn(81), Alpes-Maritimes(06) et Pyrénées-Atlantiques(64) (départements ruraux). On remarque en baissant la qlt à 60%, que cette opposition concerne les deux groupes de variables PROF_I, CADR, EMPL, ETRA à AGE, AGRI et ARTI. Ces derniers départements s'opposent aussi sur l'axe 2 à la variable OUVR (ouvriers) représentée massivement par les départements Oise(60), Eure(27), Eure et Loire(28), Doubs(25), Meuse(55), Haute-Saône(70), Orne(61). Si on prend une qlt de 60%, la variable JEUN, apparaît corrélée positivement avec la variable OUVR en s'opposant sur l'axe 1.

- le plan 1&3 : sur ce plan apparaît la variable AGRI (les agriculteurs) qui oppose les départements Gers(32), Aveyron(12), Cantal(15), Haute-Loire(43), Tarn et Garonne(82) à ceux de l'Ile de France pour la variable PROF_I. La variable CHOM (chômage) bien représentative de l'axe 3, fait apparaître les individus fort liés à cette variable pour une qlt de 70%, notamment le Nord(59) et la Charente-Maritime(17). Le Gers(32), département agricole, semble le moins touché par le chômage.

- Les variables supplémentaires FE_90, TXCR, FISC, CRIM, URBR, pour une qlt d'au moins 50%, sont corrélées positivement à PROF_I et donc très représentées par les départements de la région de l'Ile de France.

Nous donnons ci-dessous la représentation du plan principal 1&2 et une carte de la France sur laquelle nous avons représenté les groupes de départements évoqués ci-dessus.

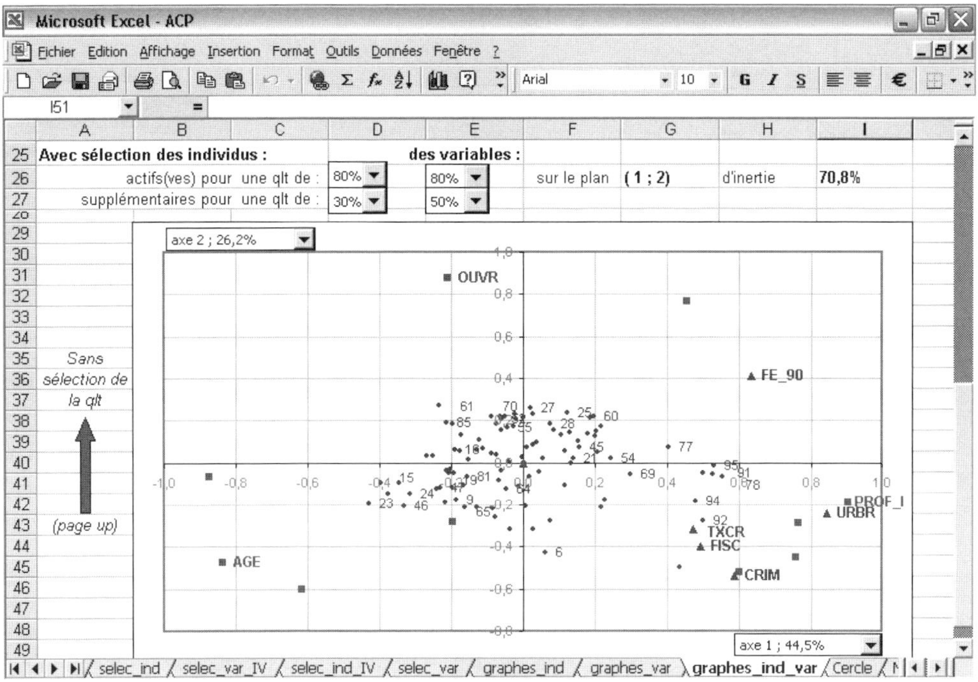

Figure 3.11-6 : La partie basse de la feuille graphes_ind_var pour l'exemple 11 traité par le classeur ACP.

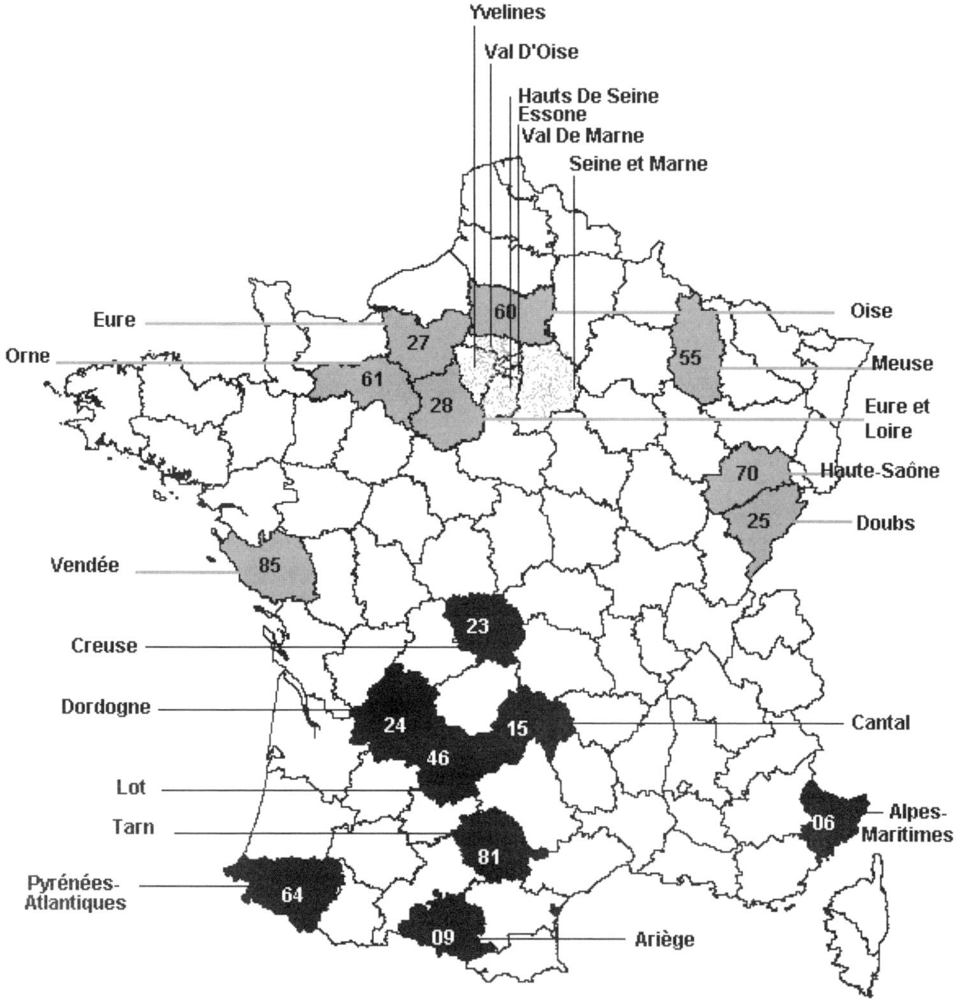
Yvelines
Val D'Oise
Hauts De Seine
Essone
Val De Marne
Seine et Marne
Eure
Orne
Oise
Meuse
Eure et Loire
Haute-Saône
Doubs
Vendée
Creuse
Dordogne
Cantal
Lot
Tarn
Alpes-Maritimes
Pyrénées-Atlantiques
Ariège
60
27
61
28
55
70
25
85
23
24
15
46
06
81
64
09

4

L'analyse factorielle des correspondances

Nous allons nous appuyer à nouveau sur les résultats de l'analyse générale et de l'analyse en composantes principales (ACP) dont la théorie et la pratique ont été développées dans les chapitres 2 et 3. Nous traiterons parallèlement au cas général d'une matrice (n,p) (que nous noterons aussi nxp : n lignes qui correspondent aux « individus » de l'ACP, p colonnes qui correspondent aux « variables » de l'ACP) les cas particuliers d'une matrice 4x2 (n = 4 lignes-individus, p = 2 colonnes-variables) et d'une matrice 4x3 (n = 4 lignes-individus, p = 3 colonnes-variables) sur le classeur général de cette étude, le classeur AFC. Ces matrices simples nous permettront d'effectuer les calculs et d'interpréter les résultats. A chaque notion théorique correspondra un calcul à la main et sa version automatisée sur le classeur AFC, qui comprendra au maximum 10 colonnes-variables et 100 lignes-individus.

Nous allons donc simplifier un tableau de données statistiques où, contrairement à l'analyse en composantes principales, les lignes-individus et les colonnes-variables seront des variables qualitatives : c'est pour cela que nous écrivons lignes-individus et colonnes-variables car il ne s'agit pas d'individus en lignes ni de variables en colonnes mais d'effectifs d'individus vérifiant simultanément la modalité de la variable écrite en ligne et celle de la variable écrite en colonne, nous précisons ceci dans le paragraphe 4.1 des généralités ci-dessous. Le but ne sera pas seulement de réduire ce tableau, comme dans le cas de l'analyse générale, mais aussi d'interpréter statistiquement et graphiquement ce tableau réduit.

Présentons d'abord quelques généralités sur l'analyse factorielle des correspondances (AFC).

4.1. Généralités

4.1.1. Le tableau K des effectifs

La matrice des données est un tableau qui croise deux variables qualitatives qui serviront aux calculs. Cette matrice K, contient n lignes, les n modalités de la variable X correspondant aux lignes et p colonnes, les p modalités de la variable Y correspondant aux colonnes. A l'intersection de ligne i et de la colonne j se trouve l'effectif k_{ij} correspondant au nombre des individus de l'échantillon étudié qui vérifient simultanément le caractère x_i de X et le caractère y_j de Y. Ce tableau K est appelé tableau de contingence ou tableau croisé.

On note $K = (k_{ij})$ $i = 1...n$, $j = 1...p$ cette matrice nxp où i est l'indice des lignes et j l'indice des colonnes.

$$K = \begin{bmatrix} k_{11} & ... & k_{1j} & ... & k_{1p} \\ ... & & & & \\ k_{i1} & & k_{ij} & & k_{ip} \\ ... & & & & \\ k_{n1} & & k_{nj} & & k_{np} \end{bmatrix}$$

k_{ij} est l'effectif correspondant à $(X = x_i)$ et $(Y = y_j)$.

Le nombre total d'individus étudiés donne la taille N de l'échantillon : $N = \sum_{i=1}^{n} \sum_{j=1}^{p} k_{ij}$

Donnons, pour les exemples que nous avons annoncés, la matrice K des effectifs : dans ces deux exemples nous considérerons un échantillon de N individus caractérisés par leur âge et/ou leur sexe : les jeunes (`J`), les adultes féminins (`AF`), les adultes masculins (`AM`) et les personnes âgées (`V`), cette variable X (correspondant aux lignes de K) aura donc 4 modalités (n = 4). La variable Y, écrite en colonnes, répartira les individus précédents selon leurs goûts musicaux pour leurs achats de disques : la chanson (`chant`), le jazz (`jazz`) et la musique classique (`class.`) ce qui donne à Y au plus 3 modalités.

Comme dans le cas du classeur ACP, vous pourrez charger automatiquement ces exemples en effectuant, après l'ouverture du classeur AFC,

Navig / Exemples / Ex_1 ou **Ex_2**

- L'exemple 1 : pour cet exemple on ne prend que les deux modalités `chant` et `jazz` de la variable Y.

  Une étude chez un disquaire a fourni les effectifs suivants sur N = 655 clients :

K =	kij	chant	jazz
	J	69	41
	AF	172	84
	AM	133	118
	V	27	11

Tableau 4.1-1 : Le tableau des données (effectifs) de l'exemple 1.

- L'exemple 2 : pour cet exemple on prend toutes les modalités `chant`, `jazz` et `class.` de la variable Y. L' étude chez le disquaire a fourni les effectifs suivants sur N = 1000 clients :

K =	kij	chant	jazz	class.
	J	69	41	18
	AF	172	84	127
	AM	133	118	157
	V	27	11	43

Tableau 4.1-2 : Le tableau des données (effectifs) de l'exemple 2.

Ce tableau figure sur la feuille `Effectifs` (bloc `B15:M116`) du classeur AFC que vous atteignez en effectuant

Navig / Effectifs

4.1.2. Le tableau F des fréquences

A partir du tableau K, on crée le tableau des fréquences F = (f_{ij}) (plus précisément le tableau des fréquences relatives) en divisant l'effectif k_{ij} par la taille N de l'échantillon : $f_{ij} = k_{ij} / N$.

En effectuant la somme des lignes on obtient les fréquences marginales $f_{.j}$ de la variable Y (en marge de la variable Y) et en effectuant la somme des colonnes on obtient les fréquences marginales $f_{i.}$ de la variable X (en marge de la variable X) :

		Variable Y					Fréquence marginale de X
		f_{11}	...	f_{1j}	...	f_{1p}	$f_{1.}$
		...	...	...	...	...	...
F =	Variable X	f_{i1}	...	f_{ij}	...	f_{ip}	$f_{i.}$
		...	...	...	...	...	...
		f_{n1}	...	f_{nj}	...	f_{np}	$f_{n.}$
	Fréquence marginale de Y	$f_{.1}$	...	$f_{.j}$	...	$f_{.p}$	1

Tableau 4.1-3 : Le tableau F des fréquences et des fréquences marginales de X et de Y

$$\text{où } f_{i.} = \sum_{j=1}^{p} f_{ij} \text{ , } f_{.j} = \sum_{i=1}^{n} f_{ij} \text{ et } 1 = \sum_{j=1}^{p} f_{.j} = \sum_{i=1}^{n} f_{i.} \text{ .}$$

Ce tableau 4.1-3 pour l'exemple 1 est :

f_{ij}	chant	jazz	$f_{i.}$
J	0,105	0,063	0,168
AF	0,263	0,128	0,391
AM	0,203	0,18	0,383
V	0,041	0,017	0,058
$f_{.j}$	0,612	0,388	1

Tableau 4.1-4 : Le tableau F des fréquences et des fréquences marginales de l'exemple 1.

Par exemple, la fréquence relative de X = `AM` et Y = `chant` est f_{31} = 133/655 = 0,203 et la fréquence marginale de X = `AM` est $f_{3.}$ = 0,203 + 0,18 = 0,383.

Ce tableau figure sur la feuille `Fréquences` (bloc `B15:M116`) du classeur AFC que vous atteignez en effectuant

Navig / Fréquences

Remarque : en termes de probabilités la distribution des fréquences correspond à la loi jointe d'un couple de variables aléatoires X et Y : P[X = x_i , Y = y_j] i = 1…n, j = 1…p, à la distribution des fréquences marginales de X est associée la loi de probabilité de X (P[X = x_i] i = 1…n) et à celle de Y la loi de probabilité de Y (P[Y = y_j] j = 1…p)

4.1.3. Les tableaux profils-lignes et profils-colonnes

Dans l'analyse factorielle des correspondances on n'analyse pas directement le tableau K des effectifs ou son semblable le tableau F des fréquences relatives. En effet l'effectif ou la fréquence marginale des lignes ou des colonnes de ces tableaux peut influencer considérablement leur influence selon les « poids » des lignes et des colonnes. Aussi nous créons des tableaux de profils qui diminuent l'influence d'une ligne ou d'une colonne de fort effectif en divisant la fréquence de la ligne ou de la colonne par sa fréquence marginale.

4.1.3.1. Le tableau des profils-lignes

Pour obtenir le tableau des profils-lignes PFL nous divisons la fréquence f_{ij} de la ligne i du tableau F par la fréquence marginale de cette ligne $f_{i.}$ (ce rapport est aussi égal à $k_{ij} / k_{i.}$) :

PFL = Variable X

Variable Y					Total
$f_{11} / f_{1.}$	...	$f_{1j} / f_{1.}$	...	$f_{1p} / f_{1.}$	1
...	...	...	...	...	...
$f_{i1} / f_{i.}$	...	$f_{ij} / f_{i.}$	...	$f_{ip} / f_{i.}$	1
...	...	...	...	...	...
$f_{n1} / f_{n.}$	...	$f_{nj} / f_{n.}$	...	$f_{np} / f_{n.}$	1

Tableau 4.1-5 : Le tableau PFL des profils-lignes.

Montrons sur l'exemple 1 que la « proximité » de deux lignes qui n'apparaîtrait pas dans le tableau des fréquences apparaît dans le tableau des profils-lignes :

$f_{ij} / f_{i.}$	chant	jazz	Total
J	0,627 = 69/110	0,373 = 41/110	1
AF	0,672 =172/256	0,328 = 84/256	1
AM	0,53 = 133/251	0,47 = 118/251	1
V	0,711 = 27/38	0,289 = 11/38	1

Tableau 4.1-6 : Le tableau des profils-lignes de l'exemple 1.

Les modalités `J` et `AF` de la variable X apparaissent avec des valeurs très proches dans ce tableau : elles ont le même profil c'est-à-dire qu'elles sont proches. Remarquons aussi que `V` a un profil proche de `J` et `AF` mais la modalité `AM` est éloignée des trois autres.

Ce tableau figure sur la feuille `Profils-lig` (bloc `B15:M115`) du classeur AFC que vous atteignez en effectuant

Navig / Profils-lignes

4.1.3.2. Le tableau des profils-colonnes

Pour obtenir le tableau des profils-colonnes PFC nous divisons la fréquence f_{ij} de la colonne j du tableau F par la fréquence marginale de cette colonne $f_{.j}$ (ce rapport est aussi égal à $k_{ij} / k_{.j}$) :

PFC = Variable X

	Variable Y				
	$f_{11} / f_{.1}$	...	$f_{1j} / f_{.j}$	...	$f_{1p} / f_{.p}$
	...	...	...	...	...
	$f_{i1} / f_{.1}$	...	$f_{ij} / f_{.j}$	...	$f_{ip} / f_{.p}$
	...	...	...	...	...
	$f_{n1} / f_{.1}$	...	$f_{nj} / f_{.j}$	...	$f_{np} / f_{.p}$
Total	1	...	1	...	1

Tableau 4.1-7 : Le tableau PFC des profils-colonnes.

Le tableau des profils-colonnes ci-dessous montre l'éloignement relatif des modalités `chant` et `jazz` de la variable Y :

$f_{ij} / f_{.j}$	chant	jazz
J	0,172	0,161
AF	0,429	0,331
AM	0,332	0,465
V	0,067	0,043
Total	1	1

Tableau 4.1-8 : Le tableau des profils-colonnes de l'exemple 1.

Ce tableau figure sur la feuille `Profils-col` (bloc `B15:L116`) du classeur AFC que vous atteignez en effectuant

Navig / Profils-colonnes

4.1.3.3. Tableaux profils et probabilités conditionnelles

En termes de probabilités, calculer les tableaux profils revient à calculer des probabilités conditionnelles. Par exemple si on se fixe la colonne j ($Y = y_j$), la probabilité conditionnelle $P[X = x_i | Y = y_j]$ correspond à $f_{ij} / f_{.j}$ c'est-à-dire à la distribution de la colonne j du tableau des profils-colonnes quand i varie de 1 à n. Rappelons à ce stade la notion d'indépendance entre deux variables aléatoires (v.a.) X et Y : si $P[X = x_i | Y = y_j] = P[X = x_i]$ $i = 1 \ldots n$, $j = 1 \ldots p$ les v.a. X et Y sont dites indépendantes ; ce qui signifie que si les profils-colonnes sont identiques, les colonnes sont alors indépendantes et les pourcentages des lignes seront proportionnels. Il en sera de même en échangeant les mots lignes et colonnes. Par exemple les lignes `J` et `AF` du tableau 4.1-6 qui sont presque identiques donnent des colonnes qui sont presque proportionnelles à 2 (0,627/0,373 = 1,7, 0,672/0,328 = 2). Il y aura donc liaison dans ce cas quand les colonnes ne seront pas proportionnelles, par exemple pour la ligne `AM` du tableau 4.1-6, 0,53/0,47 = 1,1 est éloigné de 2. Dans cet exemple les lignes `J` et `AF` sont indépendantes ou proches en terme de proximité et sont liées ou éloignées de la ligne `AM`.

En résumé, dans l'analyse factorielle des correspondances, nous chercherons à mettre en évidence les proximités existant entre les lignes et les colonnes en tenant compte des poids respectifs de ces lignes et colonnes par utilisation des tableaux de profils-lignes et profils-colonnes.

Comme dans les chapitres 2 et 3 précédents nous allons effectuer l'analyse dans les deux espaces : d'abord l'étude du nuage des n lignes (les individus de l'analyse en composantes principales) dans l'espace $\mathbf{R}^p$ des p colonnes (les variables de l'analyse en composantes principales), puis l'étude du nuage des p colonnes dans l'espace $\mathbf{R}^n$ des lignes. Nous verrons plus loin que le travail de diagonalisation sera effectué dans l'espace de plus petite dimension et c'est généralement l'espace des colonnes qui correspond à l'espace des variables dans l'analyse en composantes principales (on choisit pour « colonnes » la variable associée au plus petit nombre de modalités).

4.2. Analyse du nuage des n lignes dans l'espace R^p des colonnes et des p colonnes dans l'espace R^n des lignes

4.2.1. Le nuage des n lignes dans l'espace R^p des colonnes

On souhaite obtenir une représentation des proximités entre les n points-lignes i dans un sous-espace de l'espace $\mathbf{R}^p$ des colonnes, c'est-à-dire un espace de dimension inférieure à p. Chaque point i ayant pour coordonnées les quantités $\{ f_{ij} / f_{i.} ; j = 1 \ldots p \}$ qui correspondent aux n lignes i du tableau PFL des profils-lignes affectées des poids ou masses $f_{i.}$ des lignes correspondantes. Le schéma suivant illustre notre approche :

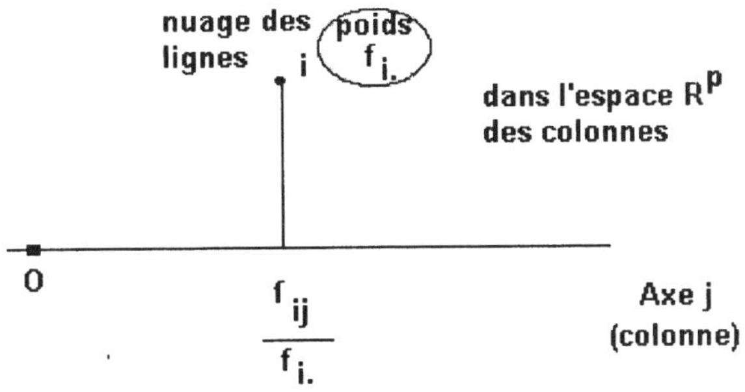

Figure 4.2-1 : Schéma pour la recherche d'un sous-espace de $\boldsymbol{R^p}$.

Comme la somme des coordonnées de la ligne i (le profil-ligne i) vaut 1 :

$$\sum_{j=1}^{p} f_{ij} / f_{i.} = (\sum_{j=1}^{p} f_{ij}) / f_{i.} = 1 \text{ , } i = 1 \ldots n.$$

les n points profils-lignes i se situent donc dans un sous espace de dimension (p-1) de $\mathbf{R}^p$.

Le barycentre G de ces n points i, munis des poids $f_{i.}$ a pour coordonnée sur l'axe j la fréquence marginale $f_{.j}$ en effet :

$$\sum_{i=1}^{n} f_{i.} (f_{ij} / f_{i.}) = f_{.j}$$

Dans l'exemple 1, G est le profil des choix `chant`, `jazz` de l'ensemble de la population, tous les individus `J`, `AF`, `AM` et `V` étant cumulés. Ce barycentre G servira de référence dans l'étude des lignes du tableau.

4.2.2. Le nuage des p colonnes dans l'espace R^n des lignes

Comme précédemment on veut obtenir une représentation des proximités entre les p points-colonnes j dans un sous-espace de l'espace $\mathbf{R}^n$ des lignes, c'est-à-dire un espace de dimension inférieure à n. Chaque point j ayant pour coordonnées les quantités

$\{ f_{ij} / f_{.j} ; i = 1 \ldots n \}$ qui correspondent aux p colonnes j du tableau PFC des profils-colonnes affectées des poids ou masses $f_{.j}$ des colonnes correspondantes.

Le schéma suivant illustre notre approche :

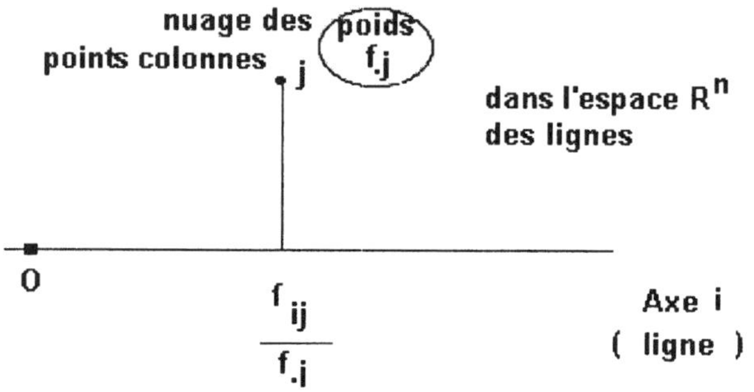

Figure 4.2-2 : Schéma pour la recherche d'un sous-espace de $\mathbf{R}^n$.

Comme la somme des coordonnées de la colonne j (le profil-colonne j) vaut 1 :

$$\sum_{i=1}^{n} f_{ij} / f_{.j} = (\sum_{i=1}^{n} f_{ij}) / f_{.j} = 1 , j = 1 \ldots p.$$

les p points profils-colonnes j se situent donc dans un sous espace de dimension (n-1) de $\mathbf{R}^n$.

Le barycentre H de ces p points j, munis des poids $f_{.j}$ a pour coordonnée sur l'axe i la fréquence marginale $f_{i.}$ en effet :

$$\sum_{j=1}^{p} f_{.j} (f_{ij} / f_{.j}) = f_{i.}$$

Dans l'exemple 1, H est le profil des choix `J`, `AF`, `AM` et `V` de l'ensemble de la population aimant `chant` et `jazz`, tous les individus étant cumulés. Ce barycentre H servira de référence dans l'étude des colonnes du tableau.

4.2.3. Le choix des distances

Nous venons de voir que l'interprétation reposait sur les tableaux profils-lignes et profils-colonnes en termes de proximité ou d'éloignement. Ces remarques nous incitent à munir les espaces $\mathbf{R}^n$ et $\mathbf{R}^p$ d'une distance autre que la distance euclidienne usuelle.

Cette distance s'appelle la distance du χ^2 (chi-2 ou chi carré) :

- La distance entre deux lignes dépendra des différences terme à terme des profils-lignes. Plus précisément la distance entre le profil-ligne i et le profil-ligne l sera définie par la formule :

$$d^2_{\chi^2}(i,l) = \sum_{j=1}^{p} \frac{1}{f_{.j}} \left(\frac{f_{ij}}{f_{i.}} - \frac{f_{lj}}{f_{l.}}\right)^2 \qquad i, l = 1 \ldots n$$

  Notons que l'influence des colonnes j sur la distance entre les lignes est pondérée par le facteur $1/f_{.j}$.

- La distance entre deux colonnes dépendra des différences terme à terme des profils-colonnes. Plus précisément la distance entre le profil-colonne j et le profil-colonne k sera définie par la formule :

$$d^2_{\chi^2}(j,k) = \sum_{i=1}^{n} \frac{1}{f_{i.}} \left(\frac{f_{ij}}{f_{.j}} - \frac{f_{ik}}{f_{.k}}\right)^2 \qquad j, k = 1 \ldots p$$

  Notons que l'influence des lignes i sur la distance entre les colonnes est pondérée par le facteur $1/f_{i.}$.

  Remarque : cette distance du χ^2 pondérée a la propriété de vérifier le principe de l'équivalence distributionnelle. Selon ce principe si deux points-lignes i et l sont confondus dans R^p et si on les considère comme un seul point I de R^p affecté de la somme des poids de i et de l alors les distances entre tous les couples de points de R^p et de R^n restent inchangés. Ceci est aussi valable par symétrie pour deux points-colonnes. Concrètement cela signifie que si deux profil-lignes ou deux profil-colonnes sont quasiment identiques (ou respectivement deux colonnes ou deux lignes sont quasiment proportionnelles) les remplacer par leur somme ne modifie presque pas les résultats de l'analyse factorielle des correspondances. Ceci présente l'intérêt de pouvoir regrouper des lignes ou des colonnes quasiment identiques et donc de diminuer les dimensions des espaces étudiés.

4.3. L'ajustement des deux nuages

4.3.1. Ajustement du nuage des n lignes dans l'espace R^p des colonnes

Nous allons maintenant entrer dans le vif du sujet qui est d'adapter notre étude à l'étude générale qui devra nous conduire à diagonaliser une matrice.

Comme nous l'avons remarqué il y a une parfaite symétrie entre l'étude des n lignes i et des p colonnes j. Nous allons donc regarder les principales étapes, qui aboutiront à la diagonalisation, de l'analyse des n lignes i dans l'espace des p colonnes j. L'analyse de l'autre nuage se fera par symétrie.

Dans la distance du χ^2 entre deux points-lignes i et l : $d^2_{\chi^2}(i,l) = \sum_{j=1}^{p} \frac{1}{f_{.j}} \left(\frac{f_{ij}}{f_{i.}} - \frac{f_{lj}}{f_{l.}}\right)^2$

apparaît le terme $1/f_{.j}$, la présence de ce terme montre que cette distance n'est pas une somme de carrés. La méthode générale ne peut dès lors être employée car elle consistait à maximiser une somme de carrés de projections. Nous devons donc modifier soit cette distance, soit les coordonnées des points-lignes i.

Le point i (profil-ligne i) a pour coordonnée $f_{ij}/f_{i.}$ sur l'axe j, en divisant cette coordonnée par $\sqrt{f_{.j}}$, cette coordonnée devient $\frac{f_{ij}}{f_{i.}\sqrt{f_{.j}}}$, calculons alors la distance euclidienne entre deux points i et l avec ces nouvelles coordonnées :

$$d^2(i,l) = \sum_{j=1}^{p} \left(\frac{f_{ij}}{f_{i.}\sqrt{f_{.j}}} - \frac{f_{lj}}{f_{l.}\sqrt{f_{.j}}}\right)^2 = \sum_{j=1}^{p} \frac{1}{f_{.j}} \left(\frac{f_{ij}}{f_{i.}} - \frac{f_{lj}}{f_{l.}}\right)^2 = d^2_{\chi^2}(i,l)$$

Ainsi le changement d'échelle des axes j de $\mathbf{R}^p$ nous permet de nous ramener à une distance euclidienne qui correspond à la distance du χ^2 entre deux points-lignes. Nous sommes donc ramenés à une analyse simple que nous avons vue dans le cadre de l'analyse générale adaptée à l'analyse en composantes principales.

La démarche étudiée dans l'analyse générale nous a conduit à chercher un axe F_1, passant par l'origine O. Il semble plus intéressant de chercher un axe H_1 qui passe par le centre de gravité du nuage, c'est-à-dire ici le barycentre G des n points i, munis des poids $f_{i.}$ qui a comme nouvelle coordonnée sur l'axe j la racine carrée de la fréquence marginale $f_{.j}$ en effet :

$$\frac{f_{.j}}{\sqrt{f_{.j}}} = \sqrt{f_{.j}}$$

puisque seule la forme du nuage nous intéresse et non sa position relative par rapport à l'origine.

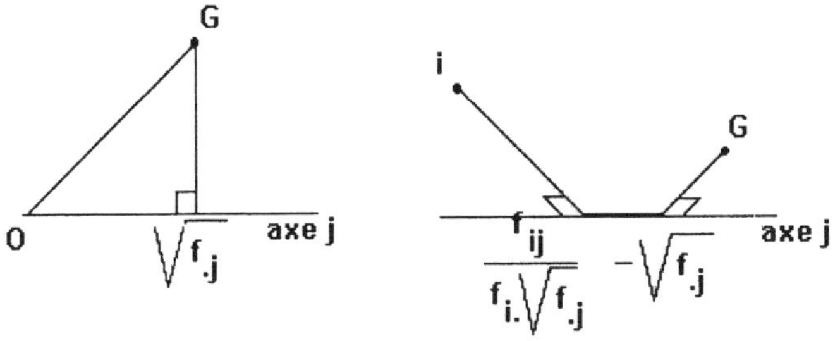

Figure 4.3-1 : Les coordonnées des point- lignes i en prenant comme origine le barycentre G.

Ainsi nous allons prendre comme nouvelle origine le barycentre G, avec cette nouvelle origine le point i (profil-ligne i) a pour coordonnée sur l'axe j la quantité :

$$\frac{f_{ij}}{f_{i.}\sqrt{f_{.j}}} - \sqrt{f_{.j}}$$

La méthode est dès lors toujours la même : chercher un axe u de $\mathbf{R}^p$, de vecteur unitaire $(u_1, u_2, \ldots, u_p)'$ tel que la somme des carrés des projections pondérées par les masses sur cet axe soit maximum. Notons $\hat{\psi}_i$ la projection du point i (avec ses nouvelles coordonnées par rapport à G) sur l'axe u :

$$\hat{\psi}_i = \sum_{j=1}^{p} \left(\frac{f_{ij}}{f_{i.}\sqrt{f_{.j}}} - \sqrt{f_{.j}} \right) u_j$$

Comme le point i est affecté du poids $f_{i.}$ la quantité à rendre maximale sera :

$$\sum_{i=1}^{n} f_{i.} \hat{\psi}_i^2$$

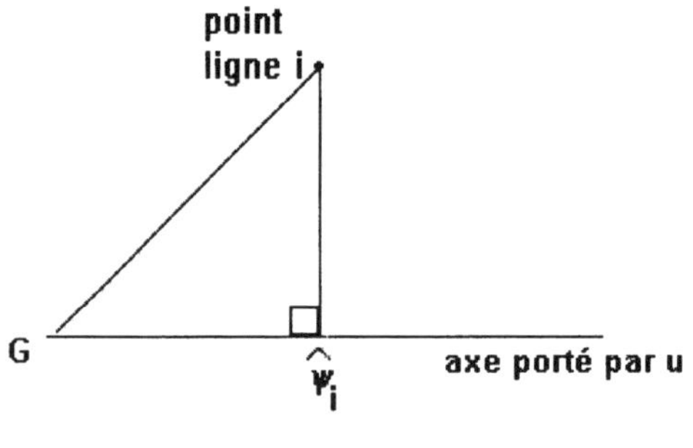

Figure 4.3-2 : La coordonnée du point-ligne i sur l'axe factoriel u.

D'après l'étude de l'analyse en composantes principales, le centrage, en nous plaçant au barycentre G, nous conduit à diagonaliser la matrice T (qui correspond à la matrice des variances-covariances expérimentales de l'ACP) de terme général t_{jk} :

$$t_{jk} = \sum_{i=1}^{n} f_{i.}\left(\frac{f_{ij}}{f_{i.}\sqrt{f_{.j}}} - \sqrt{f_{.j}}\right)\left(\frac{f_{ik}}{f_{i.}\sqrt{f_{.k}}} - \sqrt{f_{.k}}\right) \text{ qui se met sous la forme}$$

$$t_{jk} = \sum_{i=1}^{n}\left(\frac{f_{ij} - f_{i.}f_{.j}}{\sqrt{f_{i.}f_{.j}}}\right)\left(\frac{f_{ik} - f_{i.}f_{.k}}{\sqrt{f_{i.}f_{.k}}}\right)$$

En posant $X = (x_{ij})$ $i = 1\ldots n$, $j = 1\ldots p$, on peut écrire T sous une forme plus simple :

$$T = X'X \quad \text{avec } x_{ij} = \frac{f_{ij} - f_{i.}f_{.j}}{\sqrt{f_{i.}f_{.j}}}$$

On peut remarquer que le vecteur $u_p = (\sqrt{f_{.1}}, \ldots, \sqrt{f_{.j}}, \ldots, \sqrt{f_{.p}})'$ est vecteur propre de T relativement à la valeur propre 0, valeur propre triviale.

Comme tous les vecteurs propres d'une matrice symétrique (ce qui est le cas de T = X'X) sont orthogonaux deux à deux, tout vecteur propre u_α de T différent de u_p sera aussi vecteur propre de T^* relativement à la même valeur propre où :

$$T^* = X^{*'}X^* \quad \text{avec } x^*_{ij} = \frac{f_{ij}}{\sqrt{f_{i.}f_{.j}}}$$

Il suffit alors de rechercher les valeurs propres et les vecteurs propres à partir de la matrice T^*. Le vecteur propre u_p est le vecteur propre de T^* correspondant à la valeur propre triviale 1 et non 0 qui correspond à la valeur propre triviale de T (nous le montrerons par calcul sur les données de l'exemple 1). On peut d'ailleurs montrer que toutes les valeurs propres de T et T^* sont inférieures ou égales à 1.

Ainsi, en prenant soin d'écarter cette valeur propre triviale 1 de T^*, l'analyse factorielle des correspondances se fera sur le recherche des valeurs propres et des vecteurs propres de la matrice $T^* = X^{*\prime}X^*$ qui aura donc p-1 valeurs propres non triviales.

La projection $\hat{\psi}_{\alpha i}$ du point i sur l'axe α porté par u_α, vecteur propre de coordonnées $(u_{\alpha 1},\ldots, u_{\alpha j},\ldots, u_{\alpha p})'$ correspondant à la valeur propre λ_α de T^*, est

$$\hat{\psi}_{\alpha i} = \sum_{j=1}^{p} \left(\frac{f_{ij}}{f_{i.}\sqrt{f_{.j}}} - \sqrt{f_{.j}}\right)u_{\alpha j}$$

Comme u_α et $u_p = (\sqrt{f_{.1}},\ldots,\sqrt{f_{.j}},\ldots,\sqrt{f_{.p}})'$ sont orthogonaux , pour $\alpha \neq p$ cette expression se simplifie et devient :

$$\hat{\psi}_{\alpha i} = \sum_{j=1}^{p} \left(\frac{f_{ij}}{f_{i.}\sqrt{f_{.j}}}\right)u_{\alpha j}$$

En conclusion, l'analyse du nuage des n points-lignes dans $\mathbf{R}^p$ nous a conduit à effectuer :

- une translation de l'origine au barycentre G du nuage ;
- un changement d'échelles, en divisant le profil-ligne i, pour que la distance du χ^2 devienne la distance euclidienne classique.

La théorie générale nous conduit à chercher les vecteurs propres u_α de $T^* = X^{*\prime}X^*$ où :

$$x^*_{ij} = \frac{f_{ij}}{\sqrt{f_{i.}f_{.j}}}.$$

Les coordonnées des points-lignes i sur l'axe α (axe factoriel α) porté par le vecteur propre u_α seront données par :

$$\hat{\psi}_{\alpha i} = \sum_{j=1}^{p} \left(\frac{f_{ij}}{f_{i.}\sqrt{f_{.j}}}\right)u_{\alpha j}.$$

Remarque : montrons sur les données de l'exemple 1 que le vecteur propre u_p est le vecteur propre de T^* correspondant à la valeur propre triviale 1 et non 0 qui correspond à la valeur propre triviale de T.

- Calcul des valeurs propres de la matrice T = X'X : à partir des données de la matrice F des fréquences de l'exemple 1 on obtient la matrice X :

X =

x_{ij}	chant	jazz
J	0,0079	-0,0099
AF	0,0477	-0,0599
AM	-0,0651	0,0818
V	0,0303	-0,0380

$$\text{Par exemple } x_{12} = \frac{f_{12} - f_{1.}f_{.2}}{\sqrt{f_{1.}f_{.2}}} = \frac{0{,}0626 - 0{,}1679.0{,}3878}{\sqrt{0{,}1679.0{,}3878}} = -0{,}0099$$

(attention, ces calculs sont très sensibles au nombre de décimales choisi). En multipliant à gauche de X par la matrice transposée X' on obtient la matrice T (2x2) :

T = X'X =

X' (2x4)

0,0079	0,0477	-0,0651	0,0303
-0,0099	-0,0599	0,0818	-0,0380

X (4x2)

0,0079	-0,0099
0,0477	-0,0599
-0,0651	0,0818
0,0303	-0,0380

d'où

T = X'X =

X'X (2x2)	chant	jazz
chant	0,0075	-0,0094
jazz	-0,0094	0,0118

Par exemple t_{12} = 0,0079.(–0,0099)+0,0477.(–0,0599)+(–0,0651).0,0818+0,0303.(–0,038) = –0,0094

Calculons les valeurs propres de T = X'X. Les valeurs propres de cette matrice vérifient l'équation du second degré :

$$P(\lambda) = \text{Dét}\,(\,T - \lambda I) = \begin{vmatrix} 0{,}0075 - \lambda & -0{,}0094 \\ -0{,}0094 & 0{,}0118 - \lambda \end{vmatrix} = \lambda^2 - \lambda.\text{trace}(T) + \text{Dét}\,(T)$$

$$= \lambda^2 - \lambda.(0{,}0193) + 0$$

$$= \lambda^2 - 0{,}0193\,\lambda$$

Cette équation admet donc les deux racines réelles $\lambda_1 = 0{,}0193$ et $\lambda_2 = 0$. La valeur propre triviale de T est bien 0.

Reprenons ces calculs pour la matrice T^* :

- Calcul des valeurs propres de la matrice $T^* = X^{*\prime}X^*$: à partir des données de la matrice F des fréquences de l'exemple 1 on obtient la matrice X^* :

$X^* =$

x^*_{ij}	chant	jazz
J	0,3285	0,2453
AF	0,5368	0,3294
AM	0,4192	0,4673
V	0,2187	0,1120

$$\text{Par exemple } x^*_{12} = \frac{f_{12}}{\sqrt{f_{1.}f_{.2}}} = \frac{0{,}0626}{\sqrt{0{,}1679.0{,}3878}} = 0{,}2453$$

(attention, ces calculs sont très sensibles au nombre de décimales choisi). En multipliant à gauche de X par la matrice transposée $X^{*\prime}$ on obtient la matrice T 2x2 :

X^* (4x2)

0,3285	0,2453
0,5368	0,3294
0,4192	0,4673
0,2187	0,1120

$T^* = X^{*\prime}X^*$ — $X^{*\prime}$ (2x4)

0,3285	0,5368	0,4192	0,2187
0,2453	0,3294	0,4673	0,1120

D'où

$T^* = X^{*\prime}X^*$

$X^{*\prime}X^*$ (2x2)	chant	jazz
chant	0,6197	0,4778
jazz	0,4778	0,3996

Calculons les valeurs propres de $T^* = X^{*\prime}X^*$: les valeurs propres de cette matrice vérifient l'équation du second degré :

$$P(\lambda) = \text{Dét}\,(T^* - \lambda I) = \begin{vmatrix} 0{,}6197 - \lambda & 0{,}4778 \\ 0{,}4778 & 0{,}3996 - \lambda \end{vmatrix} = \lambda^2 - \lambda.\text{trace}(T^*) + \text{Dét}\,(T^*)$$

$$= \lambda^2 - \lambda.(1{,}01932) + 0{,}01932$$

$$= \lambda^2 - 1{,}01932\,\lambda + 0{,}01932$$

Cette équation admet les deux racines réelles $\lambda_1 = 1$ la valeur propre triviale et $\lambda_2 = 0{,}01932$. La valeur propre triviale de T^* est bien 1.

Ces calculs vérifient donc nos assertions.

Vous pouvez retrouver sur les feuilles `X`, `Y` (nous notons sur le classeur AFC par `Y` la matrice X* précédente), `Y'Y` et `val_pr` les calculs précédents effectués automatiquement à partir des données de l'exemple 1 dans le classeur AFC. Ces feuilles sont atteintes en effectuant

Navig / X ou **Y** ou **Y'Y** ou **val_pr**

Donnons par exemple la copie d'écran des feuilles `Y'Y` et `val_pr`..

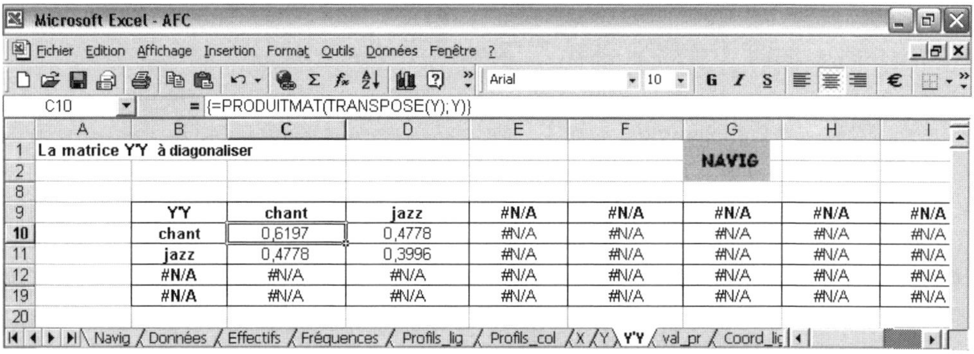

Microsoft Excel - AFC

Fichier Edition Affichage Insertion Format Outils Données Fenêtre ?

C10 = {=PRODUITMAT(TRANSPOSE(Y);Y)}

La matrice Y'Y à diagonaliser

NAVIG

Y'Y	chant	jazz	#N/A	#N/A	#N/A	#N/A	#N/A
chant	0,6197	0,4778	#N/A	#N/A	#N/A	#N/A	#N/A
jazz	0,4778	0,3996	#N/A	#N/A	#N/A	#N/A	#N/A
#N/A	#N/A	#N/A	#N/A	#N/A	#N/A	#N/A	#N/A
#N/A	#N/A	#N/A	#N/A	#N/A	#N/A	#N/A	#N/A

Navig / Données / Effectifs / Fréquences / Profils_lig / Profils_col / X / Y / Y'Y / val_pr / Coord_lig

Figure 4.3-3 : La feuille Y'Y du classeur AFC (Ex_1).

Vous remarquerez à l'écran que la même valeur propre 0,0193, qui apparaît sur la copie d'écran ci-contre, la seule retenue, est répétée. Ceci provient du fait qu'il s'agit d'une formule matricielle qui ne contient qu'une coordonnée et Excel la recopie. Les résultats restent évidemment toujours valables.

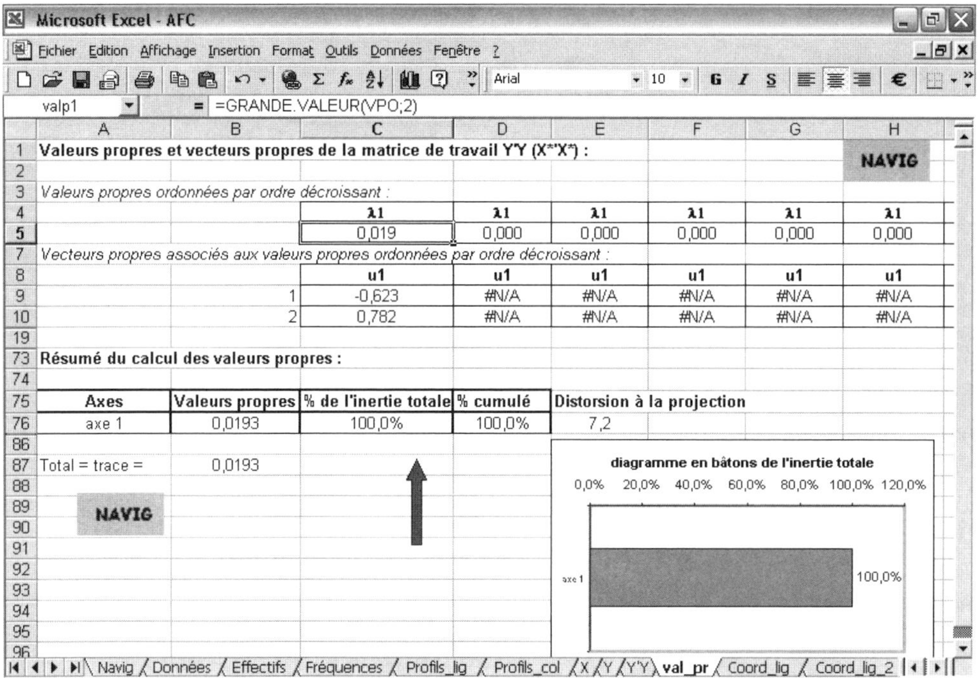

Figure 4.3-4 : La feuille val_pr du classeur AFC (Ex_1).

4.3.2. Ajustement du nuage des p colonnes dans l'espace R^n des lignes

Du fait de la symétrie parfaite du rôle joué par les colonnes et par les lignes nous allons reprendre par analogie les résultats précédents, en échangeant le rôle des indices i et j, pour ajuster le nuage des colonnes dans l'espace des lignes.

Les coordonnées du point j (profil-colonne j) seront les quantités :

$$\frac{f_{ij}}{f_{.j}\sqrt{f_{i.}}} \text{ affectées du poids } f_{.j} \ .$$

La i-ième coordonnée du barycentre H du nuage des p points-colonnes est $\sqrt{f_{i.}}$.

La matrice W à diagonaliser a comme terme général w_{il} :

$$w_{il} = \sum_{j=1}^{p} f_{.j}\left(\frac{f_{ij}}{f_{.j}\sqrt{f_{i.}}} - \sqrt{f_{i.}}\right)\left(\frac{f_{lj}}{f_{.j}\sqrt{f_{l.}}} - \sqrt{f_{l.}}\right) \text{ qui se met sous la forme}$$

$$w_{il} = \sum_{j=1}^{p} \left(\frac{f_{ij} - f_{i.}f_{.j}}{\sqrt{f_{i.}f_{.j}}}\right)\left(\frac{f_{lj} - f_{l.}f_{.j}}{\sqrt{f_{l.}f_{.j}}}\right)$$

En posant X = (x_{ij}) i = 1…n, j = 1…p, on peut écrire W sous une forme plus simple :

$$W = XX' \quad \text{avec } x_{ij} = \frac{f_{ij} - f_{i.}f_{.j}}{\sqrt{f_{i.}f_{.j}}} \quad .$$

Comme précédemment le vecteur $v_p = (\sqrt{f_{1.}}, \ldots, \sqrt{f_{i.}}, \ldots, \sqrt{f_{n.}})'$ est vecteur propre de W relativement à la valeur propre 0, valeur propre triviale.

Tout vecteur propre v_α de W différent de v_p sera aussi vecteur propre de W^* relativement à la même valeur propre où :

$$W^* = X^*X^{*'} \text{ avec } x^*_{ij} = \frac{f_{ij}}{\sqrt{f_{i.}f_{.j}}}$$

Il suffit alors de rechercher les valeurs propres et les vecteurs propres à partir de la matrice W^*.

Pour le vecteur propre v_α de coordonnées $(v_{\alpha 1}, \ldots, v_{\alpha i}, \ldots, v_{\alpha n})'$ correspondant à la valeur propre μ_α de W^*, $\hat{\varphi}_{\alpha j}$ est la projection du point j sur l'axe α porté par v_α avec :

$$\hat{\varphi}_{\alpha j} = \sum_{i=1}^{n} \left(\frac{f_{ij}}{f_{.j}\sqrt{f_{i.}}}\right) v_{\alpha i} \quad .$$

4.3.3. Relations entre les deux espaces R^n et R^p

L'analyse générale (paragraphes 2.4 et 2.5) nous a montré que les matrices $T^* = X^{*'}X^*$ et $W^* = X^*X^{*'}$ ont les mêmes valeurs propres non nulles λ_α et qu'entre les vecteurs propres unitaires u_α et v_α correspondants à la même valeur propre λ_α on avait :

dans $\mathbf{R}^p$: $u_\alpha = X^{*'} v_\alpha / \sqrt{\lambda_\alpha}$ et dans $\mathbf{R}^n$: $v_\alpha = X^* u_\alpha / \sqrt{\lambda_\alpha}$ avec $x^*_{ij} = \dfrac{f_{ij}}{\sqrt{f_{i.}f_{.j}}}$.

En utilisant les résultats précédents on obtient les relations fondamentales existant entre les coordonnées des points-lignes et celles des points-colonnes :

- La coordonnée d'un point-ligne sur l'axe α en fonction des coordonnées des points-colonnes sur cet axe (c'est-à-dire $\hat{\psi}_{\alpha i}$ en fonction des $\hat{\varphi}_{\alpha j}$) :

$$\hat{\psi}_{\alpha i} = \sum_{j=1}^{p} \left(\frac{f_{ij}}{f_{i.}\sqrt{f_{.j}}}\right) u_{\alpha j} \text{, or } u_{\alpha j} = (X^{*\prime} v_\alpha)_j / \sqrt{\lambda_\alpha} = \sum_{i=1}^{n} x^*_{ij} v_{\alpha i} / \sqrt{\lambda_\alpha} = \sum_{i=1}^{n} \frac{f_{ij}}{\sqrt{f_{i.} f_{.j}}} v_{\alpha i} / \sqrt{\lambda_\alpha}$$

$$\text{donc } u_{\alpha j} = \sqrt{f_{.j}} \sum_{i=1}^{n} \frac{f_{ij}}{f_{.j}\sqrt{f_{i.}}} v_{\alpha i} / \sqrt{\lambda_\alpha} = \sqrt{f_{.j}}\, \hat{\varphi}_{\alpha j} / \sqrt{\lambda_\alpha}$$

$$\text{d'où } \hat{\psi}_{\alpha i} = \sum_{j=1}^{p} \left(\frac{f_{ij}}{f_{i.}\sqrt{f_{.j}}}\right) \sqrt{f_{.j}}\, \hat{\varphi}_{\alpha j} / \sqrt{\lambda_\alpha}$$

$$\text{soit } \hat{\psi}_{\alpha i} = \frac{1}{\sqrt{\lambda_\alpha}} \sum_{j=1}^{p} \left(\frac{f_{ij}}{f_{i.}}\right) \hat{\varphi}_{\alpha j}$$

C'est-à-dire que la coordonnée d'un point-ligne sur un axe factoriel s'exprime comme le barycentre des coordonnées des points-colonnes sur cet axe affectés des poids des profils-lignes au facteur de proportionnalité $1/\sqrt{\lambda_\alpha}$ près.

Remarque : au cours de ces calculs nous avons montré que :

$$u_{\alpha j} = \sqrt{f_{.j}}\, \hat{\varphi}_{\alpha j} / \sqrt{\lambda_\alpha} \text{ ou } \sqrt{\lambda_\alpha}\, u_{\alpha j} = \sqrt{f_{.j}}\, \hat{\varphi}_{\alpha j} \text{ soit encore } \hat{\varphi}_{\alpha j} = \sqrt{\lambda_\alpha}\, u_{\alpha j} / \sqrt{f_{.j}} \quad .$$

Cette formule donne la coordonnée du point-colonne j sur l'axe α, elle est particulièrement utile puisqu'elle ne nécessite que la connaissance de la valeur propre et du vecteur propre de l'axe α et ne fait pas intervenir de sommations.

- La coordonnée d'un point-colonne sur l'axe α en fonction des coordonnées des points-lignes sur cet axe : exprimons $\hat{\varphi}_{\alpha j}$ en fonction des $\hat{\psi}_{\alpha i}$, du fait de la symétrie de cette étude on peut donner directement la formule

$$\hat{\varphi}_{\alpha j} = \frac{1}{\sqrt{\lambda_\alpha}} \sum_{i=1}^{n} \left(\frac{f_{ij}}{f_{.j}}\right) \hat{\psi}_{\alpha i} \quad .$$

Remarque : comme précédemment nous pouvons exprimer la coordonnée du point-ligne i sur l'axe α, formule particulièrement utile car elle ne nécessite que la connaissance de la valeur propre et du vecteur propre de l'axe α et ne fait pas intervenir de sommations.

$$\hat{\psi}_{\alpha i} = \sqrt{\lambda_\alpha}\ v_{\alpha i} / \sqrt{f_{i.}} \quad .$$

L'avantage de ces relations est de pouvoir calculer les coordonnées des points-lignes connaissant celles des points-colonnes, et réciproquement, ce qui ne nécessite que la connaissance des vecteurs propres de $T^* = X^{*\prime} X^*$ ou $W^* = X^* X^{*\prime}$. On choisira bien sûr la matrice carrée de plus petite dimension, dimension qui correspond généralement au choix des colonnes du tableau K. Avant d'effectuer des calculs sur les exemples 1 et 2, nous allons donner un tableau résumé des différentes formules que nous avons obtenues dans cette étude de l'analyse factorielle des correspondances.

4.3.4. Tableau résumé des différentes formules de l'AFC

Analyse factorielle des correspondances		
n lignes i = 1...n	Tableau des effectifs K $\begin{bmatrix} k_{11} & \dots & k_{1j} & \dots & k_{1p} \\ \dots & & & & \\ k_{i1} & & k_{ij} & & k_{ip} \\ \dots & & & & \\ k_{n1} & & k_{nj} & & k_{np} \end{bmatrix}$	p colonnes j = 1...p
Tableau des profils-lignes PFL : Ligne i : $f_{ij} / f_{i.}$ j = 1...p	Tableau des fréquences F : $f_{ij} = k_{ij} / N$, $N = \sum_{i=1}^{n} \sum_{j=1}^{p} k_{ij}$	Tableau des profils-colonnes PFC : Colonne j : $f_{ij} / f_{.j}$ i = 1...n
i dans R^p $\dfrac{f_{ij}}{f_{i.}\sqrt{f_{.j}}}$ affectées du poids $f_{i.}$	Coordonnée du point	j dans R^n $\dfrac{f_{ij}}{f_{.j}\sqrt{f_{i.}}}$ affectées du poids $f_{.j}$
La matrice à diagonaliser a pour terme général : t^*_{jk} de $T^* = X^{*\prime} X^*$	avec $x^*_{ij} = \dfrac{f_{ij}}{\sqrt{f_{i.} f_{.j}}}$	w^*_{il} de $W^* = X^* X^{*\prime}$
qui conduit à (p-1) valeurs propres non triviales : à la valeur propre λ_α correspond le vecteur propre u_α de T^* et v_α de W^* sur l'axe α.		

du point-ligne i	Les coordonnées des points sur l'axe α :	du point-colonne j
1. $\hat{\psi}_{\alpha i} = \sum_{j=1}^{p} (\frac{f_{ij}}{f_{i.}\sqrt{f_{.j}}}) u_{\alpha j}$	(par sommation)	1. $\hat{\varphi}_{\alpha j} = \sum_{i=1}^{n} (\frac{f_{ij}}{f_{.j}\sqrt{f_{i.}}}) v_{\alpha i}$
2. $\hat{\psi}_{\alpha i} = \sqrt{\lambda_\alpha}\ v_{\alpha i} / \sqrt{f_{i.}}$	(sans sommation)	2. $\hat{\varphi}_{\alpha j} = \sqrt{\lambda_\alpha}\ u_{\alpha j} / \sqrt{f_{.j}}$
3. $\hat{\psi}_{\alpha i} = \frac{1}{\sqrt{\lambda_\alpha}} \sum_{j=1}^{p} (\frac{f_{ij}}{f_{i.}})\ \hat{\varphi}_{\alpha j}$	(l'une en fonction des autres)	3. $\hat{\varphi}_{\alpha j} = \frac{1}{\sqrt{\lambda_\alpha}} \sum_{i=1}^{n} (\frac{f_{ij}}{f_{.j}})\ \hat{\psi}_{\alpha i}$

Tableau 4.3-1 :Tableau résumé des principales formules de l'AFC.

4.3.5. Calculs sur les exemples 1 et 2

Dans ce paragraphe nous allons effectuer les calculs de la recherche des valeurs propres, des vecteurs propres, des coordonnées des points-lignes et des points-colonnes dans l'espace des vecteurs propres. Nous donnerons aussi la représentation graphique de ces lignes et de ces colonnes sur cet espace. Nous prenons la matrice K de l'exemple 1 déjà utilisé (paragraphe 4.1.1 et la feuille `Effectifs` du classeurs AFC pour cet exemple). Ce tableau de 4 lignes a seulement deux colonnes pour l'exemple 1 et conduira à des calculs illustratifs très simples. Pour cet exemple nous ferons d'abord les calculs à la main, puis à l'aide du classeur AFC. Nous dirons aussi quelques mots sur les calculs du classeur AFC pour l'exemple 2, calculs aussi très simples.

A. Exemple 1 : la matrice K est 4x2

a. Calculs à la main :

Nous allons d'abord calculer à la main les valeurs propres et les vecteurs propres correspondant aux données de la matrice K de la feuille `Données` du classeur AFC pour l'exemple 1. Si cet exemple n'est pas chargé effectuez

Navig / Exemples / Ex_1

– **les valeurs propres** : le calcul des valeurs propres de la matrice T^*, matrice 2x2 a été effectué dans la remarque du paragraphe 4.3.1. Rappelons les résultats : nous avons trouvé deux valeurs propres, la valeur propre triviale $\lambda_1 = 1$ et la seconde valeur propre $\lambda_2 = 0{,}01932$. Seule la seconde valeur propre nous intéressera pour la recherche du vecteur propre, nous changerons donc la notation de cette valeur et l'appellerons désormais λ_1, donc dans la suite la valeur propre retenue de l'exemple 1 est $\lambda_1 = 0{,}01932$. Il en sera de même dans nos études suivantes : la numérotation des valeurs propres commencera à la plus grande valeur propre exceptée la valeur propre triviale, c'est-à-dire qu'elles seront < 1.

– **les vecteurs propres** : il n'y a dans cet exemple 1 qu'un seul vecteur propre u_1 à chercher. Le vecteur propre u_1 associé à la valeur propre λ_1 vérifie :

$$(T^* - \lambda_1 I).u_1 = \begin{bmatrix} 0{,}6197 - 0{,}01932 & -0{,}4778 \\ -0{,}4778 & 0{,}3996 - 0{,}01932 \end{bmatrix} \begin{bmatrix} x_1 \\ x_2 \end{bmatrix} = \begin{bmatrix} 0{,}6004 & 0{,}4778 \\ 0{,}4778 & 0{,}3803 \end{bmatrix} \begin{bmatrix} x_1 \\ x_2 \end{bmatrix} = \begin{bmatrix} 0 \\ 0 \end{bmatrix}$$

ce qui nous conduit à résoudre le système :

$0{,}6004\ x_1 + 0{,}4778\ x_2 = 0$ (éq.1)

$0{,}4478\ x_1 + 0{,}3803\ x_2 = 0$ (éq.2)

comme l'équation (2) est proportionnelle à l'équation (1) on aura $1{,}257\ x_1 + x_2 = 0$, c'est–à–dire $u_1 = (x_1, -1{,}257x_1)'$. Il reste à normer ce vecteur à 1 :

$\| u_1 \|^2 = 1 = (x_1^2 + (-1{,}257x_1)^2) = 2{,}58\ x_1^2$, on en déduit que $x_1 = 1/\sqrt{2{,}58}$.

Ainsi $u_1 = (0{,}623, -0{,}782)'$. Remarquons que ce vecteur est défini à une orientation des axes près, ce sera toujours le cas des vecteurs propres.

– **les coordonnées des points-lignes sur l'axe propre u_1** : pour obtenir les coordonnées des points-lignes dans l'espace des vecteurs propres de base $\{u_1\}$qui est aussi appelé l'axe factoriel F_1 nous calculerons les coordonnées $\hat{\psi}_{1i}$ $i = 1 \ldots n$ sur cet axe en utilisant la formule 1 du tableau résumé, en effet à ce stade nous ne connaissons que le vecteur propre u_1, nous verrons plus loin le calcul en utilisant la formule 3 du tableau quand nous aurons calculé les coordonnées des points-colonnes : $\hat{\psi}_{1i} = \sum_{j=1}^{2} (\frac{f_{ij}}{f_{i.}\sqrt{f_{.j}}}) u_{1j}$. Présentons les calculs dans les deux tableaux suivants. Calculons auparavant la matrice 4x2 donnant les valeurs $\frac{f_{ij}}{f_{i.}\sqrt{f_{.j}}}$:

$\frac{f_{ij}}{f_{i.}\sqrt{f_{.j}}}$	chant	jazz
J	0,80169	0,59854
AF	0,85869	0,52692
AM	0,67721	0,75494
V	0,90809	0,46485

Tableau 4.3-2 : Tableau de calcul des $\frac{f_{ij}}{f_{i.}\sqrt{f_{.j}}}$ *de l'exemple 1.*

D'où les valeurs des $\hat{\psi}_{1i}$:

$$\frac{f_{ij}}{f_{i.}\sqrt{f_{.j}}} \qquad\qquad \hat{\psi}_{1i}$$

(4,2)			(2,1)		(4,1)
0,8017	0,5985				0,031
0,8587	0,5269		0,623		0,122
0,6772	0,7549	x	-0,782	=	-0,169
0,9081	0,4649				0,202

Tableau 4.3-3 : Tableau des coordonnées des points-lignes sur l'axe u_1 (colonne de droite).

– les coordonnées des points-colonnes sur l'axe propre v_1. Pour obtenir les coordonnées des points-colonnes dans l'espace des vecteurs propres de base $\{v_1\}$qui est aussi appelé l'axe factoriel G_1, nous calculerons les coordonnées $\hat{\psi}_{1i}$ i = 1…n sur cet axe en utilisant soit la formule 2 du tableau résumé (en effet à ce stade nous ne connaissons que le vecteur propre u_1) soit la formule 3 du tableau car nous connaissons les coordonnées des points-lignes :

- par la formule 2 : $\hat{\varphi}_{1j} = \sqrt{\lambda_1}\ u_{1j} / \sqrt{f_{.j}}$

présentons les calculs dans une tableau :

λ_1	u_{1j}	$f_{.j}$	$\sqrt{\lambda_1}$	$u_{1j}/\sqrt{f_{.j}}$		$\hat{\varphi}_{1j}$
0,0193	0,623	0,612	0,139	0,796	=	0,111
	-0,782	0,388		-1,255		-0,175

Tableau 4.3-4 : Tableau de calcul des coordonnées des points-colonnes par la formule 2 du tableau résumé.

- par la formule 3 : $\hat{\varphi}_{1j} = \dfrac{1}{\sqrt{\lambda_1}} \sum_{i=1}^{4} \left(\dfrac{f_{ij}}{f_{.j}}\right) \quad \hat{\psi}_{1i}$

présentons les calculs dans un tableau :

$\frac{f_{i1}}{f_{.1}}$	$\frac{f_{i2}}{f_{.2}}$	$\hat{\psi}_{1i}$	$\frac{f_{i1}}{f_{.1}}\ \hat{\psi}_{1i}$	$\frac{f_{i2}}{f_{.2}}\ \hat{\psi}_{1i}$
0,172	0,161	0,031	0,005	0,005
0,429	0,331	0,122	0,053	0,040
0,332	0,465	-0,169	-0,056	-0,079
0,067	0,043	0,202	0,014	0,009
		Total :	0,015	-0,024

Tableau 4.3-5 : Tableau pour le calcul des coordonnées des points-colonnes par la formule 3 du tableau résumé.

Comme $1/\sqrt{\lambda_1} = 1/\sqrt{0,0193} = 7,194$ on en déduit : $\hat{\varphi}_{11} = 7,194 \text{ x } 0,015 = 0,110$ et $\hat{\varphi}_{12} = 7,194 \text{ x } (-0,024) = -0,173$.

Les résultats légèrement différents de ceux obtenus précédemment proviennent des approximations effectuées.

Remarque : comme nous connaissons maintenant les coordonnées des points-colonnes nous pouvons les utiliser pour calculer les coordonnées des points-lignes par la formule 3 :

$$\text{soit } \hat{\psi}_{1i} = \frac{1}{\sqrt{\lambda_1}} \sum_{j=1}^{2} \left(\frac{f_{ij}}{f_{i.}}\right) \ \hat{\varphi}_{1j}$$

présentons les calculs dans un tableau :

$\frac{f_{i1}}{f_{i.}}$	$\frac{f_{i2}}{f_{i.}}$	$\hat{\varphi}_{11}$	$\hat{\varphi}_{12}$
0,627	0,373	0,110	-0,173
0,672	0,328		
0,53	0,47		
0,711	0,289		

$\frac{f_{i1}}{f_{i.}}\ \hat{\varphi}_{11}$	$\frac{f_{i2}}{f_{i.}}\ \hat{\varphi}_{12}$	Total :	$\hat{\psi}_{1i}$
0,0690	-0,0645	0,0044	0,032
0,0739	-0,0567	0,0172	0,124
0,0583	-0,0813	-0,0230	-0,166
0,0782	-0,0499	0,0282	0,203

Tableau 4.3-6 : Tableau pour le calcul des coordonnées des points-lignes par la formule 3 du tableau résumé.

Par exemple avec $1/\sqrt{\lambda_1} = 1/\sqrt{0{,}0193} = 7{,}194$ on en déduit :

$\hat{\psi}_{11} = 7{,}194 \times (0{,}0044) = 0{,}032$

Les résultats légèrement différents de ceux obtenus précédemment proviennent des approximations effectuées.

b. Calculs par le classeur AFC

Le classeur AFC, effectue automatiquement les calculs de l'exemple 1 dès que la matrice K des effectifs est fournie. Comme à notre habitude cet exemple sera reproductible avec d'autres données, vous pourrez fournir jusqu'à 100 lignes et 10 colonnes. Regardons les feuilles de ce classeur et leur structure, qui seront en quelque sorte les feuilles modèles du classeur général AFC.

⇒ Navig / Données

– **la feuille Données** : quand vous avez chargé l'exemple 1 cette feuille s'est remplie automatiquement. Nous allons néanmoins la décrire dans le cas où vous l'utiliseriez sans cette procédure. Le tableau des effectifs K (noté `K`) est entré dans le bloc `C16:L115` (en fait ici seules les quatre premières lignes sont remplies). Le libellé des colonnes est fourni dans le bloc `C15:D15` : `chant` et `jazz`, mais, de façon générale `C1`, `C2`,…,`C10` (`C` comme colonne) dans le bloc `C15:D15` ; celui des lignes est donné dans le bloc `B16:B19` : `J`, `AF`, `AM` et `V`, mais, de façon générale `L1`, `L2`,…,`L100` (`L` comme ligne) dans le bloc `B16:B115` . En `D3` vous indiquez le nombre de lignes actives du tableau, ici `4` et en `D4` le nombre de colonnes actives, ici `2` (soit en tapant les valeurs, soit en utilisant les toupies). Les cellules de K et les libellés sont déprotégées et apparaissent comme à l'accoutumée en jaune clair. Remarquez que les cellules orangées (déprotégées) nous serviront à donner des éléments supplémentaires : les cinq colonnes supplémentaires (bloc `P15:T115`) d'effec tifs notés `K^+`, (de libellés `CS1`,…,`CS2`) et les dix lignes supplémentaires (bloc `B118:L128`) d'effectifs notés `K+`, (de libellés `LS1`, …, `LS10`). Le bloc `K3:K4` recevra les nombres de lignes et de colonnes supplémentaires, celles qui ne participent pas au calcul de la matrice à inverser. Nous verrons plus avant les calculs sur les éléments supplémentaires, en l'absence de tels éléments il convient de ne pas remplir les blocs associés.

⇒ Navig / Effectifs

– **la feuille Effectifs** : le tableau des effectifs est reporté sur cette feuille. En marges de ce tableau sont calculés les effectifs marginaux qui serviront aux calculs des cellules du tableau des fréquences F.

⇒ Navig / Fréquences

– **la feuille Fréquences** : le tableau des fréquences relatives F (noté `F`) est calculé à partir du tableau K dans le bloc `C16:L115`. En marges de ce tableau sont calculées les fréquences marginales (notées `fi.` en colonne `M` et `f.j` en ligne `116`) qui serviront aux calculs des cellules des tableaux des profils lignes PFL et colonnes PFC.

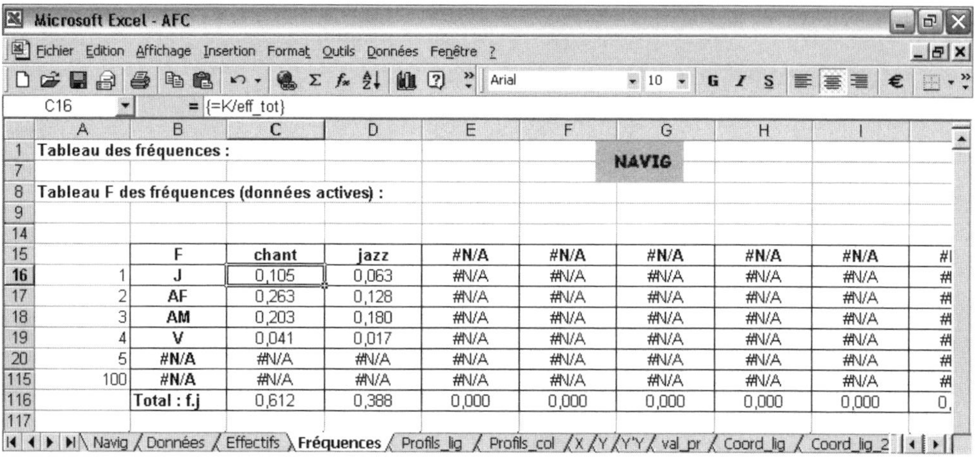
Microsoft Excel - AFC

C16 = {=K/eff_tot}

	A	B	C	D	E	F	G	H	I
1	Tableau des fréquences :					NAVIG			
7									
8	Tableau F des fréquences (données actives) :								
9									
14									
15		F	chant	jazz	#N/A	#N/A	#N/A	#N/A	#N/A
16	1	J	0,105	0,063	#N/A	#N/A	#N/A	#N/A	#N/A
17	2	AF	0,263	0,128	#N/A	#N/A	#N/A	#N/A	#N/A
18	3	AM	0,203	0,180	#N/A	#N/A	#N/A	#N/A	#N/A
19	4	V	0,041	0,017	#N/A	#N/A	#N/A	#N/A	#N/A
20	5	#N/A	#N/A	#N/A	#N/A	#N/A	#N/A	#N/A	#N/A
115	100	#N/A	#N/A	#N/A	#N/A	#N/A	#N/A	#N/A	#N/A
116		Total : f.j	0,612	0,388	0,000	0,000	0,000	0,000	0,000
117									

Navig / Données / Effectifs / Fréquences / Profils_lig / Profils_col / X / Y / Y'Y / val_pr / Coord_lig / Coord_lig_2

Figure 4.3-5 : La feuille Fréquences du classeur AFC (Ex_1), la ligne des formules vous indique le contenu de la cellule C16.

⇒ Navig / Profils_lignes

– **la feuille Profils_lig.** : le tableau des profils lignes PFL (noté `PFL`) est calculé à partir du tableau F dans le bloc `C16:L115`.

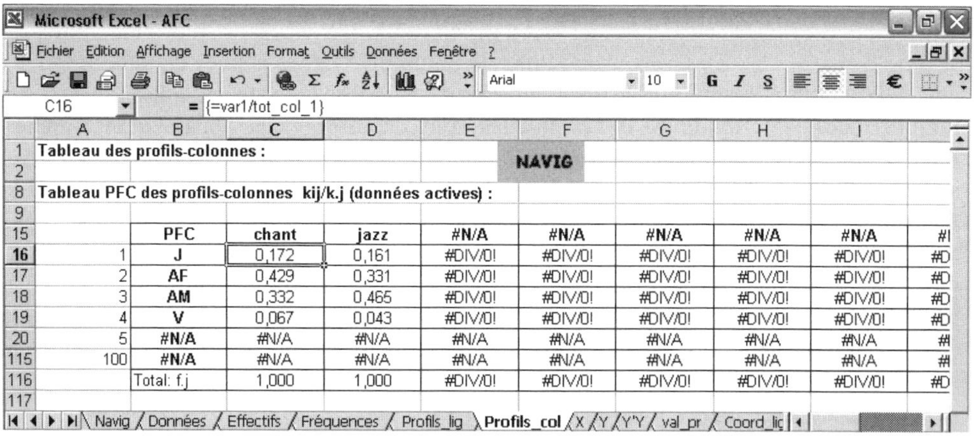
Microsoft Excel - AFC

C16 = {=var1/tot_col_1}

	A	B	C	D	E	F	G	H	I
1	Tableau des profils-colonnes :				NAVIG				
2									
8	Tableau PFC des profils-colonnes kij/k.j (données actives) :								
9									
15		PFC	chant	jazz	#N/A	#N/A	#N/A	#N/A	#N/A
16	1	J	0,172	0,161	#DIV/0!	#DIV/0!	#DIV/0!	#DIV/0!	#DIV/0!
17	2	AF	0,429	0,331	#DIV/0!	#DIV/0!	#DIV/0!	#DIV/0!	#DIV/0!
18	3	AM	0,332	0,465	#DIV/0!	#DIV/0!	#DIV/0!	#DIV/0!	#DIV/0!
19	4	V	0,067	0,043	#DIV/0!	#DIV/0!	#DIV/0!	#DIV/0!	#DIV/0!
20	5	#N/A	#N/A	#N/A	#N/A	#N/A	#N/A	#N/A	#N/A
115	100	#N/A	#N/A	#N/A	#N/A	#N/A	#N/A	#N/A	#N/A
116		Total: f.j	1,000	1,000	#DIV/0!	#DIV/0!	#DIV/0!	#DIV/0!	#DIV/0!
117									

Navig / Données / Effectifs / Fréquences / Profils_lig / Profils_col / X / Y / Y'Y / val_pr / Coord_lic

Figure 4.3-6 : La feuille Profils_lig du classeur AFC (Ex_1), la ligne des formules vous indique le contenu de la cellule C16.

⇒ Navig / Profils_colonnes

– **la feuille Profils_col.** : le tableau des profils colonnes PFC (noté `PFC`) est calculé à partir du tableau F dans le bloc `C16:L115`.

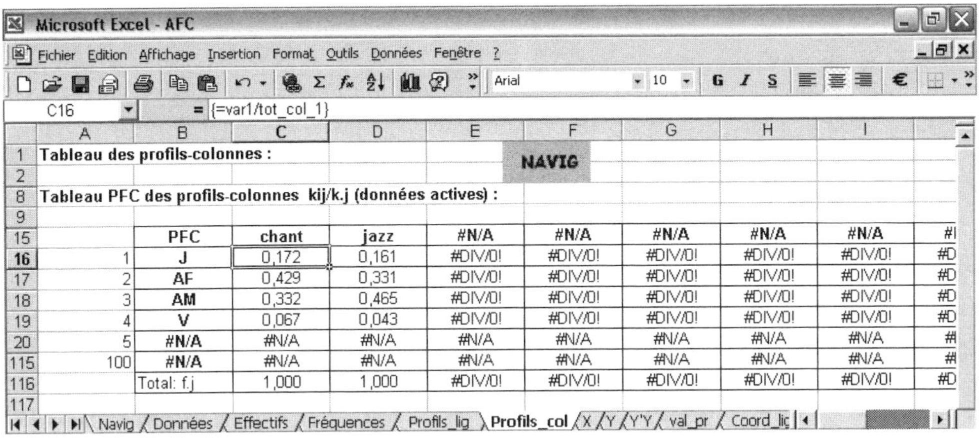

	A	B	C	D	E	F	G	H	I	
1	Tableau des profils-colonnes :					NAVIG				
2										
8	Tableau PFC des profils-colonnes kij/k.j (données actives) :									
9										
15		PFC	chant	jazz	#N/A	#N/A	#N/A	#N/A	#N/A	#I
16	1	J	0,172	0,161	#DIV/0!	#DIV/0!	#DIV/0!	#DIV/0!	#DIV/0!	#D
17	2	AF	0,429	0,331	#DIV/0!	#DIV/0!	#DIV/0!	#DIV/0!	#DIV/0!	#D
18	3	AM	0,332	0,465	#DIV/0!	#DIV/0!	#DIV/0!	#DIV/0!	#DIV/0!	#D
19	4	V	0,067	0,043	#DIV/0!	#DIV/0!	#DIV/0!	#DIV/0!	#DIV/0!	#D
20	5	#N/A	#N/A	#N/A	#N/A	#N/A	#N/A	#N/A	#N/A	#I
115	100	#N/A	#N/A	#N/A	#N/A	#N/A	#N/A	#N/A	#N/A	#I
116		Total: f.j	1,000	1,000	#DIV/0!	#DIV/0!	#DIV/0!	#DIV/0!	#DIV/0!	#D
117										

Figure 4.3-7 : La feuille Profils_ col du classeur AFC (Ex_1), la ligne des formules vous indique le contenu de la cellule C16.

⇒ Navig / X

– **la feuille X** : le tableau X (noté `X`) est calculé à partir du tableau F dans le bloc `C5:L104`.

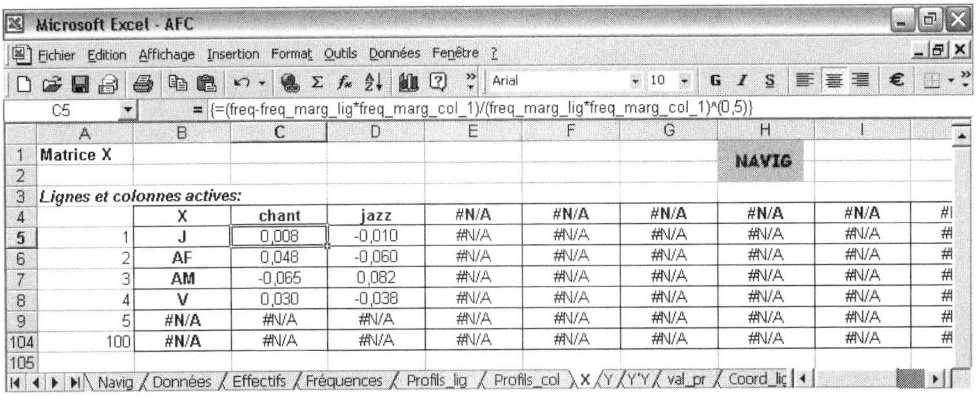

	A	B	C	D	E	F	G	H	I	
1	Matrice X							NAVIG		
2										
3	Lignes et colonnes actives:									
4		X	chant	jazz	#N/A	#N/A	#N/A	#N/A	#N/A	#I
5	1	J	0,008	-0,010	#N/A	#N/A	#N/A	#N/A	#N/A	#I
6	2	AF	0,048	-0,060	#N/A	#N/A	#N/A	#N/A	#N/A	#I
7	3	AM	-0,065	0,082	#N/A	#N/A	#N/A	#N/A	#N/A	#I
8	4	V	0,030	-0,038	#N/A	#N/A	#N/A	#N/A	#N/A	#I
9	5	#N/A	#N/A	#N/A	#N/A	#N/A	#N/A	#N/A	#N/A	#I
104	100	#N/A	#N/A	#N/A	#N/A	#N/A	#N/A	#N/A	#N/A	#I
105										

Figure 4.3-8 : La feuille X du classeur AFC (Ex_1), la ligne des formules vous indique le contenu de la cellule C5.

⇒ Navig / Y

– **la feuille Y** : le tableau Y = X* (noté `Y`) est calculé à partir du tableau F dans le bloc `C5:L104`.

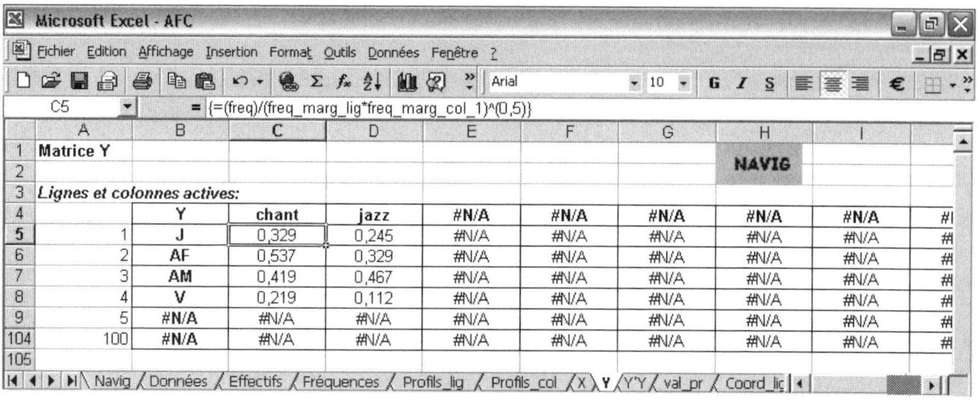

C5 = {=(freq)/(freq_marg_lig*freq_marg_col_1)^(0,5)}

	A	B	C	D	E	F	G	H	I
1	Matrice Y							NAVIG	
2									
3	Lignes et colonnes actives:								
4		Y	chant	jazz	#N/A	#N/A	#N/A	#N/A	#N/A
5	1	J	0,329	0,245	#N/A	#N/A	#N/A	#N/A	#N/A
6	2	AF	0,537	0,329	#N/A	#N/A	#N/A	#N/A	#N/A
7	3	AM	0,419	0,467	#N/A	#N/A	#N/A	#N/A	#N/A
8	4	V	0,219	0,112	#N/A	#N/A	#N/A	#N/A	#N/A
9	5	#N/A	#N/A	#N/A	#N/A	#N/A	#N/A	#N/A	#N/A
104	100	#N/A	#N/A	#N/A	#N/A	#N/A	#N/A	#N/A	#N/A
105									

Figure 4.3-9 : La feuille Y du classeur AFC (Ex_1), la ligne des formules vous indique le contenu de la cellule C5.

⇒ Navig / Y'Y

– **la feuille Y'Y** : la matrice T*= Y'Y = X*'X* à diagonaliser est calculée dans le bloc `C10:L19`.

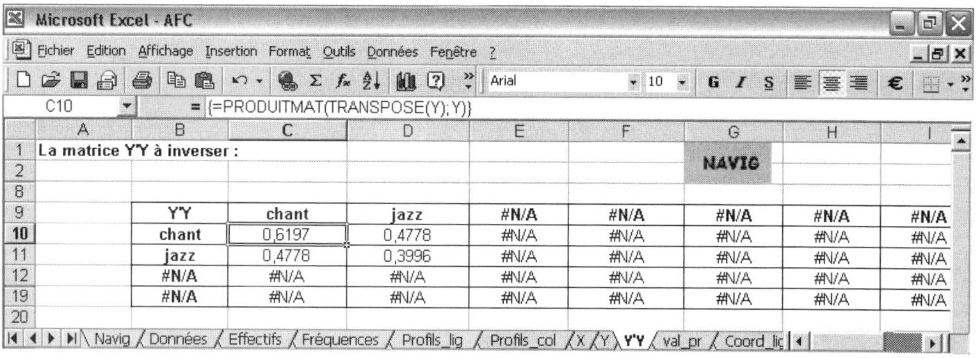

C10 = {=PRODUITMAT(TRANSPOSE(Y);Y)}

	A	B	C	D	E	F	G	H	I
1	La matrice Y'Y à inverser :						NAVIG		
2									
8									
9		Y'Y	chant	jazz	#N/A	#N/A	#N/A	#N/A	#N/A
10		chant	0,6197	0,4778	#N/A	#N/A	#N/A	#N/A	#N/A
11		jazz	0,4778	0,3996	#N/A	#N/A	#N/A	#N/A	#N/A
12		#N/A	#N/A	#N/A	#N/A	#N/A	#N/A	#N/A	#N/A
19		#N/A	#N/A	#N/A	#N/A	#N/A	#N/A	#N/A	#N/A
20									

Figure 4.3-10 : La feuille Y'Y du classeur AFC (Ex_1), la ligne des formules vous indique le contenu de la cellule C10.

⇒ Navig / val_pr

– **la feuille val_pr** : les valeurs propres de la matrice T*= Y'Y = X*'X* sont calculées à partir de la matrice T* par une macro instruction déjà utilisée dans le classeur ACP. Elles figurent à la ligne `40`, non ordonnées : λ_1 = 0,01932 et λ_2 = 1. On se rappelle que seule la valeur propre λ_1 non triviale nous intéresse, ainsi les valeurs propres ordonnées sont inscrites à la ligne `4` en plaçant la valeur propre triviale en dernier et les vecteurs propres associés au-dessous. Le bloc `A73:H96` donne un résumé de ces valeurs propres : les valeurs propres en `B76:B84`, les pourcentage de l'inertie totale en `C76:C84` et leur pourcentage cumulé en `D76:D84`, ces pourcentages sont bien sûr ici de 100 % puisqu'il n'y a qu'une valeur propre. Un graphe, par diagramme en bâtons, représente les pourcentages de l'inertie totale par valeur propre. Rappelons qu'à l' écran vous verrez que la même valeur propre 0,0193 (la seule retenue) est répétée. Ceci provient du fait qu'il s'agit d'une formule matricielle qui ne contient qu'une coordonnée et Excel la recopie. C'est un cas très particulier : dès que le nombre de colonnes est supérieur ou égal à 3, les valeurs propres apparaîtront suivies éventuellement de #N/A pour signifier qu'il n'y a pas de valeur correspondante à ces axes factoriels.

Remarquez que le vecteur u_1 a ses coordonnées opposées à celles que nous avons obtenues lors du calcul, mais ceci n'a pas d'importance puisque les axes factoriels sont définis à une orientation près.

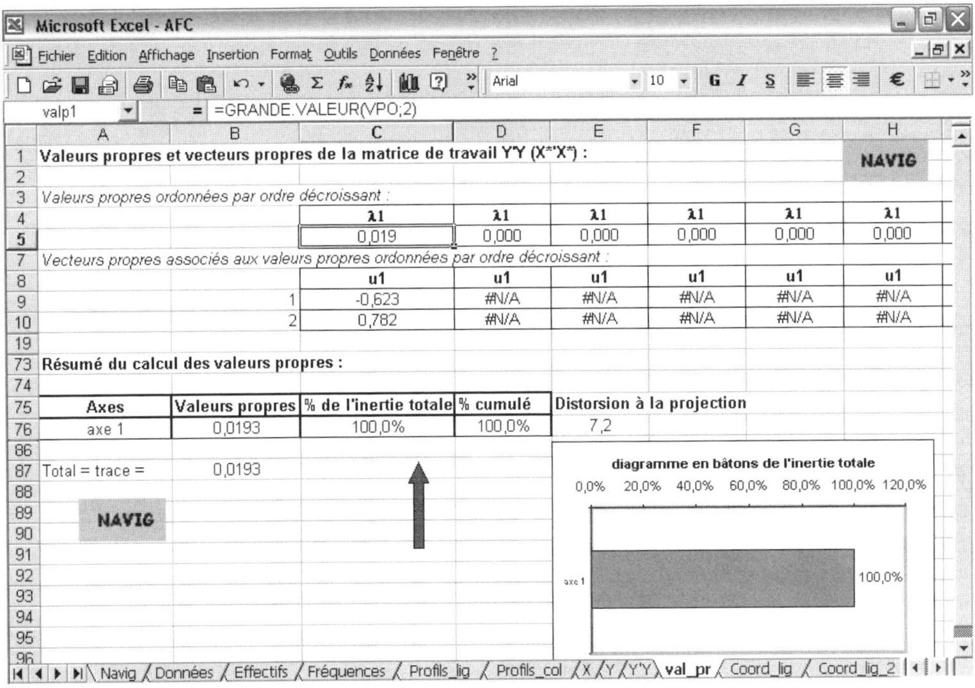

Figure 4.3-11 : La feuille val_pr du classeur AFC (Ex_1), la ligne des formules vous indique le contenu de la cellule C5.

⇒ Navig / coord_col

– **la feuille coord_col** : cette feuille a pour objet le calcul des coordonnées des points-colonnes actifs. Les libellés des points-colonnes apparaissent dans le bloc `B8:B17`, le bloc `C7:C8` contient les coordonnées par rapport à l'axe u_1 (noté `axe1`), remarquez à nouveau la répétition de ce libellé sur les autres colonnes, c'est exceptionnel et provient du fait qu'il n'y a qu'un seul axe retenu. Ces coordonnées (-0,111, 0,175)' sont calculées par la formule 2 du tableau résumé, remarquez qu'elles sont opposées aux valeurs trouvées par le calcul, ceci provient du fait que le u_1 obtenu sur le classeur est opposé au u_1 du calcul. A partir de la ligne 20 débute l'étude des points-colonnes supplémentaires que nous étudierons plus tard.

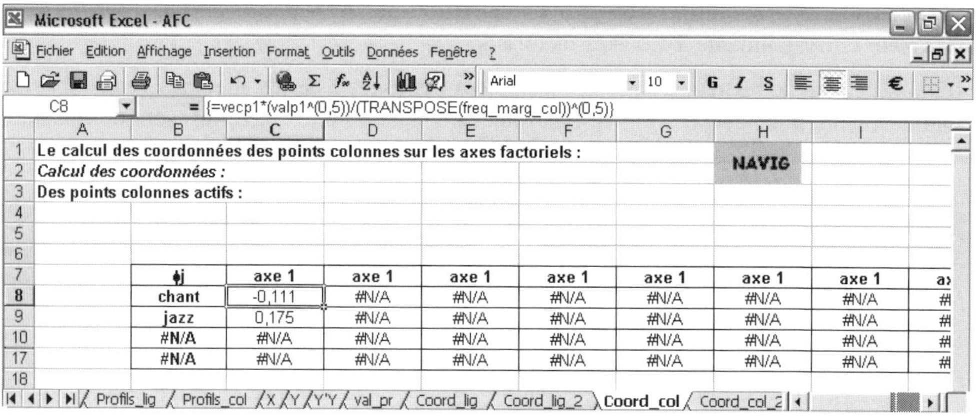

Figure 4.3-12 : La feuille coord_col. du classeur AFC (Ex_1), la ligne des formules vous indique le contenu de la cellule C8.

⇒ Navig / coord_lig

– **la feuille coord_lig.** : cette feuille a pour objet le calcul des coordonnées des points-lignes actifs. Les libellés des points-lignes apparaissent dans le bloc B6:B105, le bloc C6:C105 contient les coordonnées par rapport à l'axe u_1 (noté axe 1). Ces coordonnées (-0,031,-0,122,0,169,-0,202)' sont calculées par la formule 3 du tableau résumé, remarquez qu'elles sont opposées aux valeurs trouvées par le calcul, ceci provient du fait que le u_1 obtenu sur le classeur est opposé au u_1 du calcul. A partir de la ligne 108 débute l'étude des points-lignes supplémentaires que nous étudierons plus tard.

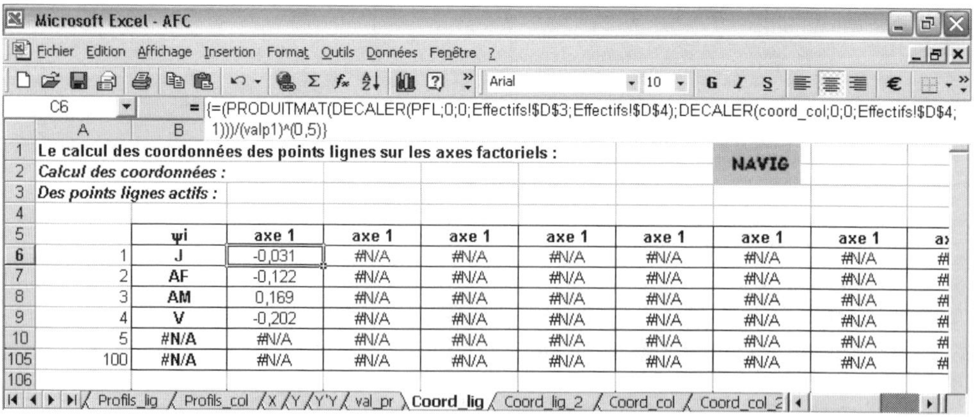

Figure 4.3-13 : La feuille coord_lig. du classeur AFC (Ex_1), la ligne des formules vous indique le contenu de la cellule C6.

⇒ **Navig / graphes** (partie haute)

– **la feuille Graphes** : les points-lignes et les points-colonnes sur le premier axe factoriel sont représentés simultanément sur l'unique graphe de cette feuille, graphe de dimension 1 pour l'exemple 1. Nous sommes encore dans un cas très particulier puisqu'il s'agit de seulement un axe factoriel. Comme dans le cas du classeur ACP nous avons créé des graphes correspondants à un plan factoriel. Une toupie, située sur l'extrémité des axes permet de choisir l'axe à représenter, ou bien on entre directement, en D2 et D3, les numéros des axes (ou on utilise les toupies associées à ces cellules). Ici comme nous n'avons que le choix de l'axe 1, nous sélectionnons cet axe pour les deux axes (ou nous faisons apparaître 1 en D2 et D3). Le graphe sera alors à lire comme l'axe bissecteur de ce plan à une homothétie de $\sqrt{2}$ près. Nous interpréterons dans le prochain paragraphe les proximités lignes-colonnes qui est ici parfaitement évidente : les adultes masculins adeptes du jazz s'opposent aux adultes féminins préférant les chansons, les personnes âgées se rangeant près d'elles, les jeunes sont partagés entre chansons et jazz. Nous rappelons pour les axes leur inertie, ici 100 %.

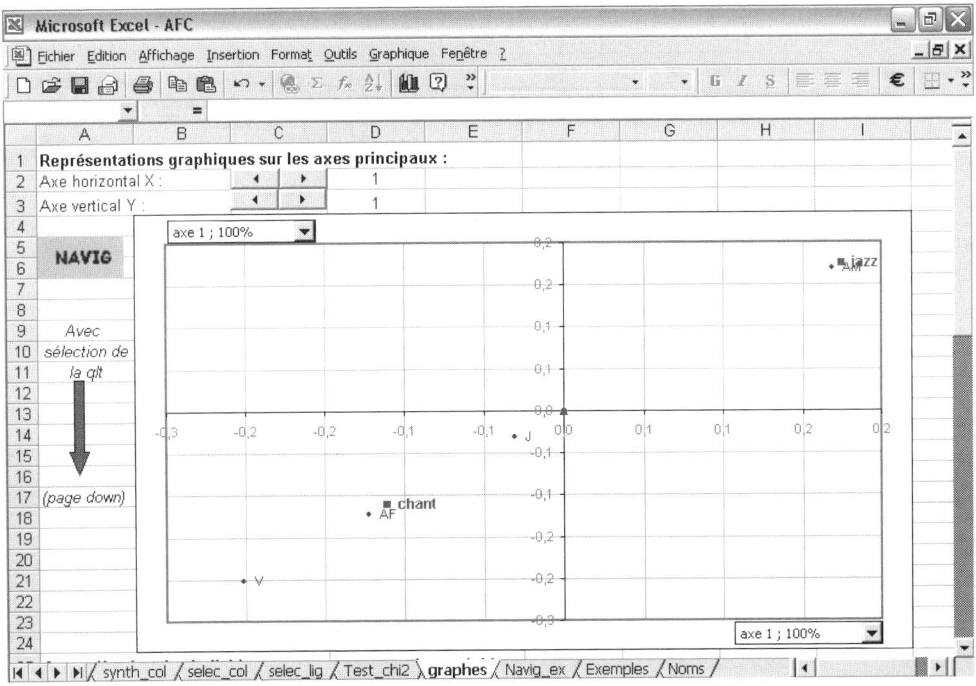

Figure 4.3-14 : La feuille graphes du classeur AFC (Ex_1).

B. Exemple 2 : la matrice K est 4x3

Ce deuxième exemple contient en plus des données de l'exemple 1 une troisième colonne, la colonne `class.`, qui correspond à l'achat de disques de musique classique par les quatre types de consommateurs. Pour cette matrice des effectifs K de taille 4x3, les calculs peuvent à nouveau être effectués à la main sans difficultés. Nous n'allons pas reprendre tous les calculs précédents qui sont en grande partie semblables à ceux déjà effectués et calculés automatiquement sur le classeur AFC dès que vous chargez l'exemple 2 par

Navig / Exemples / Ex_2

Nous nous intéresserons seulement au calcul à la main des valeurs propres de la matrice T*= X*'X* qui sera une généralisation de nos calculs précédents et présenterons les feuilles associées du classeur AFC.

a. Calculs à la main :

Nous allons d'abord calculer à la main les valeurs propres correspondant aux données de la matrice K de l'exemple 2. Cette matrice K est donnée dans le tableau 4.1-2. Les calculs élémentaires sur les données de K nous conduisent à la matrice T* = X*'X*, rappelons les différents tableaux intermédiaires qui permettent d'établir T*:

kij	chant	jazz	class.	total : ki.
J	69	41	18	128
AF	172	84	127	383
AM	133	118	157	408
V	27	11	43	81
total : k.j	401	254	345	1000

fij	chant	jazz	class.	total : fi.
J	0,069	0,041	0,018	0,128
AF	0,172	0,084	0,127	0,383
AM	0,133	0,118	0,157	0,408
V	0,027	0,011	0,043	0,081
total : f.j	0,401	0,254	0,345	1

kij / ki.	chant	jazz	class.	total ligne
J	0,539	0,32	0,141	1
AF	0,449	0,219	0,332	1
AM	0,326	0,289	0,385	1
V	0,333	0,136	0,531	1
total : k.j / k..	0,401	0,254	0,345	1

kij / k.j	chant	jazz	class.	total ki. / k..
J	0,172	0,161	0,052	0,128
AF	0,429	0,331	0,368	0,383
AM	0,332	0,465	0,455	0,408
V	0,067	0,043	0,125	0,081
total colonne	1	1	1	1

xij	chant	jazz	class.
J	0,08	0,05	-0,12
AF	0,05	-0,04	-0,01
AM	-0,08	0,04	0,04
V	-0,03	-0,07	0,09

x*ij = yij	chant	jazz	class.
J	0,30	0,23	0,09
AF	0,44	0,27	0,35
AM	0,33	0,37	0,42
V	0,15	0,08	0,26

T*=X*'X*=Y'Y	chant	jazz	class.
chant	0,4159	0,319	0,356
jazz	0,3195	0,264	0,287
class.	0,3556	0,287	0,371

Tableau 4.3-7 : Les tableaux K, F, PFL, PFC, X, Y=X et Y'Y = X*'X* = T* de l'exemple 2.*

Le calcul des valeurs propres de la matrice T^*, matrice 3x3, peut ici être aussi effectué facilement. Nous savons que la recherche de ces valeurs propres revient à résoudre l'équation Dét ($T^* - \lambda I$) = 0 (éq.1), ce qui donne dans notre exemple une équation du troisième degré. Or, la théorie précédente nous a montré qu'il existe une valeur propre triviale 1, ce qui signifie que 1 est solution de l'équation 1. On aura donc :

$$\text{Dét}(T^* - \lambda I) = (1-\lambda)(\lambda^2 + \beta\lambda + \gamma) = -\lambda^3 + (1-\beta)\lambda^2 + (\beta-\gamma)\lambda + \gamma$$

$$= \begin{vmatrix} a_{11} - \lambda & a_{12} & a_{13} \\ a_{21} & a_{22} - \lambda & a_{23} \\ a_{31} & a_{32} & a_{33} - \lambda \end{vmatrix}$$

où $T^* = (a_{ij})$, en calculant le déterminant et en identifiant les coefficients des monômes on obtient :

$1 - \beta$ = coefficient de λ^2: $a_{11} + a_{22} + a_{33}$

$\beta - \gamma$ = coefficient de λ : $-(a_{22}a_{11} + a_{33}a_{11} + a_{22}a_{33} - a_{32}a_{23} - a_{12}a_{21} - a_{13}a_{31})$

terme constant : $a_{11}a_{22}a_{33} - a_{11}a_{32}a_{23} - a_{12}a_{21}a_{33} + a_{12}a_{31}a_{23} + a_{13}a_{21}a_{32} - a_{13}a_{22}a_{31}$

Comme ces coefficients sont calculables à partir des valeurs a_{ij} de T^* on obtient les coefficients β et γ de l'équation ($\lambda^2 + \beta\lambda + \gamma$) du second degré. Les racines de cette équation sont les deux valeurs propres non triviales de T^*.

Avec les données de l'exemple 2 on obtient : $\beta = -0{,}0511$et $\gamma = 0{,}0005$ ce qui conduit aux deux valeurs propres $\lambda_1 = 0{,}0397$ et $\lambda_2 = 0{,}0114$.

b. Calculs par le classeur AFC:

Le calcul des valeurs propres et des vecteurs propres est effectué automatiquement sur le classeur AFC dès que l'exemple 2 est chargé. Donnons les copies d'écran de la feuille `val_pr` :

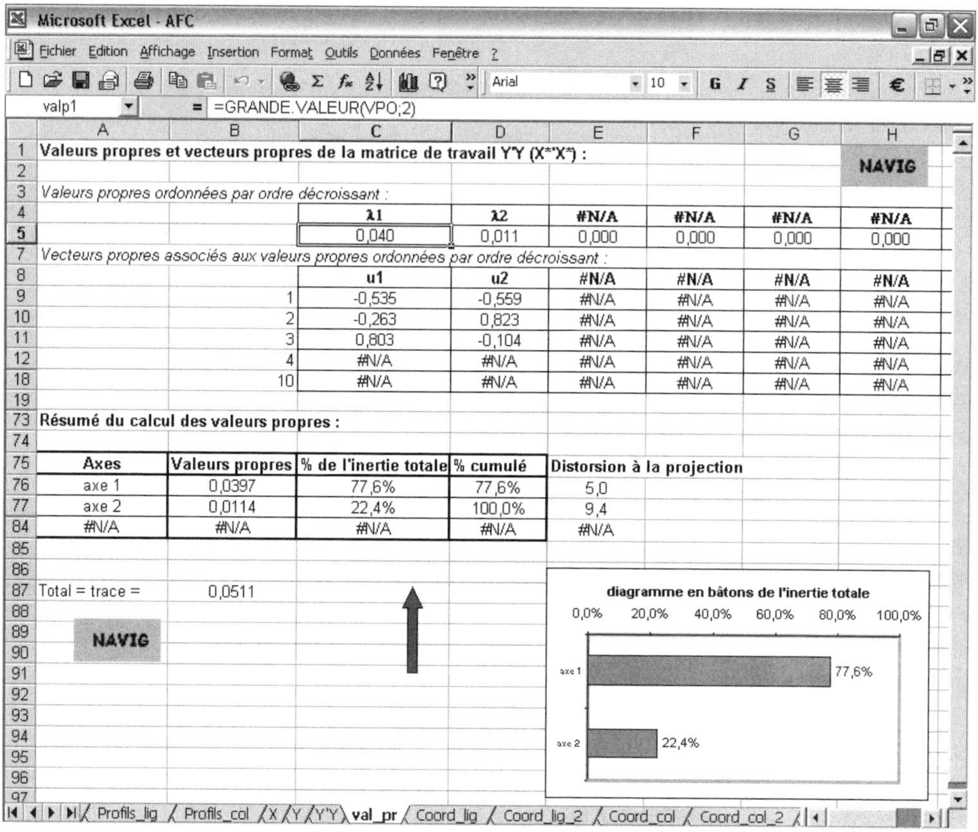

Figure 4.3-15 : La feuille val.pr. de l'exemple 2 (classeur AFC).

Remarque : si la valeur propre λ_α de l'axe α est proche de 1, des points-lignes ou des points-colonnes proches sont réellement proches, par contre, si elle est très petite par rapport à 1, les points sont décalés des barycentres par une homothétie de rapport inversement proportionnelle à la racine carrée de la valeur propre de l'axe ($1/\sqrt{\lambda_\alpha}$).

Ce qui produit une distorsion lors de la projection. Afin de connaître cette distorsion nous avons calculé en vis-à-vis des valeurs propres (bloc `E76:E84`, nommé `distorsion à la projection`) ce coefficient de distorsion. Cette remarque sera utile lors de l'interprétation des proximités entre points-lignes et/ou points-colonnes. Ce phénomène est encore amplifié sur un plan factoriel.

Le classeur AFC comporte tous les calculs des coordonnées et le graphe sur le plan factoriel 1&2. Nous l'étudierons plus précisément plus tard.

4.3.6. Formule de reconstitution du tableau des fréquences

A partir des coordonnées des points-lignes et des points-colonnes sur les axes factoriels u_α , on peut montrer que les valeurs f_{ij} du tableau des fréquences F vérifient :

$$f_{ij} = f_{i.} f_{.j} \left[1 + \sum_{\alpha=2}^{p} \frac{1}{\sqrt{\lambda_\alpha}} \hat{\psi}_{\alpha i} \hat{\varphi}_{\alpha j} \right]$$

S'il y avait indépendance entre les lignes et les colonnes du tableau F on aurait $f_{ij} = f_{i.} f_{.j}$, c'est-à-dire que le terme entre crochets serait 1. Le terme complémentaire qui apparaît entre ces crochets montre donc la dépendance entre les lignes et les colonnes du tableau F. Nous revenons sur cette notion d'indépendance en étudiant un test du χ^2 sur le tableau F dans le paragraphe suivant.

4.3.7. Le test du χ^2 sur le tableau des fréquences F

L'indépendance entre lignes et colonnes d'un tableau de contingence se teste par le test du χ^2 (chi-2) d'indépendance. On pourra par exemple consulter notre ouvrage (réf. 10) pour plus d'informations sur ce test. Rappelons les grandes lignes de ce test. On calcule la statistique du χ^2 par la formule :

$$E_0^2 = \sum_{i=1}^{n} \sum_{j=1}^{p} \frac{(\text{eff.obs} - \text{eff.théor.})^2}{\text{eff.théor.}} = \sum_{i=1}^{n} \sum_{j=1}^{p} \frac{(nf_{ij} - nf_{i.} f_{.j})^2}{nf_{i.} f_{.j}}$$

On montre que cette valeur E_0^2 est aussi égale à :

E_0^2 = (somme totale des données du tableau K)x(somme des valeurs propres non triviales)

Cette variable aléatoire ε^2, d'observation E_0^2 suit une loi du χ^2 à (n-1)(p-1) degrés de liberté. Pour un risque de première espèce α fixé, on a la valeur seuil q((n-1)(p-1), α) donné par la fonction de répartition de la loi du χ^2 :

- si la valeur E_0^2 dépasse la valeur q((n-1)(p-1), α), le test est significatif et on rejette au risque α l'hypothèse H_0 d'indépendance entre les lignes et les colonnes, l'hypothèse H_1 stipulant que les lignes et les colonnes sont liées ;
- si la valeur E_0^2 est inférieure à la valeur q((n-1)(p-1), α), le test est non-significatif et on ne rejette pas au risque α l'hypothèse H_0 d'indépendance entre les lignes et les colonnes.

Dans le cas où le test est significatif au risque α, l'hypothèse d'indépendance est rejetée et il existe très probablement des relations entre les lignes et les colonnes, ce qui justifie l'analyse factorielle des correspondances du tableau.

Ce test figurera sur nos classeurs d'étude et sera, bien sûr, la première consultation à effectuer. Nous allons faire les calculs sur les données de l'exemple 2, d'abord à la main et ensuite en utilisant le classeur ACP.

a. Calculs à la main : à partir des données du tableau K à 4 lignes et 3 colonnes la valeur E_0^2 est égale à : $E_0^2 = 1000x(0,0397 + 0,0114) = 1000x0,0511 = 51,1$. Pour un risque α de 5 % par exemple, une table du χ^2 nous donne q((4-1)(3-1),5 %) = q(6,5 %) = 12,59. La valeur observée $E_0^2 = 51,1$ est supérieure à 12,59, le test est donc significatif au risque de 5 %, nous rejetons l'hypothèse d'indépendance entre les lignes et les colonnes.

b. Calculs par le classeur AFC : ce test figure sur la feuille `Test_chi2` du classeur AFC que vous atteindrez en effectuant

Navig / Test X^2

La valeur E_0^2 est calculée en `D3` (notée `E^2`), le nombre de degrés de liberté en `D6` (noté `nu`). Les hypothèses du test sont formulées sur les lignes `8` et `9`. En donnant une valeur au risque α en `G10` (noté `alpha`), le calcul de q(ν, α) est effectué en `G12`. Sa valeur comparée à celle de E_0^2 permet de tracer une règle de décision simplifiée (des `***`, pour la décision de H_1, des `---` pour celle de H_0, le `o` symbolisant l'observation E_0^2). La conclusion en clair est donnée en `F14` ainsi que le degré de signification (noté `alpha s`) du test en `G16`. Nous aboutissons aux mêmes conclusions que précédemment, remarquez simplement que le degré de signification est de 3.10^{-9}, valeur très faible, qui nous confirme le rejet de H_0 avec une grande sécurité.

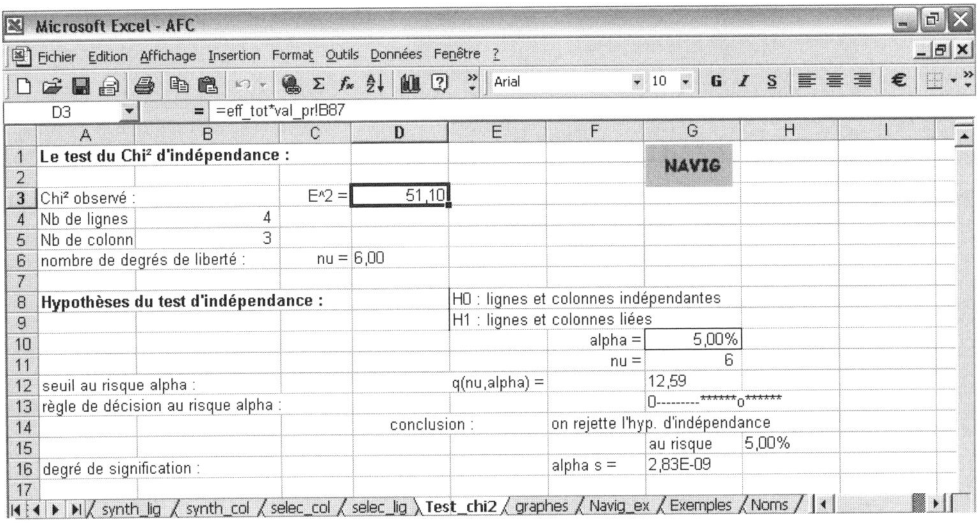

Figure 4.3-16 : Le test du χ^2 d'indépendance sur le tableau de contingence de l'exemple 2 (la feuille Test_chi2 du classeur AFC).

4.4. Aides à l'interprétation

Dans ce paragraphe nous allons définir les qualités de la représentation et les contributions relatives des points-lignes et des points-colonnes qui sont des coefficients nous permettant de juger de la qualité de la représentation de ces points et de leur part d'inertie à l'explication des axes factoriels. Nous définirons d'abord ces coefficients puis en ferons les calculs sur les données de l'exemple 2 par nos deux procédures, le calcul à la main et le calcul par le classeur AFC. Une autre aide sera le positionnement d'éléments supplémentaires que nous étudierons dans le paragraphe suivant.

4.4.1. Qualités de la représentation (qlt)

Les qualités de la représentation (`qlt`) permettent de savoir quels sont les éléments (lignes ou colonnes) qui sont caractéristiques d'un axe factoriel.

4.4.1.1. Qualité de la représentation de l'élément ligne i sur l'axe α

La qualité de la représentation d'un point-ligne i sur l'axe u_α de $\mathbf{R}^p$ est fournie par la valeur du cosinus de l'angle joignant ce point i au barycentre G et l'axe. Le carré de ce cosinus s'appelle la qualité de la représentation sur l'axe α de l'élément ligne i, notée $qlt_\alpha(i)$, appelée encore cosinus carré. Calculons ce cosinus carré en nous aidant du schéma suivant :

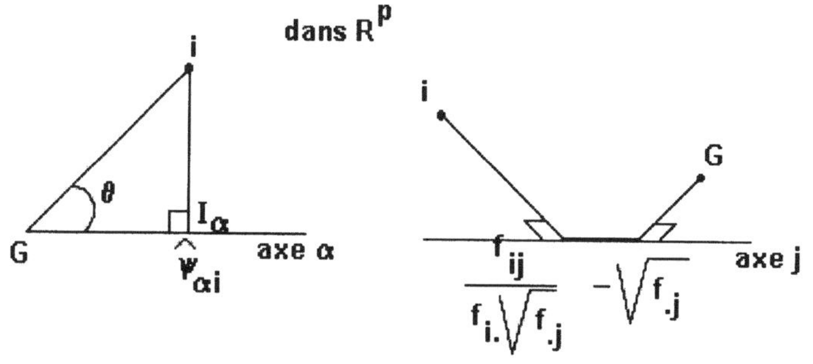

Figure 4.4-1 : Schéma pour le calcul de la qualité de la représentation du point-ligne i sur l'axe u_α.

$\cos^2(\vartheta) = (GI_\alpha)^2 / (Gi)^2$ où GI_α est la coordonnée du point i sur l'axe α ($\hat{\psi}_{\alpha i}$).

Gi est la distance du point i au barycentre G, origine du repère, notons $d_p^2(i, G)$ le carré de cette distance : $d_p^{\ 2}(i,G) = \sum_{j=1}^{p} (\frac{f_{ij}}{f_{i.}\sqrt{f_{.j}}} - \sqrt{f_{.j}})^2$, remarquons que cette distance s'annule lorsque le profil d'un point est égal au profil moyen.

La qualité de la représentation de l'axe α à la position de l'élément ligne i est donc :

$$qlt_\alpha(i) = \hat{\psi}_{\alpha i}^2 \ / \ d_p^2(i, G)$$

Cette contribution s'interprète comme le carré d'un coefficient de corrélation. Comme la somme des carrés des coordonnées sur les axes α est égale au carré de la distance de i à G on a :

$$\sum_{\alpha=1}^{p-1} qlt_\alpha(i) = 1$$

Retenons que plus le point sera proche de l'axe, meilleure sera sa représentation sur cet axe, plus il en sera éloigné moins bien il sera représenté. Mais il faudra néanmoins se méfier des points situés près de l'origine G, c'est pour cela que nous définissons ci-dessous un autre critère : les contributions relatives.

4.4.1.2. Qualité de la représentation de l'élément colonne j sur l'axe α

Par symétrie avec le paragraphe précédent, la qualité de la représentation d'un point-colonne j sur l'axe v_α de $\mathbf{R}^n$ est fournie par la valeur du cosinus de l'angle joignant ce point j au barycentre H et l'axe. Le carré de ce cosinus s'appelle la qualité de la représentation sur l'axe α de l'élément ligne j, notée $qlt_\alpha(j)$, appelée encore cosinus carré. Les formules sont les suivantes : en notant $d_n^2(j, H)$ le carré de cette distance de j à l'origine H

$$d_n{}^2(j,H) = \sum_{i=1}^{n} \left(\frac{f_{ij}}{f_{.j}\sqrt{f_{i.}}} - \sqrt{f_{i.}}\right)^2$$

La qualité de la représentation de l'axe α à la position de l'élément colonne j est donc :

$qlt_\alpha(j) = \hat{\varphi}_{\alpha j}^2 \ / \ d_n^2(j, H)$ et leur somme vérifie

$$\sum_{\alpha=1}^{p-1} qlt_\alpha(j) = 1 .$$

4.4.2. Contributions relatives

Les contributions relatives permettent de savoir quels sont les éléments (lignes ou colonnes) qui sont responsables de la construction d'un axe factoriel.

4.4.2.1. Contribution relative (cr) du point-ligne i à l'axe α

La variance des coordonnées $\hat{\psi}_{\alpha i}$ des points-lignes sur l'axe α, points i affectés du poids $f_{i.}$ est : $\text{var}(\hat{\psi}_\alpha) = \sum_{i=1}^{n} f_{i.}\hat{\psi}_{\alpha i}^2 - (\sum_{i=1}^{n} f_{i.}\hat{\psi}_{\alpha i})^2$. Comme l'origine est prise au barycentre, la seconde somme de droite est nulle et la variance se réduit à $\sum_{i=1}^{n} f_{i.}\hat{\psi}_{\alpha i}^2$. Remplaçons $\hat{\psi}_{\alpha i}$ par son autre expression 2 du tableau résumé 4.3-1:

$$\text{var}(\hat{\psi}_\alpha) = \sum_{i=1}^{n} f_{i.}\hat{\psi}_{\alpha i}^2 = \sum_{i=1}^{n} f_{i.}\left(\frac{\sqrt{\lambda_\alpha}\, v_{\alpha i}}{\sqrt{f_{i.}}}\right)^2 = \sum_{i=1}^{n} \lambda_\alpha v_{\alpha i}^2 = \lambda_\alpha \sum_{i=1}^{n} v_{\alpha i}^2 = \lambda_\alpha \text{, car } v_\alpha \text{ est unitaire.}$$

La variance de tous les points i sur l'axe α est la valeur propre de cet axe, la part de l'élément i à cette variance sera donc donnée par le terme i de cette somme divisée par λ_α, ce rapport s'appelle contribution relative du point-ligne i à l'axe α et se note $cr_\alpha(i)$:

$$cr_\alpha(i) = \frac{f_{i.}\hat{\psi}^2_{\alpha i}}{\lambda_\alpha}$$

On a de façon évidente $\sum_{i=1}^{n} cr_\alpha(i) = 1$.

4.4.2.2. Contribution relative du point-colonne j à l'axe α

Par symétrie la contribution relative du point-colonne j à l'axe α se note $cr_\alpha(j)$ et vaut

$$cr_\alpha(j) = \frac{f_{.j}\hat{\varphi}^2_{\alpha j}}{\lambda_\alpha} \text{ avec } \sum_{j=1}^{p} cr_\alpha(j) = 1.$$

Cette contribution relative représente la part du point-colonne j dans la variance de l'axe α.

Avant de passer au calcul de ces contributions sur un exemple, donnons un tableau résumé des différentes formules rencontrées.

Qualité de la représentation (qlt) ou cosinus carré de		
l'élément ligne i :	à l'axe α	**l'élément colonne j :**
$qlt_\alpha(i) = \hat{\psi}^2_{\alpha i} / d_p^2(i, G)$		$qlt_\alpha(j) = \hat{\varphi}^2_{\alpha j} / d_n^2(j, H)$
$\sum_{\alpha=1}^{p-1} qlt_\alpha(i) = 1$		$\sum_{\alpha=1}^{p-1} qlt_\alpha(j) = 1$
Contribution relative (cr)		
du point-ligne i :	à l'axe α	**du point-colonne j :**
$cr_\alpha(i) = \dfrac{f_{i.}\hat{\psi}^2_{\alpha i}}{\lambda_\alpha}$		$cr_\alpha(j) = \dfrac{f_{.j}\hat{\varphi}^2_{\alpha j}}{\lambda_\alpha}$
$\sum_{i=1}^{n} cr_\alpha(i) = 1$		$\sum_{j=1}^{p} cr_\alpha(j) = 1$

Tableau 4.4-1 : Les formules des qualités de la représentation (qlt) et contributions relatives (cr).

4.4.2.3. Calculs des contributions sur un exemple

Nous allons calculer sur l'exemple 2 les qualités de la représentation (`qlt`) et relatives (`cr`) en effectuant d'abord les calculs à la main puis en utilisant le classeur AFC.

A. Calculs à la main des contributions :

a. Qualité de la représentation sur l'axe 1 de l'élément ligne 2 : pour calculer cette contribution nous devons connaître la distance d_3^2 (2,G) du point-ligne 2 au barycentre G.

$$d_3^{\,2}(2,G) = \sum_{j=1}^{3} \left(\frac{f_{2j}}{f_{2.}\sqrt{f_{.j}}} - \sqrt{f_{.j}}\right)^2$$

$$= \left(\frac{0{,}172}{0{,}383\sqrt{0{,}401}} - \sqrt{0{,}401}\right)^2 + \left(\frac{0{,}084}{0{,}383\sqrt{0{,}254}} - \sqrt{0{,}254}\right)^2 + \left(\frac{0{,}127}{0{,}383\sqrt{0{,}345}} - \sqrt{0{,}345}\right)^2$$

$= 0{,}0058 + 0{,}0047 + 0{,}0005 = 0{,}011$, d'où on déduit

$qlt_1(2) = \hat{\psi}_{12}^2 \,/\, d_3^2(2, G) = (-0{,}041)^2 / 0{,}011 = 0{,}152$ (la coordonnée $-0{,}041$ du point ligne 2 sur l'axe 1 a été prise sur le classeur AFC appliqué à l'exemple 2).

On trouverait de même $qlt_2(2) = 0{,}848$. Remarquons comme il est attendu que $qlt_1(2) + qlt_1(2) = 0{,}152 + 0{,}848 = 1$.

b. Contribution relative du point ligne 2 à l'axe 1 : cette contribution est donnée par la formule

$$cr_1(2) = \frac{f_{2.}\hat{\psi}_{12}^2}{\lambda_1} = \frac{0{,}383.(-0{,}041)^2}{0{,}0397} = 0{,}0162$$

On trouverait de même $cr_1(1) = 0{,}598$, $cr_1(3) = 0{,}102$ et $cr_1(4) = 0{,}284$.

Remarquons que la somme de ces quatre contributions relatives est bien égale à 1 :

$cr_1(1) + cr_1(2) + cr_1(3) + cr_1(4) = 0{,}598 + 0{,}016 + 0{,}102 + 0{,}284 = 1$

On procéderait de la même façon pour le calcul des contributions des points-colonnes.

B. Calculs par le classeur AFC des contributions :

⇒ **Navig / synth_lig**

a. Les contributions des points-lignes : la feuille `synth_lig` du classeur AFC contient les calculs des qualités de la représentation (`qlt`) et des contributions relatives (`cr`). Les distances $d_p^2(i,G)$ sont tirées du bloc `L6:L105` de la feuille `Coord_lig_2` qui calcule les carrés des coordonnées des points-lignes. A partir de la connaissance des coordonnées sur l'axe (colonnes `C` et `G`) on en déduit la qualité de la représentation du point ligne i (notées `qlt`). A titre de vérification la somme des ces qualités de la représentation est calculée dans la colonne `J`, qui correspond au cumul des `qlt` sur les deux axes, et ne contient que des 1. Les contributions relatives sont calculées à partir des connaissances des poids, des coordonnées et des valeurs propres des axes, elles apparaissent dans le bloc `E9:E108` (notées `cr`). A titre de vérification la somme des ces contributions relatives est calculée à la ligne `109` et ne contient que des 1.

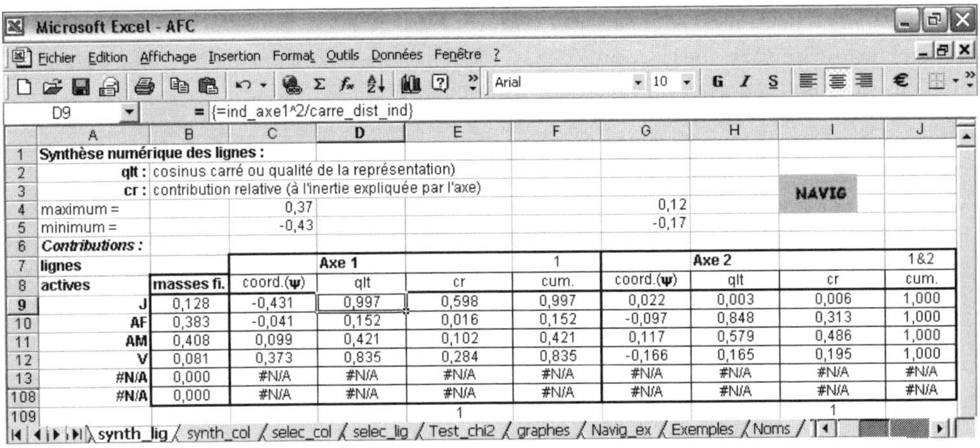

Microsoft Excel - AFC

D9 = {=ind_axe1^2/carre_dist_ind}

	A	B	C	D	E	F	G	H	I	J
1	**Synthèse numérique des lignes :**									
2	**qlt :**	cosinus carré ou qualité de la représentation)								
3	**cr :**	contribution relative (à l'inertie expliquée par l'axe)							NAVIG	
4	maximum =		0,37				0,12			
5	minimum =		-0,43				-0,17			
6	***Contributions :***									
7	**lignes**			**Axe 1**		1		**Axe 2**		1&2
8	**actives**	**masses fi.**	coord.(ψ)	qlt	cr	cum.	coord.(ψ)	qlt	cr	cum.
9	**J**	0,128	-0,431	0,997	0,598	0,997	0,022	0,003	0,006	1,000
10	**AF**	0,383	-0,041	0,152	0,016	0,152	-0,097	0,848	0,313	1,000
11	**AM**	0,408	0,099	0,421	0,102	0,421	0,117	0,579	0,486	1,000
12	**V**	0,081	0,373	0,835	0,284	0,835	-0,166	0,165	0,195	1,000
13	**#N/A**	0,000	#N/A	#N/A	#N/A	#N/A	#N/A	#N/A	#N/A	#N/A
108	**#N/A**	0,000	#N/A	#N/A	#N/A	#N/A	#N/A	#N/A	#N/A	#N/A
109					1				1	

synth_lig / synth_col / selec_col / selec_lig / Test_chi2 / graphes / Navig_ex / Exemples / Noms /

Figure 4.4-2 : La feuille synth_lig du classeur AFC (Ex_2), la ligne des formules vous indique le contenu de la cellule D9 du calcul des qualités de la représentation (qlt).

⇒ **Navig / synth_col**

b. De même les contributions des points-colonnes sont sur la feuille `synth_col` du classeur AFC, à partir du calcul des distances $d_n^2(j,H)$ tirées du bloc `L6:L15` de la feuille `Coord_col_2` qui calcule les carrés des coordonnées des points colonnes.

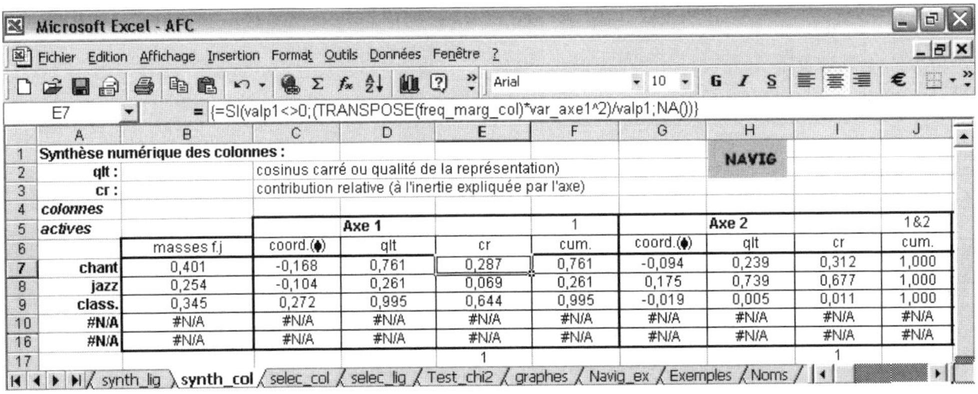

Microsoft Excel - AFC

E7 = {=SI(valp1<>0;(TRANSPOSE(freq_marg_col)*var_axe1^2)/valp1;NA())}

	A	B	C	D	E	F	G	H	I	J
1	**Synthèse numérique des colonnes :**							NAVIG		
2	**qlt :**		cosinus carré ou qualité de la représentation)							
3	**cr :**		contribution relative (à l'inertie expliquée par l'axe)							
4	***colonnes***									
5	***actives***			**Axe 1**		1		**Axe 2**		1&2
6		masses f.j	coord.(ϕ)	qlt	cr	cum.	coord.(ϕ)	qlt	cr	cum.
7	**chant**	0,401	-0,168	0,761	0,287	0,761	-0,094	0,239	0,312	1,000
8	**jazz**	0,254	-0,104	0,261	0,069	0,261	0,175	0,739	0,677	1,000
9	**class.**	0,345	0,272	0,995	0,644	0,995	-0,019	0,005	0,011	1,000
10	**#N/A**	#N/A	#N/A	#N/A	#N/A	#N/A	#N/A	#N/A	#N/A	#N/A
16	**#N/A**	#N/A	#N/A	#N/A	#N/A	#N/A	#N/A	#N/A	#N/A	#N/A
17					1				1	

synth_lig / synth_col / selec_col / selec_lig / Test_chi2 / graphes / Navig_ex / Exemples / Noms /

Figure 4.4-3 : La feuille synth_col du classeur AFC (Ex_2), la ligne des formules vous indique le contenu de la cellule E7 du calcul des contributions relatives.

4.5. Les éléments supplémentaires

Comme dans l'analyse en composantes principales, des éléments supplémentaires, des lignes ou des colonnes, peuvent aider à l'interprétation. Ces éléments supplémentaires n'interviennent pas dans le calcul des axes factoriels. Dans ce paragraphe nous allons donner les formules des coordonnées des points-lignes et des points-colonnes supplémentaires et leurs qualités de représentation (`qlt`).

4.5.1. Les lignes et colonnes supplémentaires

A partir du tableau $K = (k_{ij})$ $i = 1\ldots n$, $j = 1\ldots p$, on donne en marge horizontale (au-dessous du tableau K) le tableau $K_+ = (k_{+ij})$ des l lignes supplémentaires ($i = 1\ldots l$, $j = 1\ldots p$) et en marge verticale (à droite du tableau K) le tableau $K^+ = (k^+_{ij})$ des c colonnes supplémentaires ($i = 1\ldots n$, $j = 1\ldots c$) comme le présente les tableaux suivants :

k_{11}	…	k_{1p}		k^+_{11}	…	k^+_{1c}
…	k_{ij}	…		…	k^+_{ij}	…
k_{n1}	…	k_{np}		k^+_{n1}	…	k^+_{nc}
	K		Total	$k^+_{.1}$	…	$k^+_{.c}$
k_{+11}	…	k_{+1p}	$k_{+1.}$			
…	k_{+ij}	…	…			
k_{+l1}	…	k_{+lp}	$k_{+l.}$			

Tableau 4.5-1 : Le positionnement des tableaux lignes et colonnes supplémentaires.

A partir des tableaux K_+ et K^+ nous calculons les tableaux des profils-lignes et des profils-colonnes :

- le tableau des profils-lignes supplémentaires : pour une ligne supplémentaire i ($i = 1\ldots l$), son profil est donné par $k_{+ij} / k_{+i.}$ où $k_{+i.} = \sum_{j=1}^{p} k_{+ij}$

- le tableau des profils-colonnes supplémentaires : pour une colonne supplémentaire j ($j = 1\ldots c$), son profil est donné par $k^+_{ij} / k^+_{.j}$ où $k^+_{.j} = \sum_{i=1}^{n} k^+_{ij}$

(notons qu'ici nous travaillons en terme d'effectifs et non de fréquences comme précédemment).

4.5.2. Les coordonnées des points-lignes et des points-colonnes supplémentaires

En projetant ces profils sur les axes factoriels, on obtient à partir des formules des coordonnées précédemment établies (exprimées en termes de fréquences) :

- La coordonnée d'un point-ligne supplémentaire i sur l'axe α en fonction des coordonnées des points-colonnes actifs sur cet axe :

$$\hat{\psi}^{+}_{\alpha i} = \frac{1}{\sqrt{\lambda_{\alpha}}} \sum_{j=1}^{p} \left(\frac{k_{+ij}}{k_{+i.}}\right) \quad \hat{\varphi}_{\alpha j}$$

- La coordonnée d'un point-colonne supplémentaire sur l'axe α en fonction des coordonnées des points-lignes actifs sur cet axe :

$$\hat{\varphi}^{+}_{\alpha j} = \frac{1}{\sqrt{\lambda_{\alpha}}} \sum_{i=1}^{n} \left(\frac{k^{+}_{ij}}{k^{+}_{.j}}\right) \quad \hat{\psi}_{\alpha i}$$

Rappelons que les valeurs propres et les coordonnées sur les axes propres sont calculées à partir des lignes et des colonnes actives du tableau. Les éléments supplémentaires ne participent pas à la construction de ces axes.

4.5.3. Les qualités de la représentation (qlt) des points-lignes et des points-colonnes supplémentaires

Si on ne peut calculer la contribution relative des éléments supplémentaires, puisqu'ils ne participent pas à la construction des axes, on peut, en revanche, calculer leur qualité de représentation.

Calculons la distance de ces éléments supplémentaires par rapport à l'origine G ou H selon le nuage considéré : en notant i_+, l'élément ligne i supplémentaire et j_+, l'élément colonne j supplémentaire on a

$$d_p^{\,2}(i_+, G) = \sum_{j=1}^{p} \left(\frac{f_{+ij}}{f_{+i.}\sqrt{f_{.j}}} - \sqrt{f_{.j}}\right)^2 \text{ où } f_{+ij} = \frac{k_{+ij}}{\sum_{i=1}^{1}\sum_{j=1}^{p} k_{+ij}} \text{ et } f_{+i.} = \sum_{j=1}^{p} f_{+ij}$$

$$d_n^{\,2}(j_+, H) = \sum_{i=1}^{n} \left(\frac{f^{+}_{ij}}{f^{+}_{.j}\sqrt{f_{i.}}} - \sqrt{f_{i.}}\right)^2 \text{ où } f_{+ij} = \frac{k^{+}_{ij}}{\sum_{i=1}^{n}\sum_{j=1}^{c} k^{+}_{ij}} \text{ et } f^{+}_{.j} = \sum_{i=1}^{n} f^{+}_{ij}$$

A partir de ces formules on en déduit les qualités de la représentation (`qlt`) des lignes et des colonnes supplémentaires :

- la qualité de la représentation de l'axe α à la position de l'élément ligne supplémentaire i_+ est donc :

$$qlt_\alpha(i_+) = \hat{\psi}^{+2}_{\alpha i} \ / \ d_p^{\,2}(i_+, G)$$

- La qualité de la représentation de l'axe α à la position de l'élément colonne supplémentaire j_+ est donc :

$$qlt_\alpha(j_+) = \hat{\varphi}^{+2}_{\alpha j} \ / \ d_n^{\,2}(j_+, H)$$

4.5.4. Calcul des coordonnées et des qualités de représentation d'éléments supplémentaires

Sur les données de l'exemple 2, nous allons créer une ligne et une colonne supplémentaire. A partir des ces nouvelles données nous calculerons d'abord à la main, puis par le classeur AFC, les coordonnées et les qualités de représentation de ces éléments supplémentaires.

A. Les éléments supplémentaires du tableau de l'exemple 2 :

Comme c'est souvent le cas en analyse factorielle des correspondances on utilise les éléments supplémentaires pour connaître la position et la qualité de représentation du barycentre de plusieurs lignes et de plusieurs colonnes. Pour notre exemple 2, nous allons considérer la ligne supplémentaire qui regroupe les adultes féminins et masculins, notons `Adultes` cette nouvelle ligne ; la colonne supplémentaire sera formée des disques de musique instrumentale en regroupant les colonnes `Jazz` et `Class.`, notons `Musique` cette nouvelle colonne.

Au chargement de l'exemple 2 par le classeur AFC ces éléments supplémentaires seront automatiquement pris en compte.

Le tableau complété par ces éléments supplémentaires est donc :

Tableau K des effectifs

Colonne supplémentaire

k_{ij}	chant	jazz	class.	total : ki.	k^+_{ij}	Musique	total : $k^+_{i.}$
J	69	41	18	128		59	59
AF	172	84	127	383		211	211
AM	133	118	157	408		275	275
V	27	11	43	81		54	54
total : k.j	401	254	345	1000	total : $k^+_{.j}$	599	599

Ligne supplémentaire :

k_{+ij}				$k_{+i.}$
Adultes	305	202	284	791
total : $k_{+.j}$	305	202	284	791

Tableau 4.5-2 : Le tableau des effectifs de l'exemple 2 complété par une ligne et une colonne supplémentaires.

On en déduit les tableaux des fréquences des éléments supplémentaires :

f_{+ij}	Chant	Jazz	Class.	total : $f_{+i.}$
Adultes	0,386	0,255	0,359	1
total : $f_{+.j}$	0,386	0,255	0,359	1

f^+_{ij}	Musique	total : $f^+_{i.}$
J	0,098	0,0985
AF	0,352	0,352
AM	0,459	0,459
V	0,09	0,090
total : $f^+_{.j}$	1	1

Tableau 4.5-3 : Les tableaux des fréquences (f_{+ij}) et (f^+_{ij}) des éléments supplémentaires de l'exemple 2.

B. Le calcul à la main des coordonnées et des qualités de la représentation (`qlt`) des éléments supplémentaires :

a. Les coordonnées des éléments supplémentaires :

- de l'élément ligne 1 (`Adultes`) :

sur l'axe 1, avec $1/\sqrt{\lambda_1} = 1/\sqrt{0{,}0397} = 5{,}019$ on en déduit : $\hat{\psi}^+_{11} = \frac{1}{\sqrt{\lambda_1}} \sum_{j=1}^{3} (\frac{k_{+1j}}{k_{+1.}}) \quad \hat{\varphi}_{1j}$

$= 5{,}019$ [- 0,168 (305/791) – 0,104 (202/791) + 0,272 (284/791)] = 0,032

sur l'axe 2, avec $1/\sqrt{\lambda_2} = 1/\sqrt{0{,}0397} = 9{,}366$ on en déduit : $\hat{\psi}^+_{21} = \frac{1}{\sqrt{\lambda_2}} \sum_{j=1}^{3} (\frac{k_{+1j}}{k_{+1.}}) \quad \hat{\varphi}_{2j}$

$= 9{,}366$ [0,094 (305/791) – 0,175 (202/791) + 0,019 (284/791)] = - 0,015

- de l'élément colonne 1 (`Musique`) :

sur l'axe 1, avec $1/\sqrt{\lambda_1} = 1/\sqrt{0{,}0397} = 5{,}019$ on en déduit : $\hat{\varphi}^+_{11} = \frac{1}{\sqrt{\lambda_1}} \sum_{i=1}^{4} (\frac{k^+_{i1}}{k^+_{.1}}) \quad \hat{\psi}_{i1}$

= 5,019 [- 0,431 (59/599) – 0,041 (211/599) + 0,099 (275/599) + 0,373 (54/599]
= 0,113.

sur l'axe 2, avec $1/\sqrt{\lambda_2} = 1/\sqrt{0{,}0397} = 9{,}366$ on en déduit : : $\hat{\varphi}^+_{12} = \frac{1}{\sqrt{\lambda_2}} \sum_{i=1}^{4} (\frac{k^+_{i1}}{k^+_{.1}}) \quad \hat{\psi}_{i2}$

= 9,366 [- 0,022 (59/599) + 0,097 (211/599) – 0,117 (275/599) + 0,166 (54/599]
= 0,063.

b. Les qualités de représentation des éléments supplémentaires :

- Le calcul des distances : à partir des données des tableaux des fréquences ci-dessus, donnons les tableaux contenant les termes qui permettent de calculer les distances d^2 (Adultes , G) et d^2 (Musique , H) :

$(\frac{f_{+1j}}{f_{+1.}\sqrt{f_{.j}}} - \sqrt{f_{.j}})^2$	Termes individuels du calcul			Total des termes d^2 (Adultes , G)
Adultes	0,00059	0,00001	0,00057	0,00117

$(\frac{f^+_{i1}}{f^+_{.1}\sqrt{f_{i.}}} - \sqrt{f_{i.}})^2$	Termes individuels du calcul				Total des termes d^2 (Musique , H)
Musique	0,00680	0,00247	0,00640	0,00103	0,01670

Tableau 4.5-4 : Tableaux des termes pour le calcul des distances d^2 (Adultes , G) et d^2 (Musique , H) .

A partir de ces distances donnons les qualités de la représentation (`qlt`) :

- de la ligne 1_+ (`Adultes`) :

sur l'axe 1 : qlt_1(Adultes) = $\hat{\psi}^{+2}_{11}$ / d_3^2(Adultes , G) = $(0{,}032)^2$ / 0,00117 = 0,847 sur l'axe 2 : qlt_2(Adultes) = $\hat{\psi}_{21}^{+2}$ / d_3^2(Adultes , G) = $(-0{,}015)^2$ / 0,00117 = 0,153

- de la colonne 1_+ (Musique) :

sur l'axe 1 : qlt_1(Musique) = $\hat{\varphi}_{11}^{+2}$ / d_4^2(Musique , H) = $(0{,}113)^2$ / 0,0167 = 0,761

sur l'axe 2 : qlt_2(Musique) = $\hat{\varphi}_{21}^{+2}$ / d_4^2(Musique , H) = $(0{,}063)^2$ / 0,0167 = 0,239

C. Le calcul à l'aide du classeur AFC des coordonnées et des qualités de la représentation (qlt) des éléments supplémentaires :

Sur la feuille Données du classeur AFC les cellules orangées (déprotégées) nous servent à donner des éléments supplémentaires : cinq colonnes supplémentaires de P à T d'effectifs notées K^+, (de libellés CS1, ..., CS5) et 10 lignes supplémentaires de 119 à 128 d'effectifs notées K+, (de libellés IS1, ..., IS10). Ici nous ne prenons qu'une ligne supplémentaire la ligne 119, dont le libellé en B119 est renommé Adultes et une colonne supplémentaire, la colonne P, dont le libellé est renommé Musique. Nous inscrivons sur cette ligne et cette colonne les valeurs supplémentaires précédentes, mais rappelons qu'au chargement de l'exemple 2 par le classeur AFC ces éléments supplémentaires ont été pris en compte. Remarquez aussi que le bloc K3:K4 doit contenir le nombre de ces éléments supplémentaires, si ce n'est pas le cas, c'est-à-dire, si vous avez vous-mêmes entré les valeurs vous devrez y reporter les valeurs 1 et 1, soit en tapant ces valeurs soit en utilisant les toupies. Automatiquement le calcul des coordonnées et des qualités de la représentation est effectué. Précisons les étapes conduisant à ces calculs.

La feuille Fréquences contient les étapes permettant le calcul des distances :

- le tableau des fréquences f_{+ij} (noté F+) dans le bloc B120:L129 ;
- le tableau des fréquences f^+_{ij} (noté F^+) dans le bloc P16:T115.

La feuille coord_lig contient le calcul des coordonnées des points lignes supplémentaires dans le bloc C110:K119.

La feuille coord_col contient le calcul des coordonnées des points colonnes supplémentaires dans le bloc C22:K26.

La feuille coord_lig_2 donne le calcul des carrés des coordonnées des points lignes supplémentaires. Le carré de leur distance au centre de gravité est donné dans le bloc L109:L118.

La feuille coord_col_2 donne le calcul des carrés des coordonnées des points colonnes supplémentaires. Le carré de leur distance au centre de gravité est donné dans le bloc L18:L22.

(les blocs que nous avons cités sont prévus pour 10 lignes et 5 colonnes supplémentaires, pour notre exemple il conviendra de ne retenir que la ligne ou la colonne concernée).

Ces résultats de calculs sont reportés sur les feuilles `synth_lig` et `synth_col` :

- la feuille `synth_lig` : le bloc `B112:AL121` contient à la ligne `212` le calcul des coordonnées (notées ψ+) en colonnes `C` et `G`, les qualités de la représentation (notées `qlt`) se trouvant sur les colonnes `D` et `H` ;
- la feuille `synth_col` : le bloc `B20:AL24` contient à la ligne `20` le calcul des coordonnées (notées ϕ+) en colonnes `C` et `G`, les qualités de la représentation (notées `qlt`) se trouvant sur les colonnes `D` et `H`.

On retrouve les résultats précédents à quelques approximations près par rapport aux calculs effectués à la main.

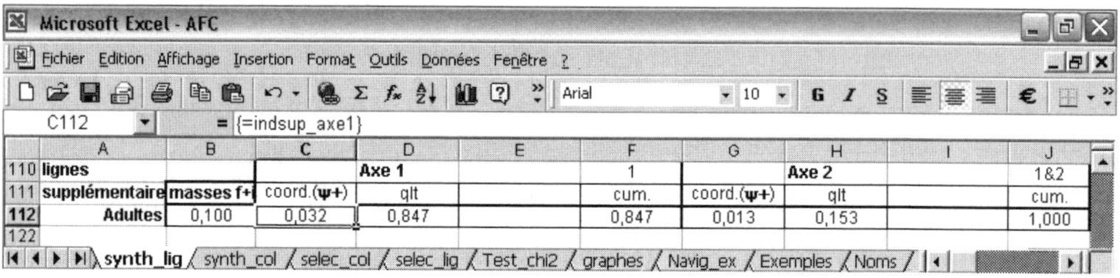

Figure 4.5-1 : Les coordonnées et les qualités de la représentation (qlt) de la ligne supplémentaire de l'exemple 2, la ligne des formules vous indique le contenu de la cellule C112 qui calcule la première coordonnée.

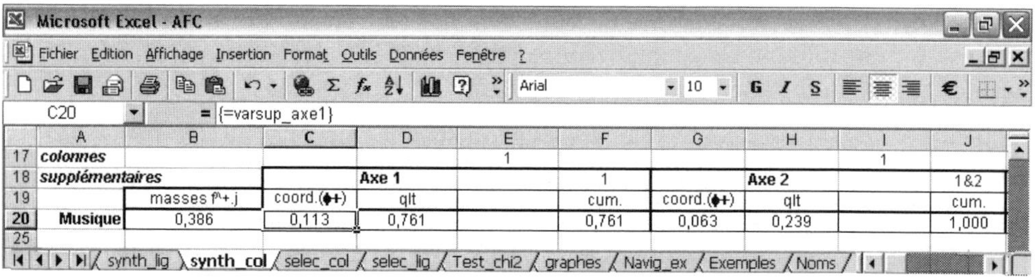

Figure 4.5-2 : Les coordonnées et les qualités de la représentation (qlt) de la colonne supplémentaire de l'exemple 2, la ligne des formules vous indique le contenu de la cellule C20 qui calcule la première coordonnée.

Ces éléments supplémentaires sont affichés sur la feuille `Graphes` avec leurs libellés où on prend cette fois les deux axes principaux, l'axe 1 en horizontal et l'axe 2 en vertical.

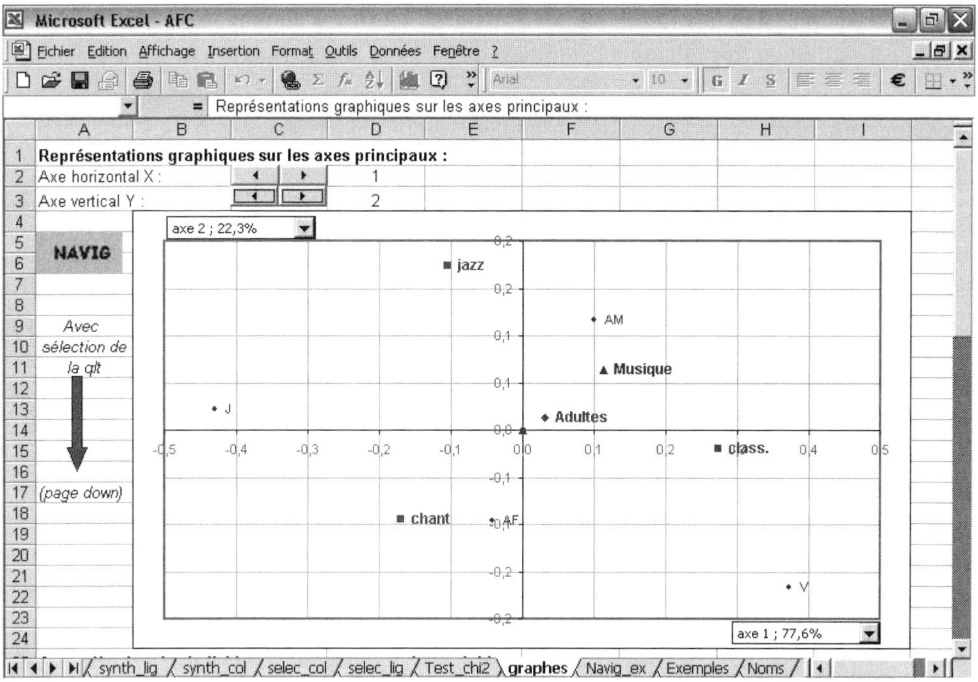

Figure 4.5-3 : La feuille Graphes de l'exemple 2 avec le positionnement des éléments supplémentaires.

On remarque sur ce graphe du plan factoriel 1&2 que la ligne `Adultes` se situe à équidistance des points-lignes `AF` et `AM` et que la colonne `Musique` est aussi à équidistance des points-colonnes `jazz` et `class.`. Nous reviendrons plus loin sur l'interprétation en terme de proximités des points-lignes et des points-colonnes.

4.5.5. Sélections avancées

Nous avons vu, dans le paragraphe 4.4, que l'interprétation et la lecture correcte des représentations sur les plans factoriels reposaient sur la qualité de la représentation et la contribution relative des lignes et des colonnes sur les axes factoriels et par conséquent sur les plans associés. Pour cela nous avons calculé les qualités de représentation d'une ligne ou d'une colonne (notées `qlt`) et les contributions relatives de ces points à l'inertie de l'axe (notées `cr`).

Dans la remarque du paragraphe 3.4.4 nous avons donné des critères de bonne représentation selon la valeur de ces qualités de représentation (les cos² de l'ACP, notés aussi `qlt`). Si l'étude comporte peu de lignes ou de colonnes une lecture des colonnes contenant ces valeurs de qualités de représentation permet d'en faire ressortir aisément les lignes et les colonnes les mieux représentées selon le critère choisi, mais cette lecture devient très fastidieuse dès que leur nombre est grand. Il en est de même pour les contributions relatives des lignes ou des colonnes. Ainsi une automatisation de cette tâche est un gain de temps considérable.

A cet effet, nous avons ajouté, comme en ACP, deux feuilles supplémentaires à notre classeur, les feuilles `selec_col` et `selec_lig` qui conduiront à des présentations modifiées sur la partie basse de la feuille `graphes`.

- La feuille `selec_col` : vous sélectionnerez cette feuille en effectuant

  Navig / flèche bleue bas / selec_col

  L'axe horizontal (`Axe X`) sera choisi par un menu déroulant sur la fenêtre située sur le bloc `C6:D6`, la fenêtre donnera le nom de l'axe et son inertie, vous choisirez de même l'axe vertical (`Axe Y`) dans la fenêtre située sur le bloc `F6:G6`. Le plan factoriel sera celui de ces deux axes sélectionnés : les numéros des axes, sous la forme d'un couple, apparaîtront en `H7` et l'inertie de ce plan, somme des deux inerties précédentes, en `I9`.

  Pour chacun des axes et des plans factoriels que vous avez sélectionnés, vous avez le choix des critères dans les cellules de la ligne 8 (par exemple en `B8` pour la qualité de la représentation `qlt` sur l'axe `X` et en `C8` pour la contribution relative `cr`), ces critères sont indépendants d'un axe à l'autre. Les choix de ces critères pourront être par exemple ceux du paragraphe 3.4.4. Les cellules contenant les critères sont colorées en jaune clair et donc déprotégées. Vous pouvez à tout moment modifier votre critère. Une fois ces valeurs entrées, un appel à la feuille `synth_col`, sélectionne les colonnes retenues pour ce critère et le libellé de la colonne apparaît : par exemple sur la copie d'écran ci-dessous la colonne `Class.` est retenue sur l'axe X pour les deux critères car sa qualité de représentation est supérieure à 0,9 (elle vaut 0,995) et sa contribution relative (0,644) est supérieure à 0,33=1/3, de même la colonne `jazz` est retenue deux fois sur l'axe Y car sa qualité de représentation est supérieure à 0,7 (elle vaut 0,739) et sa contribution relative (0,739) est supérieure à 0,33=1/3 . En vis à vis de la colonne retenue par sa qualité de représentation est reporté le signe de sa coordonnée sur l'axe, par exemple cette colonne `Class.` est de signe positif. Ceci est très pratique pour juger d'un coup d'œil les positions respectives des colonnes bien représentées. Il faudra seulement se méfier des points-colonnes proches de l'origine, mais la consultation du graphe nous y aidera. Comme les critères sont indépendants, il peut arriver que des colonnes ne soient pas représentées sur les axes mais représentées sur les plans et réciproquement (n'oublions pas aussi que le $\cos^2$ d'un plan est la somme des $\cos^2$ des axes le formant).

Remarques :

- si les critères des axes sont donnés avec des décimales, par exemple 0,9 pour la `qlt` de l'axe 1, nous donnerons la `qlt` du plan par un nombre entier qui exprime en fait un pourcentage, par exemple la valeur 9 en `H6` signifie 90% (nous vous rappelons en `F7` qu'il faut multiplier cette valeur par 10% en indiquant `x10%`), ceci pour des raisons de sélection automatique sur les graphes.

- dans la cellule `D4` nous donnons la valeur v = 1/nombre de colonnes qui peut-être un critère possible de la contribution relative d'une colonne à la formation de l'axe. Une valeur `cr` supérieure à cette valeur v montre que cette colonne participe plus fortement à la constitution de l'axe et d'autant plus que cette valeur est forte. Cette valeur sera automatiquement prise à l'ouverture du classeur mais vous pouvez la changer.

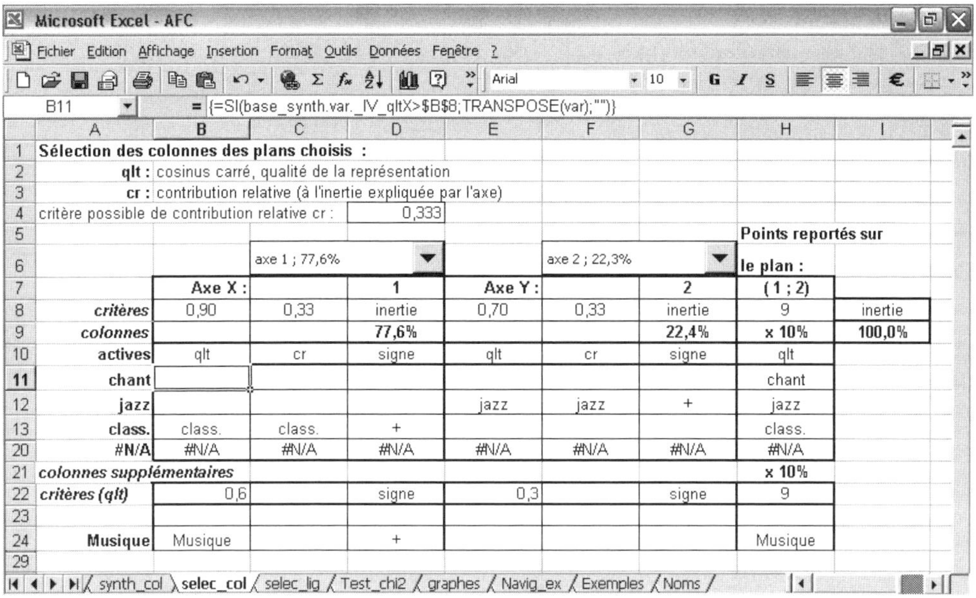

	A	B	C	D	E	F	G	H	I
1	**Sélection des colonnes des plans choisis :**								
2	**qlt :**	cosinus carré, qualité de la représentation							
3	**cr :**	contribution relative (à l'inertie expliquée par l'axe)							
4	critère possible de contribution relative cr :			0,333					
5								**Points reportés sur**	
6			axe 1 ; 77,6%			axe 2 ; 22,3%		**le plan :**	
7		**Axe X :**		**1**	**Axe Y :**		**2**	**(1 ; 2)**	
8	***critères***	0,90	0,33	inertie	0,70	0,33	inertie	9	inertie
9	***colonnes***			**77,6%**			**22,4%**	**x 10%**	**100,0%**
10	**actives**	qlt	cr	signe	qlt	cr	signe	qlt	
11	**chant**							chant	
12	**jazz**				jazz	jazz	+	jazz	
13	**class.**	class.	class.	+				class.	
20	**#N/A**	#N/A	#N/A	#N/A	#N/A	#N/A	#N/A	#N/A	
21	***colonnes supplémentaires***							**x 10%**	
22	***critères (qlt)***	0,6		signe	0,3		signe	9	
23									
24	**Musique**	Musique		+				Musique	
29									

Figure 4.5-4 : La feuille selec_col du classeur AFC (Ex_2) de sélection des colonnes selon les critères de la ligne 8 (resp. 22) pour les colonnes actives (resp. supplémentaires).

- La feuille `selec_lig` : vous sélectionnerez cette feuille en effectuant

Navig / flèche bleue bas / selec_lig

Pour chacun des axes nous avons procédé de la même façon que pour les lignes. Au bas de la colonne des lignes sélectionnées (ligne `110`) apparaît le pourcentage de lignes sélectionnées pour les critères choisis.

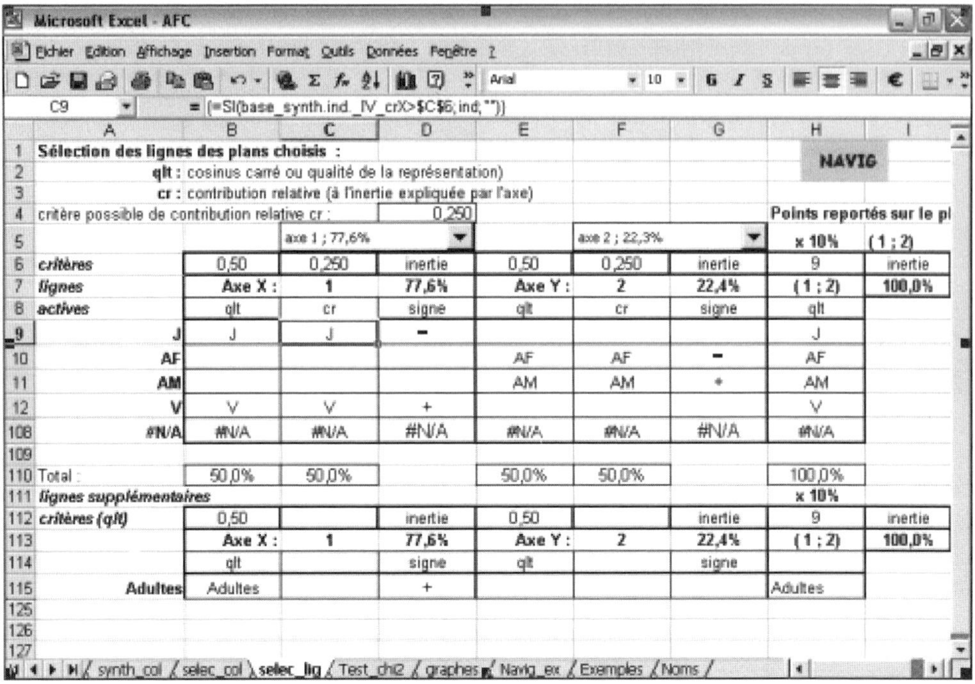

	A	B	C	D	E	F	G	H	I
1	Sélection des lignes des plans choisis :							NAVIG	
2	qlt : cosinus carré ou qualité de la représentation)								
3	cr : contribution relative (à l'inertie expliquée par l'axe)								
4	critère possible de contribution relative cr :			0,250				Points reportés sur le pl	
5			axe 1 ; 77,6%			axe 2 ; 22,3%		x 10%	(1 ; 2)
6	critères	0,50	0,250	inertie	0,50	0,250	inertie	9	inertie
7	lignes	Axe X :	1	77,6%	Axe Y :	2	22,4%	(1 ; 2)	100,0%
8	actives	qlt	cr	signe	qlt	cr	signe	qlt	
9	J	J	J	-				J	
10	AF				AF	AF	-	AF	
11	AM				AM	AM	+	AM	
12	V	V	V	+				V	
108	#N/A	#N/A	#N/A	#N/A	#N/A	#N/A	#N/A	#N/A	
109									
110	Total :	50,0%	50,0%		50,0%	50,0%		100,0%	
111	lignes supplémentaires							x 10%	
112	critères (qlt)	0,50		inertie	0,50		inertie	9	inertie
113		Axe X :	1	77,6%	Axe Y :	2	22,4%	(1 ; 2)	100,0%
114		qlt		signe	qlt		signe		
115	Adultes	Adultes		+				Adultes	
125									
126									
127									

Figure 4.5-5 : La feuille selec_lig du classeur AFC (Ex_2) de sélection des lignes selon les critères de la ligne 6 (resp. 112) pour les lignes actives (resp. supplémentaires).

- La feuille `graphes` (partie basse) : vous sélectionnerez cette feuille en effectuant

  Navig / graphes / flèche bleue bas (page down)

  Les graphes sur les plans factoriels intègrent ces sélections en associant aux colonnes et aux lignes sélectionnées les étiquettes (les libellés) correspondantes, les autres points non sélectionnés apparaissent néanmoins mais sans étiquettes. Ceci a l'avantage très important de rendre les graphiques beaucoup plus clairs et ce faisant beaucoup plus lisibles. Vous sélectionnez directement dans les menus déroulants les axes choisis et les valeurs des qlt que vous désirez pour les points actifs et supplémentaires. Donnons à titre d'exemple la représentation du plan factoriel 1&2 de l'exemple 2 avec les sélections précédentes.

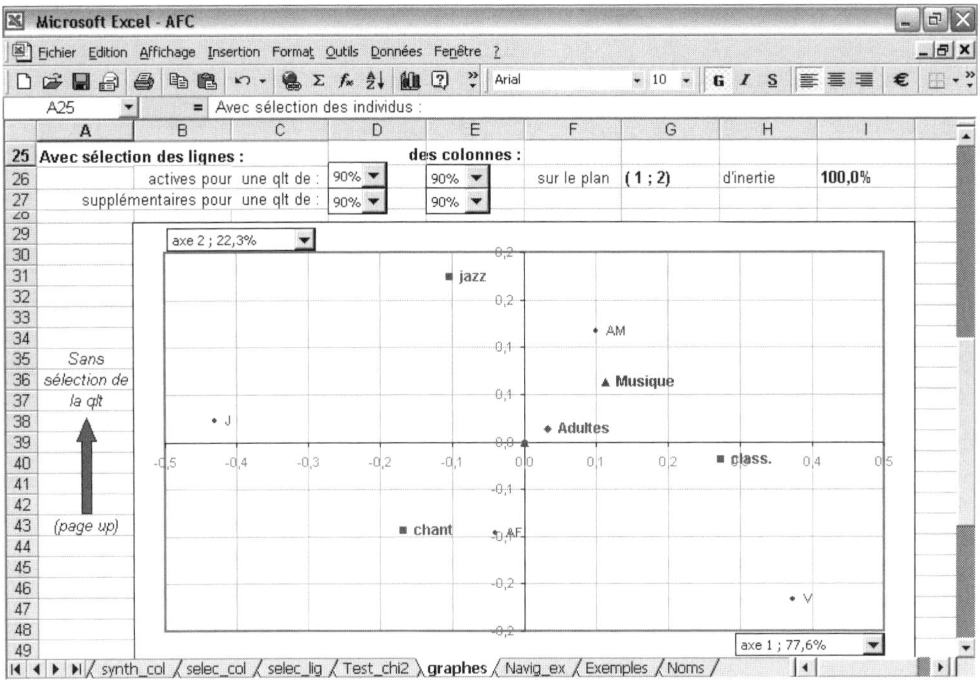

Figure 4.5-6 : La feuille graphe_selec du classeur AFC avec sélection des colonnes et des lignes (actives et supplémentaires) sur le plan factoriel 1&2.

On peut, sans risque, interpréter facilement ce plan. Les personnes âgées, adeptes de la musique classique s'opposent aux jeunes sur l'axe 1 qui préfèrent les chansons. L'axe 2 oppose les adultes masculins intéressés par le jazz, aux adultes féminins partagés entre les chansons et la musique classique.

4.6. Le classeur AFC

Dans ce paragraphe nous supposons que le lecteur connaît les bases de la théorie de l'analyse factorielle des correspondances (AFC) et sait effectuer les calculs matriciels inhérents à cette théorie. Nous allons donc simplement donner la structure du classeur AFC, rappeler les grandes lignes de l'interprétation d'une analyse factorielle des correspondances et effectuer des applications sur des exemples.

Nous renvoyons le lecteur au début du paragraphe 3.7.1 pour la description des icônes et des flèches de la feuille `Navig`, feuille sur laquelle vous arrivez à l'ouverture du classeur AFC.

Nous indiquons par une suite de pressions sur les boutons, représentés par leur nom et séparés de slashes, les actions à effectuer. Ainsi pour atteindre la feuille `Données` que nous détaillons ci-dessous vous devrez effectuer **Navig / Données** si vous n'étiez pas sur la feuille `Navig`, ou simplement **Données** si vous étiez déjà sur la feuille `Navig`. Ces instructions seront précédées de $\Rightarrow$ qui signifiera que vous devrez exécuter les actions qui suivent ce symbole.

$\Rightarrow$ **Navig / Données**

La feuille `Données` : c'est sur cette feuille que l'on entre les données (le tableau `K` des effectifs) dans le bloc `B15:L115`, avec les libellés des colonnes (première ligne de ce tableau) et les libellés des lignes (première colonne de ce tableau). Ce sont les libellés que vous aurez écrits qui s'afficheront sur les graphes. Vous pouvez prendre 100 lignes au plus et 10 colonnes au plus. Les lignes supplémentaires sont à donner dans le bloc `B119:L128` (10 au plus) et les colonnes supplémentaires dans le bloc `P15:T115` (5 au plus). Une fois vos données entrées, vous sélectionnez le nombre de lignes actives ou supplémentaires, le nombre de colonnes actives ou supplémentaires que vous désirez étudier dans les blocs `D3:D4` et `K3:K4`, soit par les toupies, soit en tapant les valeurs. Vous pouvez sélectionner moins de lignes ou de colonnes que celles du tableau K, ce sont les valeurs sélectionnées qui définissent les matrices (K, K^+, K_+) sur lesquelles se feront les calculs.

Ces blocs sont déprotégés et colorés en jaune clair pour les actifs et en orange pour les supplémentaires. Le bloc `M15:O115` et la ligne `B16:L116` sont aussi déprotégés, ce qui peut-être intéressant pour les utiliser comme « pivot » pour échanger dans une application actifs et supplémentaires. En `C14` figure le nombre de lignes du tableau K. Vous pouvez aussi entrer directement des données d'exemple :

$\Rightarrow$ **Navig / Exemples / Ex_0** : videra vos tableaux de toutes leurs données, c'est ce qu'il faudrait faire avant de rentrer ses propres données ;

$\Rightarrow$ **Navig / Exemples / Ex_3** : chargera l'exemple 3, en précisant le nombre de lignes et de colonnes actives et/ou supplémentaires. Vous pouvez charger cet exemple qui contient 10 lignes et 4 colonnes actives, 3 lignes et 3 colonnes supplémentaires.

⇒ Navig / flèche bleue bas / val_pr

La feuille `val_pr` : vous arrivez ainsi directement au tableau résumé du calcul des valeurs propres ainsi qu'à un diagramme en bâtons de l'inertie des axes associés. Nous donnons de plus la distorsion à la projection (cette notion est précisée dans la remarque du paragraphe 4.3.5 (B-b)).

⇒ Navig / flèche bleue bas / synth_lig

La feuille `synth_lig` : cette feuille est consacrée au calcul des coordonnées et de la qualité de la représentation des individus. On rappelle en colonne `B` de cette feuille les masses $f_{i.}$ des lignes, en colonne `C` les coordonnées des lignes actives sur l'axe principal F_1 (`axe 1`), la colonne `D` donne la qualité de représentation sur cet axe (`qlt`), la colonne `E` donne la contribution relative de la ligne à cet axe (`cr`) et la colonne `F` le cumul des qualités de représentation (`cum.`) ; de même avec les colonnes `G`, `H`, `I` et `J` pour l'axe principal F_2 (`axe 2`) et ainsi de suite pour tous les axes principaux. La colonne `cum.` cumule les cosinus carrés en effectuant leur somme : pour un axe la valeur obtenue est la même que celle de l'axe (colonne `D : axe 1`), pour deux axes on ajoute au cosinus carré du premier le cosinus carré du deuxième (colonne `J : axe 1&2`) et on pourrait continuer en cumulant la somme sur l'ensemble des axes principaux.

Les coordonnées et la qualité de la représentation des individus supplémentaires sont données de la ligne `112` à la ligne `121` de cette feuille.

⇒ Navig / flèche bleue bas / synth_col

La feuille `synth_col` : cette feuille reprend pour les colonnes ce qui a été décrit précédemment pour les lignes.

Les coordonnées et la qualité de la représentation des variables supplémentaires sont données de la ligne `20` à la ligne `24` de cette feuille.

⇒ Navig / flèche bleue bas / selec_ind

La feuille `selec_lig` : cette feuille est consacrée à la sélection des lignes selon leur qualité de représentation (`qlt`). L'axe horizontal (`Axe X`) sera choisi par un menu déroulant sur la fenêtre située sur le bloc `C5:D5`, la fenêtre donnera le nom de l'axe et son inertie, vous choisirez de même l'axe vertical (`Axe Y`) dans la fenêtre située sur le bloc `F5:G5`. Le plan factoriel sera celui de ces deux axes sélectionnés : les numéros des axes, sous la forme d'un couple, apparaîtront en `H7` et l'inertie de ce plan, somme des deux inerties précédentes, en `I7`.

Pour chacun des axes et des plans factoriels que vous avez sélectionnés, vous avez le choix des critères dans les cellules de la ligne `6` (par exemple en `B6` pour la qualité de la représentation `qlt` sur l'axe `X` et en `C6` pour la contribution relative `cr` à la constitution de l'axe `X`), ces critères sont indépendants d'un axe à l'autre. Les choix de ces critères pourront être par exemple ceux du paragraphe 3.4.4. Les cellules contenant les critères sont colorées en jaune clair et donc déprotégées. Vous pouvez à tout moment modifier votre critère. Une fois ces valeurs entrées, un appel à la feuille `synth_lig`, sélectionne les lignes retenues pour ce critère et le libellé de la ligne apparaît.

Dans la cellule D4 nous donnons la valeur v = 1/(nombre de lignes) qui peut-être un critère possible de la contribution relative d'un individu à la formation de l'axe.

⇒ Navig / flèche bleue bas / selec_col

La feuille `selec_col` : cette feuille est consacrée à la sélection des colonnes selon la même procédure que pour les lignes.

Remarquez que les axes associés aux lignes et aux colonnes sont les mêmes : dès que vous changez un axe du plan pour les lignes, cette modification est répétée pour les colonnes et réciproquement.

⇒Navig / flèche bleue bas / graphes

La feuille de représentation graphique `graphes` : la partie haute de cette feuille contient les graphes sans sélection des points et la partie basse les graphes avec sélection des points selon leur `qlt`. Quand vous êtes sur cette feuille et que vous cliquez sur

flèche bleue bas

vous obtenez les graphes, sur le plan factoriel choisi, qui intègrent ces sélections en associant aux lignes et/ou aux colonnes sélectionnées les étiquettes (les libellés) correspondantes, les autres points non sélectionnés apparaissent néanmoins mais sans étiquettes. Ceci a l'avantage très important de rendre les graphiques beaucoup plus clairs et ce faisant beaucoup plus lisibles.

Précisons les manipulations que vous pouvez effectuer sur ces représentations graphiques qui font du classeur AFC un outil réellement convivial et interactif.

La feuille `graphes` : dans le bloc `D2:D3` de la partie haute de cette feuille, vous sélectionnez l'axe horizontal X et l'axe vertical Y, axes sur lesquels se font votre représentation. Les noms de ces axes et leur inertie, apparaissent comme légende sur la représentation graphique. En cliquant sur la flèche bleue (notée `page down`) vous aboutissez à la représentation graphique avec la sélection des lignes et/ou colonnes. Le choix de la `qlt` des lignes actives effectué sur la feuille `selec_lig` apparaîtra sur la fenêtre de la cellule `D26`, mais vous pouvez directement modifier dans la liste déroulante ce choix en sélectionnant un pourcentage. Ce nouveau choix sera activé dans la feuille `selec_lig`. Vous procéderez de la même façon pour les lignes supplémentaires. Vous avez aussi accès directement au choix des axes en sélectionnant les axes dans les menus déroulants des fenêtres. Si elles ne sont pas sélectionnées, les lignes restent néanmoins apparentes par leurs marques. Le traitement graphique de la sélection des colonnes est en tout point identique à celle des lignes. Les lignes et les colonnes sont représentées simultanément sur les graphes, mais dans la partie basse de la feuille, vous pourrez sélectionner indépendamment les `qlt` des lignes et des colonnes, actives ou supplémentaires.

Il ne faut pas oublier que nous travaillons sous Excel et que les graphiques, bien qu'ils soient automatiquement générés, peuvent être modifiés en utilisant les larges commodités d'Excel dans l'élaboration des graphiques. Avant d'appliquer le classeur AFC sur un exemple de données démographiques, donnons un résumé pour l'interprétation d'une analyse factorielle des correspondances.

4.7. Un résumé pour l'interprétation d'une analyse factorielle des correspondances

Dans ce paragraphe nous allons donner un plan à suivre pour l'interprétation d'une analyse factorielle des correspondances. Ce plan ne peut être que partiel mais donnera les grandes lignes à respecter. En préambule insistons sur le fait, qu'en cas de doute sur l'interprétation des colonnes, des lignes, de leurs proximités il faut se référer au tableau des données initiales et que, seule une connaissance approfondie du domaine de l'étude en permet son interprétation. Nous donnons ici des critères « objectifs » d'interprétation mais qui, à eux seuls, ne seront peut-être pas suffisants pour une étude irréprochable.

- **Etape 1** : regarder le plan factoriel 1&2, formé par les axes factoriels 1 et 2. Sur ce plan il faut voir comment se répartissent les lignes et les colonnes. Trois situations typiques peuvent se présenter comme sur le schéma suivant :

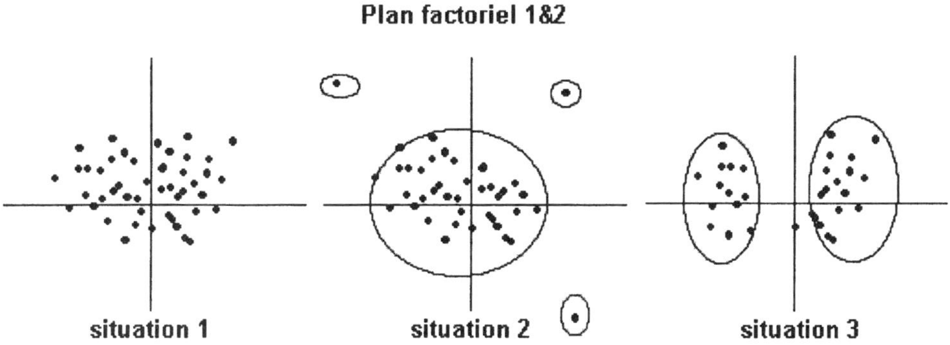

Figure 4.7-1 : Schéma représentant les trois situations typiques sur le plan factoriel 1&2.

- situation 1 : les lignes et les colonnes se répartissent uniformément sur le plan, c'est la situation idéale pour examiner de plus près les résultats de l'AFC ;
- situation 2 : quelques lignes et/ou colonnes sont isolées du nuage des autres lignes et colonnes, ces caractères faussent l'AFC, il est recommandé de les supprimer de l'analyse et de la refaire sans ces caractères, lesquels pourront être placés en supplémentaires ;
- situation 3 : quelques groupes de lignes et colonnes forment des nuages bien distincts, cela signifie que des sous-populations ont été mises en évidence. Si cette image représente le but recherché , c'est-à-dire mettre en évidence des sous-groupes où lignes et colonnes sont liées, on peut continuer l'analyse. Sinon cette existence de sous-groupes peut masquer le phénomène réel et il faudrait recommencer l'analyse sur chacun des sous-groupes.

- **Etape 2** : regarder les valeurs propres de chaque axe et les pourcentages de variation expliquée par chaque axe factoriel. Plus la valeur propre est proche de 1, plus les profils des points sont tranchés et réciproquement plus la valeur propre est proche de 0, plus les profils des points sont semblables.

On a vu (paragraphe 4.3.7) que le test du χ^2 sur le tableau de contingence des effectifs permet de tester l'indépendance entre les lignes et les colonnes, on regardera donc le résultat de ce test.

Le bon sens nous conduit à retenir les axes jusqu'à un seuil suffisant d'information en tenant compte de la valeur dégressive des valeurs propres. On ne retiendra, en première analyse, que les axes dont la part de variation est supérieure à I_T/inf(n-1,p-1) où I_T désigne l'inertie totale. Enfin, il peut apparaître qu'un axe éloigné de faible inertie soit intéressant car il est lié à une colonne ou une ligne particulièrement importante pour l'étude.

- **Etape 3** : étudier les colonnes. L'interprétation des colonnes se fait à partir :
  - De leur qualité de représentation (leur cos², noté aussi `qlt`), plus cette valeur est élevée, plus le point est corrélé à l'axe. Rappelons les critères usuels :

Très bonne représentation si `qlt` > 0,8

Bonne représentation si 0,65 < `qlt` ≤ 0,8

Représentation moyenne si 0,4 < `qlt` ≤ 0,65

Médiocre représentation si `qlt` ≤ 0,4

Les colonnes supplémentaires permettent de regarder les liaisons de ces colonnes avec les colonnes actives de l'étude.

Comme il peut arriver qu'un point ait un cos² (une `qlt`) faible, notamment pour les points se situant près de l'origine, on étudiera aussi un second indicateur : les contributions relatives.

- Les points dont les contributions relatives (`cr`) sont les plus fortes sont les principaux constituants de l'axe factoriel. Ce sont donc ces points qui déterminent l'axe.

En utilisant ces deux critères on sera à même d'interpréter les proximités entre points-colonnes.

- **Etape 4** : étudier les lignes. Dans l'AFC les lignes et les colonnes jouent un rôle symétrique. On peut reprendre les critères précédents pour étudier la qualité de la représentation (`qlt`) et la contribution relative (`cr`) des points-lignes sur les axes.
- **Etape 5** : étudier les représentations graphiques. L'étude de ces représentations se fait parallèlement aux étapes précédentes. Les graphes proposés en AFC donnent une représentation simultanée des points-lignes et des points-colonnes. Il est intéressant d'examiner sur ces graphiques les proximités des points bien représentés (la qualité de représentation et les contributions relatives sont garantes de cette bonne représentation) :
  - les proximités entre les points-lignes : deux points-lignes proches sur un plan factoriel signent un comportement semblable vis-à-vis des caractères de ce plan ;

- on concluera de même pour les proximités entre les points-colonnes ;
- les proximités des points-lignes et des points-colonnes : ici il faut être très prudent. La proximité d'un point-ligne et d'un point-colonne ne signifie pas forcément que le point-ligne est expliqué par le point-colonne ou réciproquement. Si la valeur propre de l'axe est proche de 1, il n'y a pas de problème, par contre si elle est très petite par rapport à 1, les points sont décalés par une homothétie de rapport inversement proportionnelle à la racine carrée de la valeur propre de l'axe (pour le calcul de ce coefficient de distorsion on se référera au paragraphe 4.3.5 (B-b)). Ce phénomème est encore amplifié sur un plan factoriel. Rappellons qu'en cas de doute sur l'interprétation il faut toujours se référer aux données initiales.

Nous allons utiliser ces étapes pour l'interprétation d'un exemple sur des données démographiques mais auparavant regardons l'exemple 3.

4.8. Simulations sur le classeur AFC

Vous avez du au début de la lecture du paragraphe précédent charger l'exemple 3. Sinon effectuez **Navig / Exemples / Ex_3**. Cet exemple contient 10 lignes et 4 colonnes actives, 1 ligne et 1 colonne supplémentaires, ces données sont fictives et servent seulement à montrer quelques points avancés dans le résumé précédent. Vous pourrez sur le tableau des données K, remplacer les valeurs actuelles par des valeurs qui vous semblent intéressantes pour effectuer vos propres simulations.

K	C1	C2	C3	C4	CS1
L1	160	65	28	12	66
L2	158	63	29	11	65
L3	1600	650	280	120	663
L4	12	28	65	160	66
L5	412	412	52	112	247
L6	120	120	90	70	100
L7	320	1114	387	387	552
L8	700	43	21	21	196
L9	12	60	189	53	79
L10	388	284	127	105	226
LS1	388	284	127	105	

Figure 4.8-1 : Les données de l'exemple 3 du classeur AFC.

Tous les points lignes et colonnes sont bien représentées sur le plan 1&2, on peut ainsi interpréter en toute tranquillité leurs proximités.

Les lignes L1 et L2 ont des valeurs très proches, elles sont représentées par des points très proches sur le graphe. La ligne L3 a les valeurs de L1 multipliées par 10, elle est représentée confondue avec L1.

La ligne L4 a les valeurs de L1 dans le sens décroissant de C1 à C4, elle est représentée « opposée » à L1, comme L1 est attirée par C1, L4 est attirée par C4.

Les lignes L5 et L6 ont des valeurs égales sur C1 et C2 et des valeurs relativement faibles sur C3 et C4 , elles se retrouvent ainsi entre C1 et C2, L6 étant aussi attirée par C3.

Les lignes L7 et L8 ont des valeurs identiques sur C3 et C4 et des valeurs relativement grandes sur C2 pour L7 et sur C1 pour L8 , elles sont attirées par les colonnes où elles ont cette forte valeur.

Les points L9 et L4 semblent proches : ils le sont car ils ont à peu près les mêmes profils, L9 étant plus attirée par C3, L4 étant plus attirée par C4.

La ligne L10 est la moyenne de toutes les lignes, elles se retrouve à l'origine du repère, confondue avec la ligne supplémentaire LS1 (identique à L10) et la colonne supplémentaire CS1 (moyenne de toutes les colonnes). Si on change le nombre de lignes actives en n'en prenant seulement que 9 (on supprime L10), le graphe reste inchangé, seul le libellé L10, disparaît. Voici la représentation graphique du plan 1&2 :

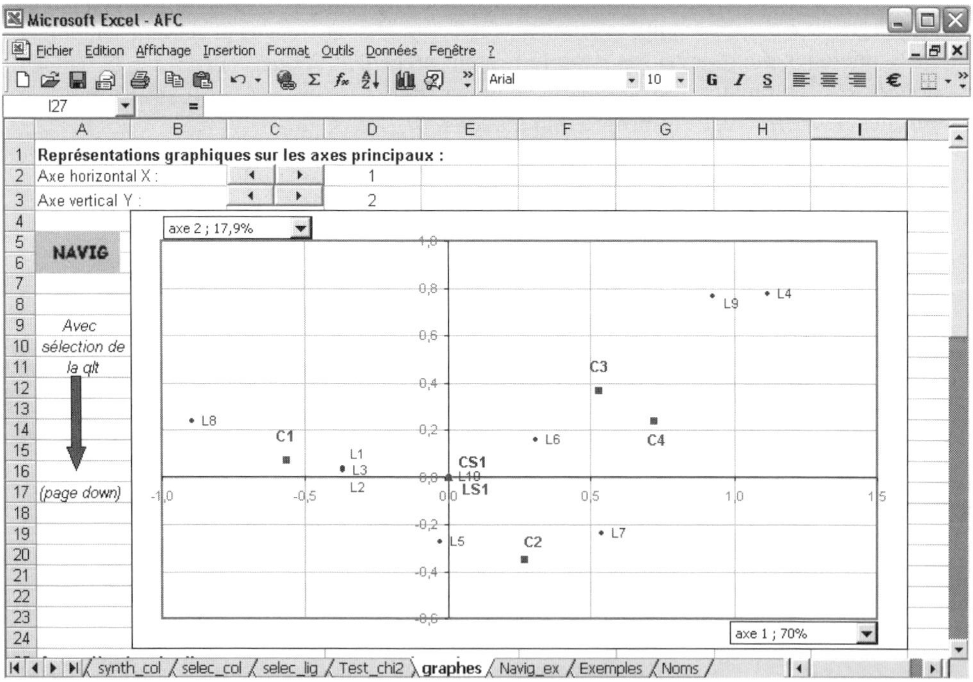

Figure 4.8-2 : La représentation graphique du plan 1&2 de l'exemple 3 traité par le classeur AFC.

4.9. Application et interprétation du classeur AFC sur l'exemple 4

A – Présentation des données : nous allons sur des données réelles, estimation des effectifs par classe d'âge au recensement de la population de 1999 (réf. 16) traiter et interpréter une AFC pour un tableau à 11 lignes (les classes d'âge) et 6 colonnes (les départements de la petite couronne d'Ile de France). Ce travail sera donc une utilisation du classeur AFC. Présentons tout d'abord les données utilisées :

- Les onze lignes sont les classes d'âge, exprimées en années, choisies dans ce rapport : 0-4, 5-9, 10-14, 15-19, 20-24, 25-54, 55-59, 60-64, 65-74, 75-84 et supérieur à 85.
- Les six colonnes sont les départements de la moyenne et petite couronne de Paris et Paris :

Paris	`Paris-75`
Essonne	`Esson-91`
Hauts-de-Seine	`HdeS-92`
Seine-Saint-Denis	`S-St-D-93`
Val-de-Marne	`VdeM-94`
Val-d'Oise	`Vd'O-95`

Figure 4.9-1 : Les colonnes de l'exemple utilisées dans le classeur AFC (Ex_4) (les libellés retenus figurent dans la colonne de droite).

B – Le classeur AFC : les données correspondant à ces lignes et ces colonnes, libellés inclus, sont entrées sur la feuille `Données` du classeur AFC en effectuant

Navig / Exemples / Ex_4

Au chargement de cet exemple, deux lignes et deux colonnes supplémentaires seront automatiquement prises en compte. Afin de ne pas les utiliser au début de cette étude nous remettons à zéro le compteur de ces éléments supplémentaires en tapant 0 (ou en utilisant les toupies) dans le bloc `K3:K4`.

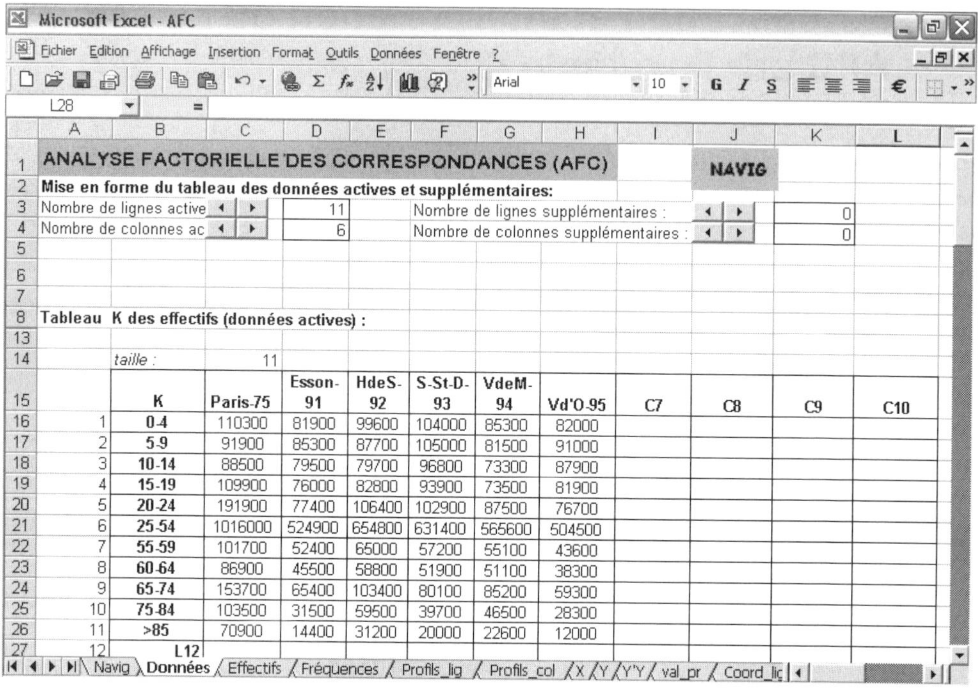

ANALYSE FACTORIELLE DES CORRESPONDANCES (AFC)

Mise en forme du tableau des données actives et supplémentaires:

Nombre de lignes active 11 — Nombre de lignes supplémentaires : 0

Nombre de colonnes ac 6 — Nombre de colonnes supplémentaires : 0

Tableau K des effectifs (données actives) :

taille : 11

	K	Paris-75	Esson-91	HdeS-92	S-St-D-93	VdeM-94	Vd'O-95	C7	C8	C9	C10
1	0-4	110300	81900	99600	104000	85300	82000				
2	5-9	91900	85300	87700	105000	81500	91000				
3	10-14	88500	79500	79700	96800	73300	87900				
4	15-19	109900	76000	82800	93900	73500	81900				
5	20-24	191900	77400	106400	102900	87500	76700				
6	25-54	1016000	524900	654800	631400	565600	504500				
7	55-59	101700	52400	65000	57200	55100	43600				
8	60-64	86900	45500	58800	51900	51100	38300				
9	65-74	153700	65400	103400	80100	85200	59300				
10	75-84	103500	31500	59500	39700	46500	28300				
11	>85	70900	14400	31200	20000	22600	12000				
12	L12										

Figure 4.9-2 : : La feuille Données du classeur AFC (Ex_4), remarquez que le bloc sélectionnant les éléments supplémentaires est remis à 0.

C – L'analyse factorielle des correspondances sur le classeur AFC :

Nous allons effectuer l'analyse factorielle des correspondances de ces données en suivant les étapes établies dans le paragraphe 4.7. :

- **Etape 1** : Regardons la représentation des points-lignes et des points-colonnes sur le plan factoriel 1&2 en effectuant

  Navig / flèche bleue bas / graphes

  et en sélectionnant 1 comme axe horizontal et 2 comme axe vertical :

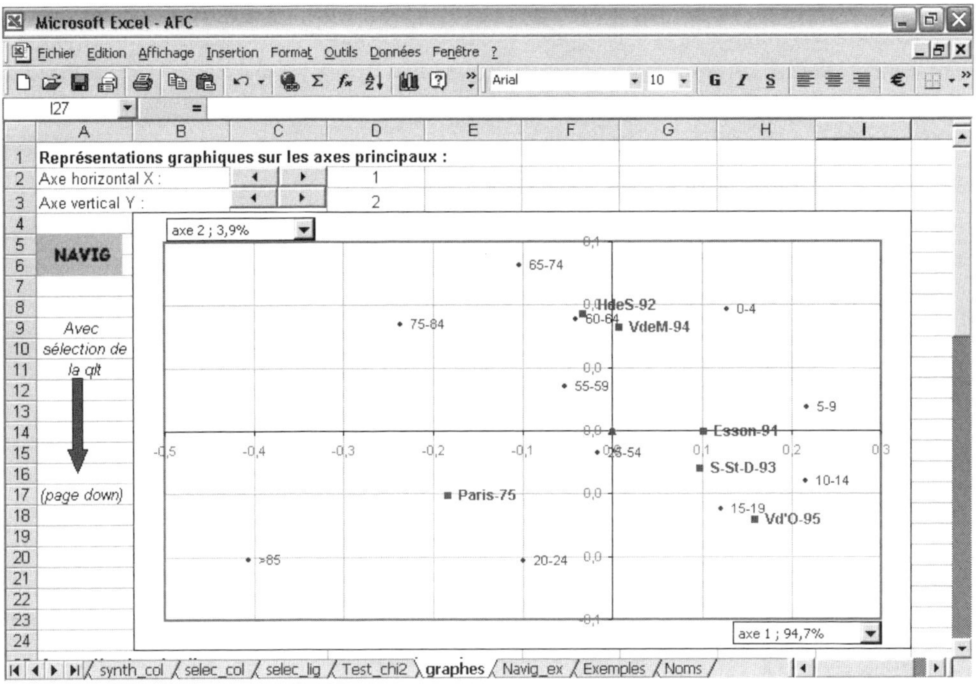

Figure 4.9-3 : Les points (lignes et colonnes) sur le plan factoriel 1&2 du classeur AFC (Ex_4).

Le nuage est régulièrement distribué sur le plan, nous allons donc examiner de plus près les résultats de l'analyse factorielle des correspondances sur le classeur AFC.

- **Etape 2** : la feuille `val_pr` donne les résultats des calculs de la diagonalisation :

⇒ Navig / flèche bleue bas / val_pr

Résumé du calcul des valeurs propres :

			% de l'inertie totale	% cumulé
axe 1 et v.p. l1 =	0,015	(vp1)	94,8%	94,8%
axe 2 et v.p. l2 =	0,001	(vp2)	4,0%	98,7%
axe 3 et v.p. l3 =	0,000	(vp3)	0,9%	99,6%
axe 4 et v.p. l4=	0,000	(vp4)	0,3%	100,0%
axe 5 et v.p. l5 =	0,000	(vp5)	0,0%	100,0%
total =	0,016			

Figure 4.9-4 : Les valeurs propres et les pourcentages d'inertie de AFC (Ex_4).

Ainsi, en se contentant du premier axe factoriel, 94,8 % de l'inertie du nuage sera expliquée. On considérera néanmoins le plan 1&2 (d'inertie 98,7%) et dirons quelques mots de l'axe 3.

⇒ Navig / flèche bleue bas / selec_lig et selec_col

Un rapide coup d'œil aux qualités de représentation (`qlt`) montrent que tous ces points, lignes et colonnes sont bien, voire très bien, représentées sur le plan 1&2 qui nous suffira pour l'étude.

⇒ Navig / flèche bleue bas / Test X²

Le test du χ^2 sur le tableau de contingence des effectifs nous permet de rejeter l'hypothèse d'indépendance entre les lignes et les colonnes avec une très grande sécurité (la valeur du χ^2 observé est de 132756 pour un seuil q (50,5%) de 67,5).

- **Etape 3** : Regardons la synthèse des colonnes donnée par le feuille `selec_col` :

⇒ Navig / flèche bleue bas / selec_col

	qlt	cr		qlt	cr		qlt
Critère :	0,93	0,17	sgn.	0,50	0,17	sgn.	0,93
colonnes	**Axe 1**			**Axe 2**			**plan 1&2**
Paris-75	Paris-75	Paris-75	-		Paris-75		Paris-75
Esson-91	Esson-91		+				Esson-91
HdeS-92				HdeS-92	HdeS-92	+	HdeS-92
S-St-D-93	S-St-D-93		+				S-St-D-93
VdeM-94				VdeM-94	VdeM-94	+	VdeM-94
Vd'O-95	Vd'O-95	Vd'O-95	+		Vd'O-95		Vd'O-95
Total :	4	2		2	4		6

Figure 4.9-5 : Sélection des colonnes à partir de la feuille selec_col de AFC (Ex_4) pour des critères donnés en première ligne.

Ces résultats proviennent des sélections automatiques effectuées sur les résultats de la feuille `synth_col` que nous rappelons ci-dessous :

Colonnes	masses f.j	phi 1j	qlt1j	cr1j	phi 2j	qlt2j	cr2j
Paris-75	0,253	-0,183	0,987	0,566	0,021	0,013	0,175
Esson-91	0,135	0,102	0,934	0,094	0,000	0,000	0,000
HdeS-92	0,170	-0,033	0,429	0,013	-0,037	0,528	0,368
S-St-D-93	0,165	0,098	0,959	0,106	0,012	0,015	0,039
VdeM-94	0,146	0,008	0,051	0,001	-0,033	0,900	0,249
Vd'O-95	0,132	0,159	0,960	0,221	0,028	0,031	0,169

Figure 4.9-6 : Les résultats de la feuille synth_col du classeur AFC (Ex_4) sur les deux premiers axes factoriels.

L'étude des contributions relatives (cr) et des qualités de représentation (qlt) montre clairement que :

- Les contributions relatives de deux caractères se détachent nettement sur l'axe 1 : Paris-75 et Vd'O-95, Paris-75 avec 0,57 et Vd'O-95 avec 0,22. On gardera aussi Esson-91 et S-St-D-93 de contributions relatives de 0,09 et 0,11 respectivement. Ces quatre caractères sont très bien représentés sur l'axe 1 (qlt > 0,93). Il faut maintenant relier ces contributions aux coordonnées des points sur l'axe : négatives pour Paris-75 et positives pour les trois autres (Vd'O-95, Esson-91 et S-St-D-93).

  Le premier axe oppose donc Paris aux trois autres départements.
- l'axe 2 oppose HdeS-92 et VdeM-94 (caractères explicatifs de l'axe, bien et très bien représentés, qui apparaissaient au centre sur l'axe 1) aux autres départements.

• **Etape 4** : reproduisons la sélection automatique des lignes en fonction des critères que nous avons choisi :

⇒ **Navig / flèche bleue bas / selec_lig**

Critère :	qlt	cr		qlt	cr		qlt
	0,75	0,09	sgn.	0,50	0,09	sgn.	0,80
lignes	**Axe 1**			**Axe 2**			**Plan 1&2**
0-4	0-4		+		0-4		0-4
5-9	5-9	5-9	+				5-9
10-14	10-14	10-14	+				10-14
15-19	15-19		+				15-19
20-24	20-24		-		20-24		20-24
25-54	25-54		-				25-54
55-59							
60-64							60-64
65-74	65-74		-		65-74		65-74
75-84	75-84	75-84	-				75-84
>85	>85	>85	-				>85
Total :	81,8%	36,4%		0,0%	27,3%		90,9%

Figure 4.9-7 : Extrait de la feuille selec_lig du classeur AFC (Ex_4) sur le plan 1&2.

- sur l'axe 1 s'opposent les 5-9, 10-14 aux 75-84 et >85. Ces caractères sont tous les quatre très bien représentés. A ces caractères sont liés tous les autres bien et très bien représentés. Deux groupes s'opposent en fonction de l'âge : ceux de coordonnées négatives (les plus de 20 ans) à ceux de coordonnées positives (les moins de 20 ans).
- sur l'axe 2, les 20-24 s'opposent aux 0-4 et 65-74, caractères très faiblement représentés. Remarquons la moyenne représentation de la ligne 60-64 à cet axe.

En résumé trois groupes se dessinent :

- un groupe autour de Paris-75 : les 20-24, les 75-84 et >85 qui s'oppose à
- un groupe autour de Vd'O-95, S-St-D-93 et Esson-91 : les 5-9, 10-14 et 15-19 ;
- ces deux groupes s'opposent à un groupe autour de VdeM-94 et HdeS-92 : les 0-4 et les 60-64 et 65-74 ;

Remarquons que :

- le point 25-54 qui se situe au centre est en fait réparti sur l'ensemble des axes et est très proche des trois groupes ;

- l'axe 3 est expliqué par Esson-91, avec une contribution relative de 0,69, et par les classes 55-59 et 60-64 de contributions relatives respectives de 0,25 et 0,14. Ces points sont liés sur le plan 1&3 et apparaissent pour une qlt supérieure à 0,6.

Donnons l'image des lignes et des colonnes ainsi sélectionnés à partir de la représentation graphique du plan 1&2 de la feuille graphes.

Remarque : nous avons choisi de ne faire apparaître que les points individus très bien ou bien représentés pour alléger les graphiques, d'autres graphes peuvent bien sûr être effectués, il suffit que vous modifiez les critères choisis sur les feuilles selec_lig et selec_col. Les nouveaux points sélectionnés apparaîtront sur les graphes. L'outil graphique de Windows (Paint) permet d'utiliser cette fonctionnalité pour mettre en évidence sur les graphes produits par Excel des groupements qui vous semblent pertinents pour votre étude, c'est ainsi que nous avons modifié les graphes de la feuille graphes pour effectuer la représentation donnée ci-dessous.

La distorsion sur l'axe 1 est de 8, et celle de l'axe 2 de 40. La déformation, par projection sur le plan 1&2, est donc très forte ; mais comme les groupes que nous avons mis en évidence sont très marqués, toute ambiguïté liée à cette représentation est levée.

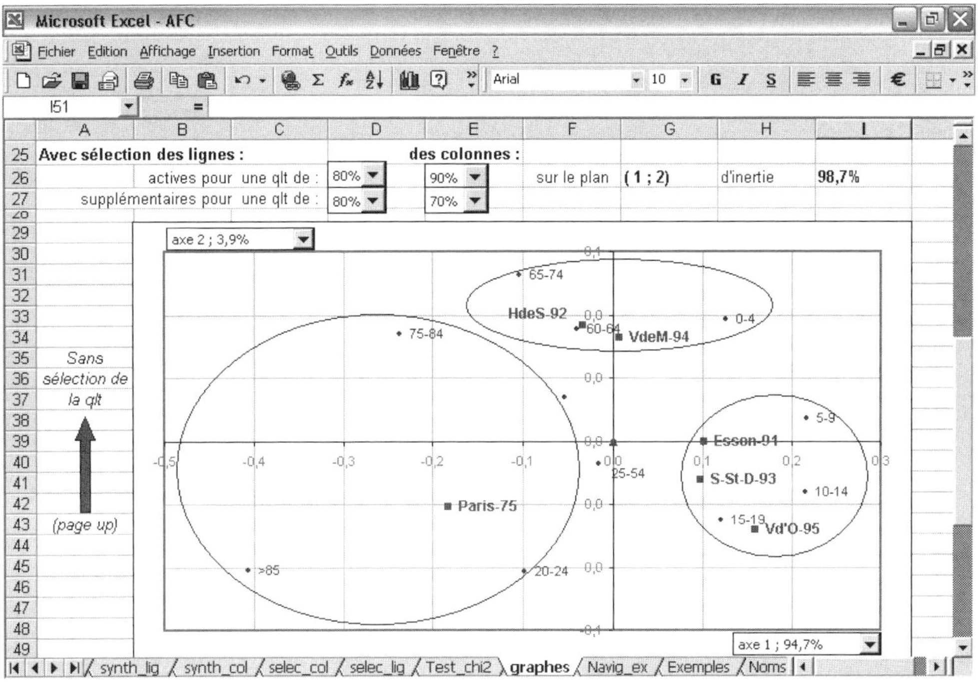

Figure 4.9-8 : Le plan factoriel 1&2 de la feuille graphes du classeur AFC (Ex_4) avec sélection des caractères lignes et colonnes bien représentés.

Les éléments supplémentaires : nous avons choisi de prendre en colonnes supplémentaires les départements de la Seine et Marne (`S-et-M-77`) et des Yvelines (`Yvel-78`) qui complétera l'étude de la région de l'Ile de France. Les lignes supplémentaires seront formées de deux classes d'âge, les individus que nous déclarerons « `actifs` » (classes `25-54` à `60-64`) et les individus que nous nommerons « `retraités` » (d'âge supérieur à 64). Ces données supplémentaires ont été calculées à partir des données précédentes. Au chargement de l'exemple 4 ces données ont été entrées, il suffit, pour qu'elles soient prises en compte que vous précisiez dans le bloc `K3:K4` leur nombre 2 puisque nous avions remis à zéro leur compteur. L'étude de ces caractères supplémentaires, exclusivement représentés sur l'axe 1 (pour les points-colonnes une `qlt` > 0,94 et pour les points-lignes une `qlt` > 0,83), montre que `S-et-M-77` et `Yvel-78` se situent dans le nuage `Vd'O-95` et `S-StD-93`, caractéristiques d'une population jeune comme les « `actifs` ». Les « `retraités` » se retrouvent eux dans la zone des âgés de `HdeS-92` et `VdeM-94`. Donnons en la représentation issue de la feuille `graphes` du classeur AFC :

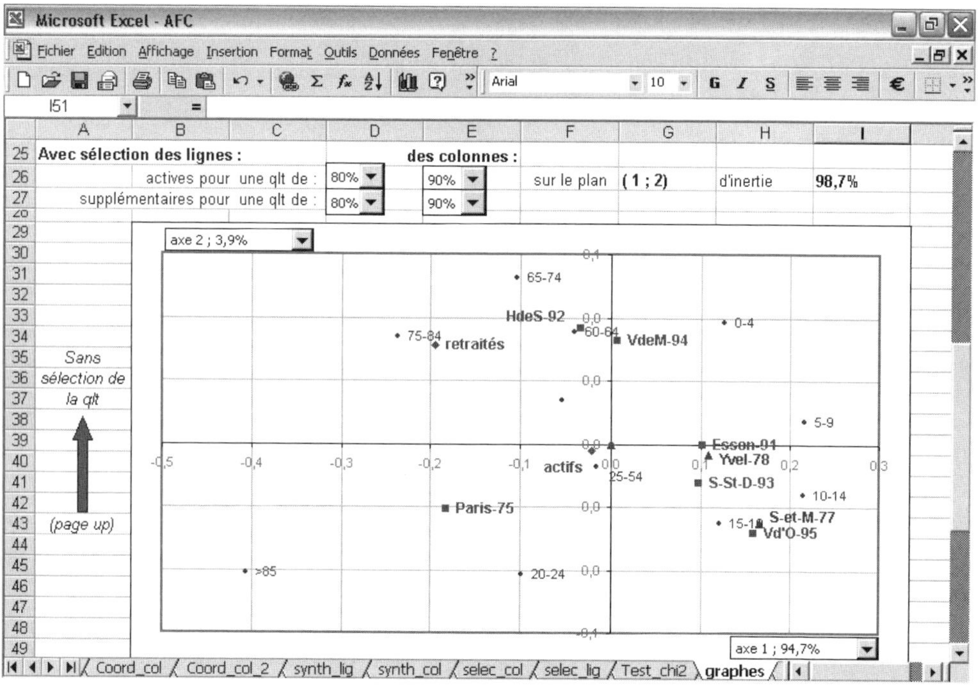

Figure 4.9-9 : Le positionnement des points supplémentaires sur le plan 1&2 du classeur AFC (Ex_4) avec sélection (feuille graphes).

4.10. Des exemples supplémentaires

La feuille `Exemples` que vous atteindrez en effectuant

Navig / Exemples / Ex_(n°de l'exemple)

contient d'autres exemples que nous allons décrire ci-dessous. Sur cette feuille `Exemples`, nous indiquons pour chaque exemple, son nombre de lignes et colonnes actives, son nombre de lignes et colonnes supplémentaires et le type de données auquel il correspond. Quand vous passez la souris sur le petit triangle rouge situé sur cette dernière cellule vous aurez une description des lignes et des colonnes de cette étude. Nous allons les décrire et en donner une interprétation rapide que vous pourrez améliorer. Ceci n'exclut nullement que vous travailliez avec vos propres exemples.

4.10.1. Exemple 5 : données socio-économiques

⇒ Navig / Exemples / ex_5

Le tableau K donne les résultats d'une étude socio-économique (1965-1966) sur le temps moyen passé (en centième d'heures) par des populations adultes à différentes activités (réf.

3). Bien que ce tableau ne soit pas précisément un tableau de contingence d'effectifs on montre que l'analyse factorielle des correspondances peut être effectuée sur tout tableau de mesures à condition que ce soit des mesures positives. Ici, comme il s'agit du même type de mesure pour toutes les modalités, dès que nous passons au tableau des fréquences (% du temps passé à une activité) nous nous retrouvons dans le cadre classique d'une AFC. Par contre pour tout tableau homogène de nombre positifs, qui ne correspond pas à un tableau d'effectifs ou de fréquences, le test du χ^2 n'a plus de sens ; nous n'effectuerons donc pas ici ce calcul dans l'analyse.

Les 28 lignes sont les croisements de 4 pays ou groupes de pays : `U`–USA, `W`–4 pays de l'Ouest, `E`–4 pays de l'Est, `Y`–Yougoslavie et de 7 types d'individus : `HA`, `FA`, `FN`, `HM`, `FM`, `HC`, `FC` [H (hommes), F(femmes), A (actifs), N (non actifs), M (mariés), C (célibataires)]. Ainsi une ligne libellée par `HAU` représentera les hommes actifs des Etats-Unis.

Les 10 colonnes sont les activités des individus : `PRO` pour le travail professionnel, `TRA` pour les transports liés au travail, `MEN` pour le travail ménager, `ENF` pour les occupations liées aux enfants, `COU` pour les courses, `TOI` pour les soins personnels, `REP` pour les repas, `SOM` pour le sommeil, `TEL` pour la télévision, `LOI` pour les loisirs.

La colonne supplémentaire est `LOI`, les lignes supplémentaires sont `F1` (toutes les femmes) et `H1` (tous les hommes).

Au chargement de cet exemple, les lignes et la colonne supplémentaires ont automatiquement été prises en compte. Afin de ne pas les utiliser au début de cette étude nous remettons à zéro le compteur de ces éléments supplémentaires en tapant 0 (ou en utilisant les toupies) dans le bloc `K3:K4`.

Microsoft Excel - AFC

Fichier Edition Affichage Insertion Format Outils Données Fenêtre ?

N13

ANALYSE FACTORIELLE DES CORRESPONDANCES (AFC) — NAVIG

Mise en forme du tableau des données actives et supplémentaires:

Nombre de lignes active : 28 — Nombre de lignes supplémentaires : 0

Nombre de colonnes ac : 10 — Nombre de colonnes supplémentaires : 0

Tableau K des effectifs (données actives) :

taille : 28

	K	PRO	TRA	MEN	ENF	COU	TOI	REP	SOM	TEL	LOI
1	HAU	610	140	60	10	120	95	115	760	175	315
2	FAU	475	90	250	30	140	120	100	775	115	305
3	FNU	10	0	495	110	170	110	130	785	160	430
4	HMU	615	141	65	10	115	90	115	765	180	305
5	FMU	179	29	421	87	161	112	119	776	143	373
6	HCU	585	115	50	0	150	105	100	760	150	385
7	FCU	482	94	196	18	141	130	96	775	132	336
8	HAW	652	100	95	7	57	85	150	807	115	330
9	FAW	510	70	307	30	80	95	142	815	87	262
10	FNW	20	7	567	87	112	90	180	842	125	367
11	HMW	655	97	97	10	52	85	152	807	122	320
12	FMW	168	22	529	69	102	83	174	825	119	392
13	HCW	642	105	72	0	62	77	140	812	100	387
14	FCW	389	34	262	14	92	97	147	848	84	392
15	HAE	650	142	122	22	76	94	100	764	96	334
16	FAE	578	106	338	42	106	94	92	752	64	228
17	FNE	24	8	594	72	158	82	128	840	86	398
18	HME	652	133	134	22	68	54	102	762	122	310
19	FME	434	77	431	60	117	88	105	770	73	229
20	HCE	627	148	68	0	88	92	86	770	58	463
21	FCE	433	88	296	21	128	102	94	798	58	379
22	HAY	650	140	120	15	85	90	105	760	70	365
23	FAY	560	105	375	45	90	90	95	745	60	235
24	FNY	10	10	710	55	145	85	130	815	60	380
25	HMY	650	145	112	15	85	90	105	760	80	357
26	FMY	260	52	576	59	116	85	117	775	65	295
27	HCY	615	125	95	0	115	90	85	760	40	475
28	FCY	433	89	318	23	112	96	102	774	45	409

Navig / Données / Effectifs / Fréquences / Profils_lig / Profils_col / X / Y / Y'Y / val_pr / Coord_lig

Figure 4.10-1 : La feuille Données du classeur AFC (Ex_5), remarquez que le bloc sélectionnant les éléments supplémentaires est remis à 0.

Nous allons effectuer l'analyse factorielle des correspondances de ces données en suivant les étapes établies dans le paragraphe 4.7. :

- **Etape 1** : Regardons la représentation des points-lignes et des points-colonnes sur le plan factoriel 1&2 en effectuant

Navig / flèche bleue bas / graphes

et en sélectionnant 1 comme axe horizontal et 2 comme axe vertical :

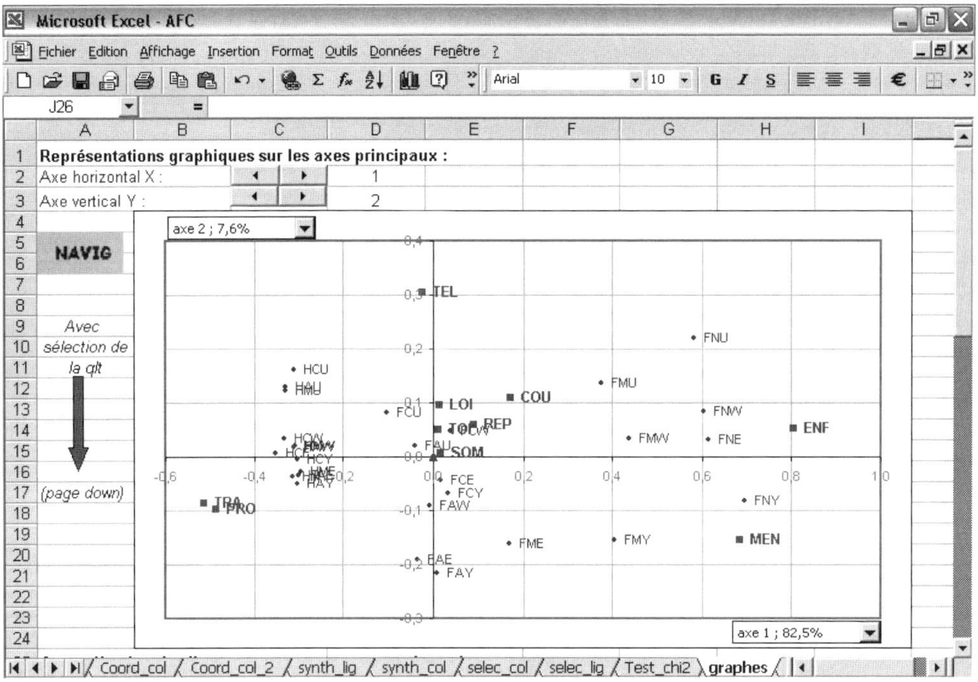

Figure 4.10-2 : Les points (lignes et colonnes) sur le plan factoriel 1&2 du classeur AFC (Ex_5).

Le nuage est régulièrement distribué sur le plan, nous allons donc examiner de plus près les résultats de l'analyse factorielle des correspondances sur le classeur AFC.

- **Etape 2** : la feuille `val_pr` donne les résultats des calculs de la diagonalisation :

⇒ Navig / flèche bleue bas / val_pr

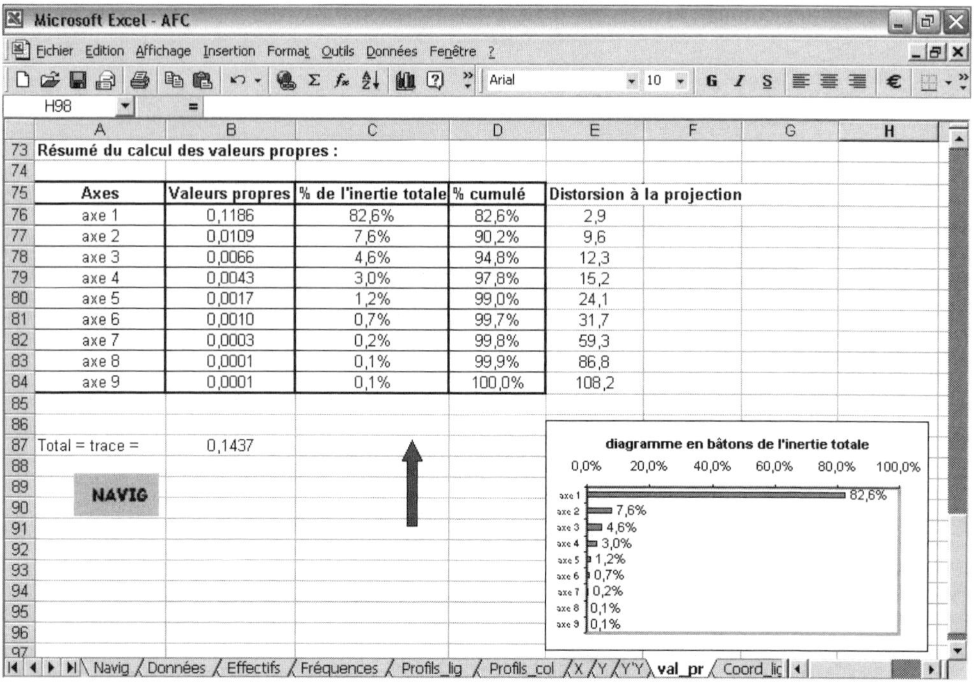

Axes	Valeurs propres	% de l'inertie totale	% cumulé	Distorsion à la projection
axe 1	0,1186	82,6%	82,6%	2,9
axe 2	0,0109	7,6%	90,2%	9,6
axe 3	0,0066	4,6%	94,8%	12,3
axe 4	0,0043	3,0%	97,8%	15,2
axe 5	0,0017	1,2%	99,0%	24,1
axe 6	0,0010	0,7%	99,7%	31,7
axe 7	0,0003	0,2%	99,8%	59,3
axe 8	0,0001	0,1%	99,9%	86,8
axe 9	0,0001	0,1%	100,0%	108,2

Figure 4.10-3 : Les valeurs propres et les pourcentages d'inertie de AFC (Ex_5).

Ainsi, en se contentant des deux premiers axes factoriels, 90,2 % de l'inertie du nuage sera expliquée. L'axe 1, à lui seul, expliquant 82,6 % de l'inertie totale. Nous travaillerons dans un premier temps sur le plan 1&2 et donnerons quelques indications sur l'axe 3.

Rappelons que le test du χ^2 n'a de sens que si on l'utilise dans le cas d'un vrai tableau de contingence d'effectifs ce qui n'est pas le cas de ces données socio-économiques qui correspondent à des centièmes d'heures, en conséquence nous sautons le calcul de cette statistique.

- **Etape 3** : Regardons la synthèse des colonnes donnée par le feuille `selec_col` :

⇒ Navig / flèche bleue bas / selec_col

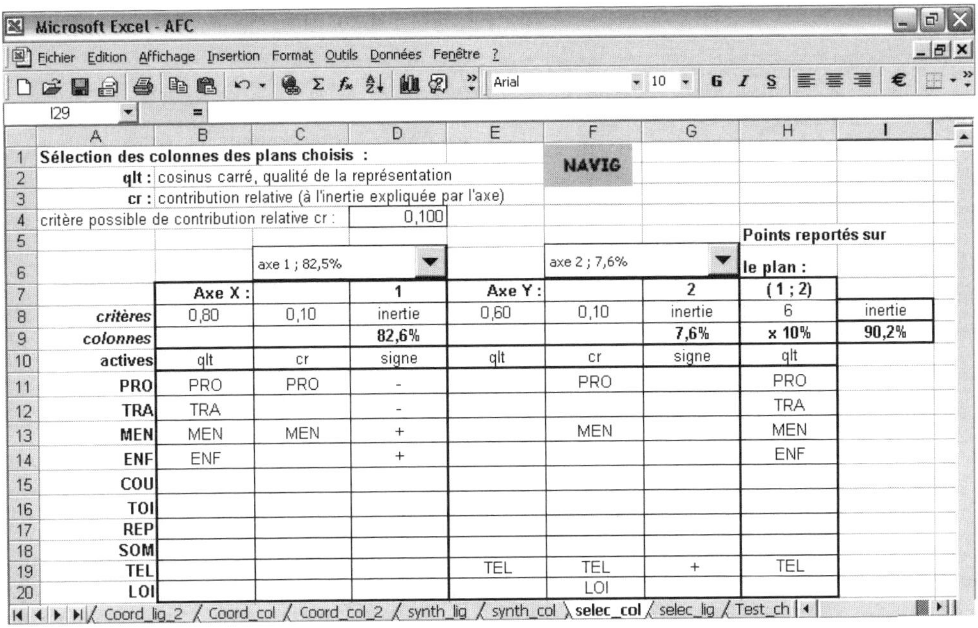

	A	B	C	D	E	F	G	H	I
1	Sélection des colonnes des plans choisis :					NAVIG			
2	qlt :	cosinus carré, qualité de la représentation							
3	cr :	contribution relative (à l'inertie expliquée par l'axe)							
4	critère possible de contribution relative cr :			0,100					
5								Points reportés sur	
6			axe 1 ; 82,5%			axe 2 ; 7,6%		le plan :	
7		Axe X :		1	Axe Y :		2	(1 ; 2)	
8	critères	0,80	0,10	inertie	0,60	0,10	inertie	6	inertie
9	colonnes			82,6%			7,6%	x 10%	90,2%
10	actives	qlt	cr	signe	qlt	cr	signe	qlt	
11	PRO	PRO	PRO	-		PRO		PRO	
12	TRA	TRA		-				TRA	
13	MEN	MEN	MEN	+		MEN		MEN	
14	ENF	ENF		+				ENF	
15	COU								
16	TOI								
17	REP								
18	SOM								
19	TEL				TEL	TEL	+	TEL	
20	LOI					LOI			

Figure 4.10-4 : La feuille selec_col de AFC (Ex_5) sur le plan 1&2 pour des critères donnés en première ligne.

L'étude des contributions relatives (`cr`) et des qualités de représentation (`qlt`) montre clairement que :

- Les contributions relatives de deux caractères se détachent nettement sur l'axe 1 : `PRO` et `MEN`, `PRO` avec 0,37 et `MEN` avec 0,45. On gardera aussi `TRA` et `ENF` de contributions relatives de 0,08. Ces quatre caractères sont très bien représentés sur l'axe 1 (`qlt` > 0,8). Il faut maintenant relier ces contributions aux coordonnées des points sur l'axe : négatives pour `PRO` et `TRA` et positives pour `MEN` et `ENF`.

  Le premier axe oppose donc le temps passé au travail professionnel et aux transports (`PRO` et `TRA`) à celui passé au travail ménager et aux enfants (`MEN` et `ENF`).

- l'axe 2 oppose `TEL` et `LOI` (seul le caractère `TEL` est bien représenté) à `MEN` et `PRO` (caractères mal représentés), ces quatre caractères participent fortement à la constitution de cet axe.

- **Etape 4** : reproduisons la sélection automatique des lignes en fonction des critères que nous avons choisi :

⇒ Navig / flèche bleue bas / selec_lig

	A	B	C	D	E	F	G	H	I
1	**Sélection des lignes des plans choisis :**								
2	**qlt :**	cosinus carré ou qualité de la représentation)						NAVIG	
3	**cr :**	contribution relative (à l'inertie expliquée par l'axe)							
4	critère possible de contribution relative cr :			0,036				**Points reportés sur le plan**	
5			axe 1 ; 82,5%			axe 2 ; 7,6%		**x 10%**	**(1 ; 2)**
6	*critères*	0,60	0,036	inertie	0,60	0,036	inertie	7	inertie
7	*lignes*	**Axe X :**	**1**	**82,6%**	**Axe Y :**	**2**	**7,6%**	**(1 ; 2)**	**90,2%**
8	*actives*	qlt	cr	signe	qlt	cr	signe	qlt	
9	**HAU**	HAU		-		HAU		HAU	
10	**FAU**								
11	**FNU**	FNU	FNU	+		FNU		FNU	
12	**HMU**	HMU		-		HMU		HMU	
13	**FMU**	FMU	FMU	+		FMU		FMU	
14	**HCU**	HCU		-		HCU		HCU	
15	**FCU**								
16	**HAW**	HAW		-				HAW	
17	**FAW**								
18	**FNW**	FNW	FNW	+				FNW	
19	**HMW**	HMW		-				HMW	
20	**FMW**	FMW	FMW	+				FMW	
21	**HCW**	HCW		-				HCW	
22	**FCW**								
23	**HAE**	HAE		-				HAE	
24	**FAE**				FAE	FAE	-	FAE	
25	**FNE**	FNE	FNE	+				FNE	
26	**HME**	HME		-				HME	
27	**FME**					FME		FME	
28	**HCE**	HCE	HCE	-				HCE	
29	**FCE**								
30	**HAY**	HAY		-				HAY	
31	**FAY**				FAY	FAY	-	FAY	
32	**FNY**	FNY	FNY	+				FNY	
33	**HMY**	HMY		-				HMY	
34	**FMY**	FMY	FMY	+		FMY		FMY	
35	**HCY**	HCY		-					
36	**FCY**								

Figure 4.10-5 : La feuille selec_lig du classeur AFC (Ex_5) sur le plan 1&2 pour des critères donnés en première ligne.

- sur l'axe 1 s'opposent les femmes non actives (FNU, FNW, FNE, FNY) qui sont explicatives de cet axe avec une cr de plus de 0,1 et mariées, à l'exception des FME, aux hommes de tous les pays, mariés, célibataires et actifs. Ces caractères sont tous bien représentés.
- sur l'axe 2 s'opposent les femmes mariées et non actives et les hommes des Etats-Unis (FNU, FMU, HAU, HMU, HCU) , les femmes sont explicatives de cet axe avec une cr de plus de 0,08, aux femmes actives et mariées des pays de l'Est et de Yougoslavie (FAE, FME, FAY, FMY). Ces caractères sont mal représentés à l'exception de FAE et FAY .

En résumé quatre groupes se dessinent :

- un groupe autour de `PRO` et `TRA` en liaison avec les hommes de tous les pays mariés, célibataires et actifs ;
- un groupe autour de `ENF` et `MEN` en liaison avec les femmes non actives et mariées;
- un groupe autour de `TEL` en liaison avec les habitants des Etats-Unis ;
- et enfin un groupe autour de `MEN` en liaison avec les femmes actives et mariées des pays de l'Est et de Yougoslavie.

Remarquons que l'axe 3 est expliqué par `LOI`, avec une contribution relative de 0,48 en liaison avec `HCE`, `FCE`, `HCY`, `FCY` (les célibataires des pays de l'Est et de la Yougoslavie) en opposition à TEL

Donnons l'image des lignes et des colonnes ainsi sélectionnés à partir de la représentation graphique du plan 1&2 de la feuille `graphes`.

La distorsion sur l'axe 1 est de 2,9, et celle de l'axe 2 de 10 environ. La déformation, par projection sur le plan 1&2, est donc forte ; mais comme les groupes que nous avons mis en évidence sont très marqués, toute ambiguïté liée à cette représentation est levée.

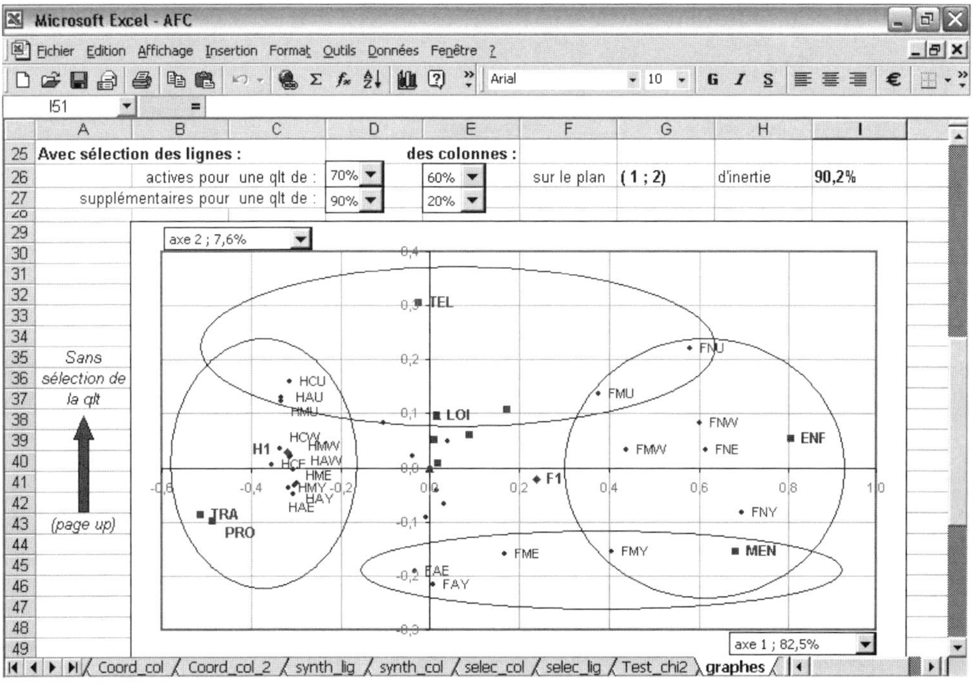

Figure 4.10-6 : Le plan factoriel 1&2 de la feuille graphes du classeur AFC (Ex_5) avec sélection des caractères lignes et colonnes bien représentés.

Les éléments supplémentaires : nous avons choisi de prendre en colonne supplémentaire l'activité loisirs (`LOI`). Les lignes supplémentaires seront formées de deux classes d' individus : toutes les femmes `F1` (total de toutes les données correspondant aux femmes) et tous les hommes `H1` (total de toutes les données correspondant aux hommes). Ces données supplémentaires ont été calculées à partir des données précédentes. Au chargement de l'exemple 5 ces données ont été entrées, il suffit, pour qu'elles soient prises en compte que vous précisiez dans le bloc `K3:K4` leur nombre `2` pour les lignes et `1` pour les colonnes puisque nous avions remis à zéro leur compteur. La colonne `LOI` considérée en supplémentaire est évidemment confondue avec la colonne `LOI` active, comme vous le montre le graphe ci-dessus. L'étude des lignes supplémentaires, exclusivement représentées sur l'axe 1 (avec une `qlt` > 0,98) montre l'opposition évidente entre `H1` lié à `PRO` et `TRA` et `F1` lié à `ENF` et `MEN` . Mais précisons cette colonne `LOI` en la prenant exclusivement en supplémentaire. Pour cela nous allons réduire à 9 le nombre de colonnes actives (taper `9` en `D4` de la feuille `Données`) et considérons à nouveau les graphes avec sélection. Le plan 1&2 reste globalement inchangé, par contre l'axe 3 qui précédemment était constitué à partir de la colonne `LOI`, montre l'opposition entre le temps passé aux courses (`COU`) et celui passé aux repas (`REP`). La colonne supplémentaire `LOI` n'apparaissant que sur l'axe 4. Donnons la représentation du plan 1&3 issue de la feuille `graphes` du classeur AFC :

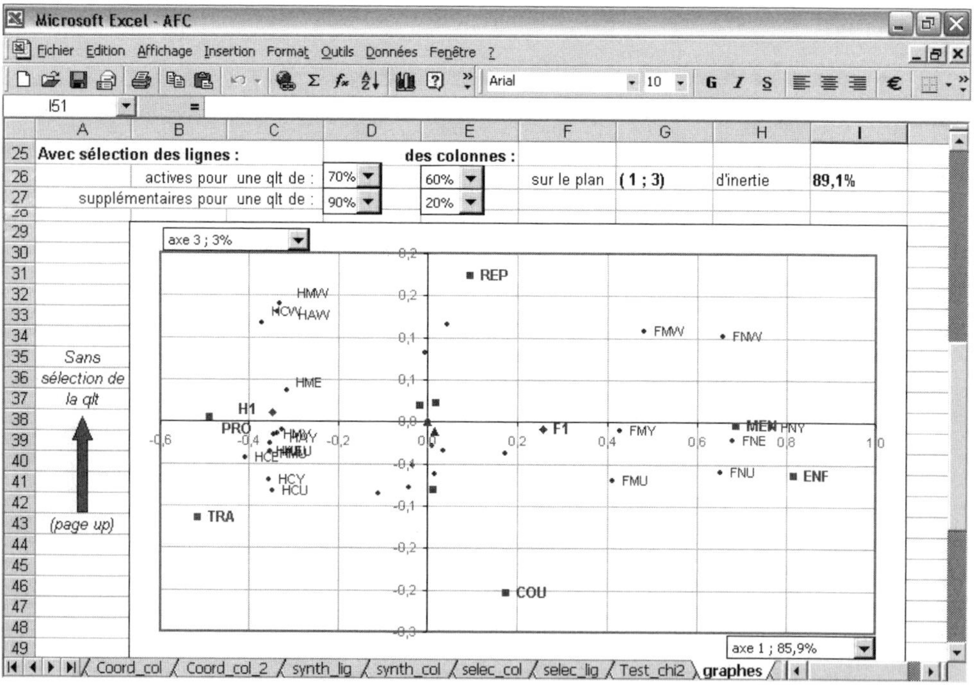

Figure 4.10-7 : Le positionnement des points supplémentaires sur le plan 1&3 du classeur AFC (Ex_5) avec sélection (feuille graphes), cas de 9 variables actives.

4.10.2. Exemple 6 : données sociologiques

⇒ Navig / Exemples / ex_6

Le tableau K, tableau de contingence d'effectifs, donne les résultats du premier tour des élections présidentielles de 1995 (réf. 2). Les 96 lignes sont les départements de la France métropolitaine codés par leur numéro administratif. Les 10 colonnes sont les principaux candidats aux élections de 1995 (1er tour) : `Ball` (Balladur), `Chir` (Chirac), `Hue` (Hue), `Josp` (Jospin), `Lagu` (Laguiller), `Lepe` (Le Pen), `Vill` (de Villiers), `Voyn` (Voynet) et `Abst` désignera le nombre d'abstentions (nb d'inscrits - nb de votants), `BN` le nombre de bulletins blancs et nuls (nb de votants - nb d'exprimés).

L'intersection d'une ligne et d'une colonne donnera le nombre de suffrages exprimés pour la colonne correspondante.

La colonne supplémentaire est `Chem` (Cheminade), candidat ayant eu un « score » très faible, la ligne supplémentaire sera la Vendée (`85`) département du candidat de Villiers, nous verrons pourquoi ci-après.

Au chargement de cet exemple, la ligne et la colonne supplémentaires ont automatiquement été prises en compte. Afin de ne pas les utiliser au début de cette étude nous remettons à zéro le compteur de ces éléments supplémentaires en tapant `0` (ou en utilisant les toupies) dans le bloc `K3:K4`.

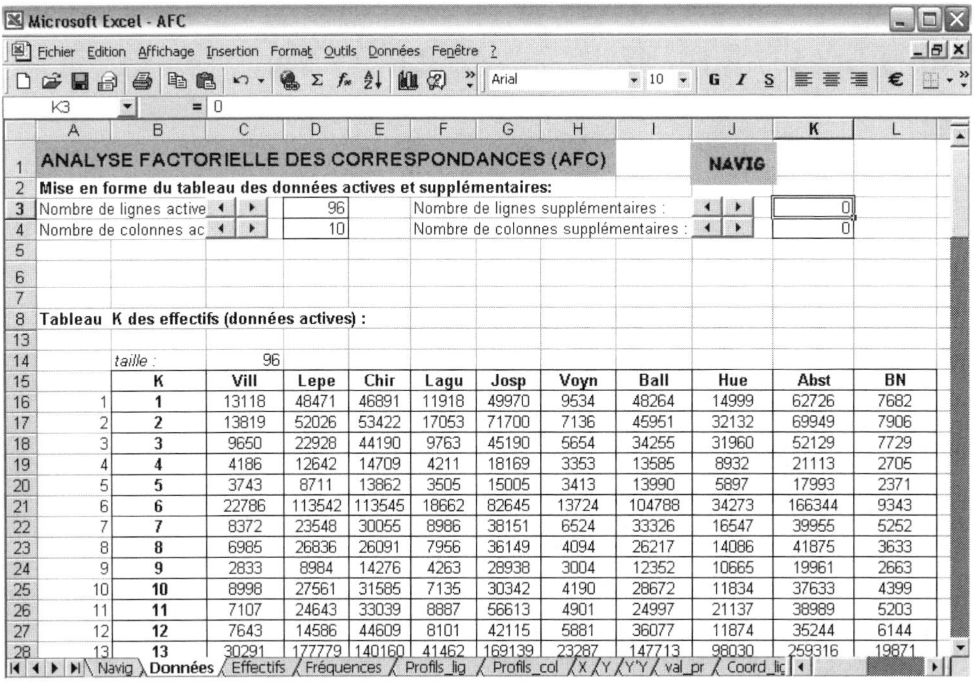

	K	Vill	Lepe	Chir	Lagu	Josp	Voyn	Ball	Hue	Abst	BN
1	**1**	13118	48471	46891	11918	49970	9534	48264	14999	62726	7682
2	**2**	13819	52026	53422	17053	71700	7136	45951	32132	69949	7906
3	**3**	9650	22928	44190	9763	45190	5654	34255	31960	52129	7729
4	**4**	4186	12642	14709	4211	18169	3353	13585	8932	21113	2705
5	**5**	3743	8711	13862	3505	15005	3413	13990	5897	17993	2371
6	**6**	22786	113542	113545	18662	82645	13724	104788	34273	166344	9343
7	**7**	8372	23548	30055	8986	38151	6524	33326	16547	39955	5252
8	**8**	6985	26836	26091	7956	36149	4094	26217	14086	41875	3633
9	**9**	2833	8984	14276	4263	28938	3004	12352	10665	19961	2663
10	**10**	8998	27561	31585	7135	30342	4190	28672	11834	37633	4399
11	**11**	7107	24643	33039	8887	56613	4901	24997	21137	38989	5203
12	**12**	7643	14586	44609	8101	42115	5881	36077	11874	35244	6144
13	**13**	30291	177779	140160	41462	169139	23287	147713	98030	259316	19871

Figure 4.10-8 : Un extrait de la feuille Données du classeur AFC (Ex_6), remarquez que le bloc sélectionnant les éléments supplémentaires est remis à 0.

Nous allons effectuer l'analyse factorielle des correspondances de ces données en suivant les étapes établies dans le paragraphe 4.7. :

- **Etape 1** : Regardons la représentation des points-lignes et des points-colonnes sur le plan factoriel 1&2 en effectuant

Navig / flèche bleue bas / graphes

et en sélectionnant 1 comme axe horizontal et 2 comme axe vertical :

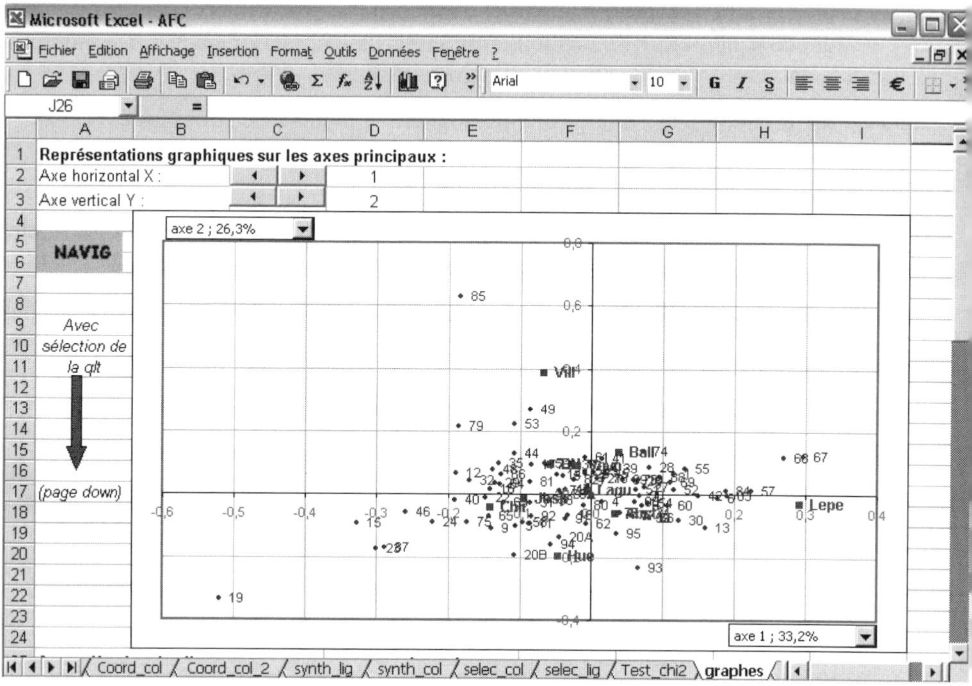

Figure 4.10-9 : : Les points (lignes et colonnes) sur le plan factoriel 1&2 du classeur AFC (Ex_6).

Nous voyons sur ce graphe que le point-ligne `85` (la Vendée), qui correspond au département de prédilection du candidat de Villiers, est nettement excentré. Le tableau des profils-lignes montre que ce département correspond à 18% pour ce candidat alors que sa valeur est de 3,7% sur la France métropolitaine (valeur $f_{.Vill}$ du tableau des fréquences). Afin de ne pas déformer l'analyse nous placerons ce département en ligne supplémentaire. Comme ce département a été placé en dernière position des lignes il suffira de taper `95` en `D3`. A la suite de cette modification on voit que le nuage est régulièrement distribué sur le plan, nous allons donc examiner de plus près les résultats de l'analyse factorielle des correspondances sur le classeur AFC.

- **Etape 2** : la feuille `val_pr` donne les résultats des calculs de la diagonalisation :

⇒ Navig / flèche bleue bas / val_pr

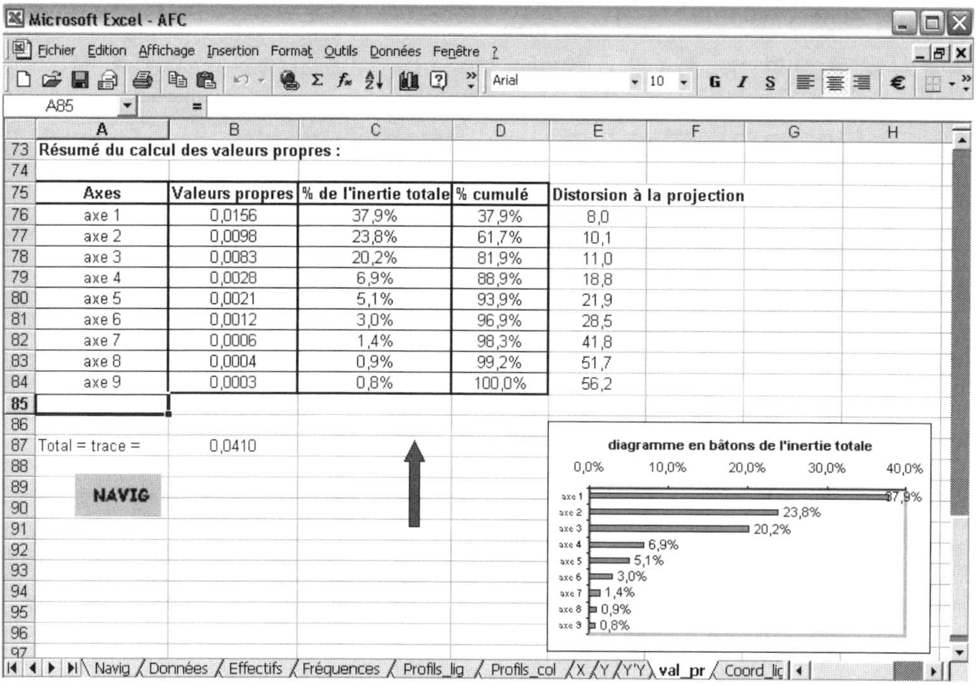
Résumé du calcul des valeurs propres :

Axes	Valeurs propres	% de l'inertie totale	% cumulé	Distorsion à la projection
axe 1	0,0156	37,9%	37,9%	8,0
axe 2	0,0098	23,8%	61,7%	10,1
axe 3	0,0083	20,2%	81,9%	11,0
axe 4	0,0028	6,9%	88,9%	18,8
axe 5	0,0021	5,1%	93,9%	21,9
axe 6	0,0012	3,0%	96,9%	28,5
axe 7	0,0006	1,4%	98,3%	41,8
axe 8	0,0004	0,9%	99,2%	51,7
axe 9	0,0003	0,8%	100,0%	56,2

Total = trace = 0,0410

Figure 4.10-10 : Les valeurs propres et les pourcentages d'inertie de AFC (Ex_6).

Ainsi, en se contentant des trois premiers axes factoriels, 81,9 % de l'inertie du nuage sera expliquée. Remarquons que l'inertie des axes chute brutalement en passant de l'axe 3 (20,2%) à l'axe 4 (6,9%). Nous travaillerons donc sur les plan 1&2 et 1&3.

⇒ Navig / flèche bleue bas / Test X²

Le test du χ^2 sur le tableau nous permet de rejeter l'hypothèse d'indépendance entre les lignes et les colonnes avec une très grande sécurité (la valeur du χ^2 observé est de 9563117 pour un seuil q (846,5%) de 914,5).

- **Etape 3** : Regardons la synthèse des colonnes donnée par le feuille `selec_col` :

⇒ Navig / flèche bleue bas / selec_col

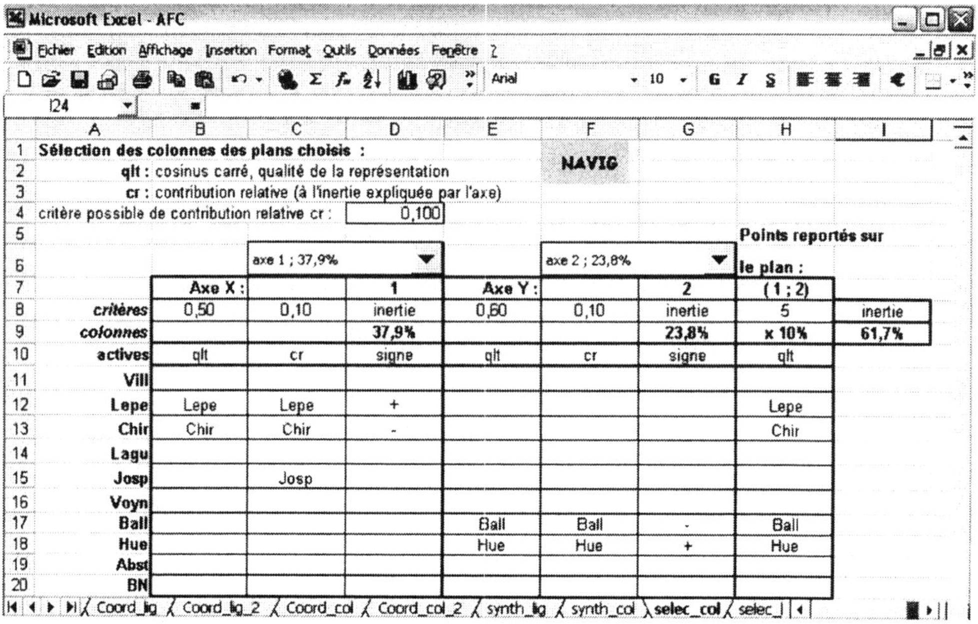

	A	B	C	D	E	F	G	H	I
1	**Sélection des colonnes des plans choisis :**					NAVIG			
2	**qlt** : cosinus carré, qualité de la représentation								
3	**cr** : contribution relative (à l'inertie expliquée par l'axe)								
4	critère possible de contribution relative cr :			0,100					
5								**Points reportés sur**	
6			axe 1 ; 37,9%			axe 2 ; 23,8%		**le plan :**	
7		**Axe X :**		**1**	**Axe Y :**		**2**	**(1 ; 2)**	
8	***critères***	0,50	0,10	inertie	0,60	0,10	inertie	5	inertie
9	***colonnes***			**37,9%**			**23,8%**	**x 10%**	**61,7%**
10	**actives**	qlt	cr	signe	qlt	cr	signe	qlt	
11	**Vill**								
12	**Lepe**	Lepe	Lepe	+				Lepe	
13	**Chir**	Chir	Chir	-				Chir	
14	**Lagu**								
15	**Josp**		Josp						
16	**Voyn**								
17	**Ball**				Ball	Ball	-	Ball	
18	**Hue**				Hue	Hue	+	Hue	
19	**Abst**								
20	**BN**								

Figure 4.10-11 : La feuille selec_col de AFC (Ex_6) sur le plan 1&2 pour des critères donnés en première ligne.

L'étude des contributions relatives (`cr`) et des qualités de représentation (`qlt`) montre clairement que :

- Les contributions relatives de trois caractères se détachent nettement sur l'axe 1 : `LEPE`, `CHIR` et `JOSP`, `LEPE` avec 0,61, `CHIR` avec 0,22 et `JOSP` avec 0,11. Les deux derniers caractères sont mal représentés sur l'axe 1, `LEPE` est très bien représenté avec une `qlt` supérieure à 0,9. Il faut maintenant relier ces contributions aux coordonnées des points sur l'axe : négatives pour `CHIR` et `JOSP` et positives pour `LEPE`.

  Le premier axe oppose donc le candidat `LEPE` aux autres grands candidats (`CHIR` et `JOSP`).

- l'axe 2 oppose `BALL` à `HUE` (caractères bien représentés) ces deux caractères participent fortement à la constitution de cet axe.

- l'axe 3 fait apparaître `CHIR` et `ABST` (caractère très bien représenté) ces deux caractères participent fortement à la constitution de cet axe.

- **Etape 4** : reproduisons la sélection automatique des lignes en fonction des critères que nous avons choisi :

⇒ Navig / flèche bleue bas / selec_lig

- l'axe 1 oppose les départements (06,13,57,67,68,69,83,84) qui sont explicatifs de cet axe avec une cr de plus de 0,018 aux départements (15,19,75,87,24,23) . Les caractères bien représentés apparaîtront sur le graphe. Une carte, à la fin de ce paragraphe, permettra de visualiser la position de ces départements.
- l'axe 2 oppose les départements (13,30,59,62,68,63,94) qui sont explicatifs de cet axe avec une cr de plus de 0,024 aux départements (35,44,49,50,53,67,74). Les caractères bien représentés apparaîtront sur le graphe.
- l'axe 3 oppose les départements (44,49,62) qui sont explicatifs de cet axe avec une cr de plus de 0,025 aux départements (06,19,20A,20B,75,77,78,92,93). Les caractères bien représentés apparaîtront sur le graphe.

En résumé 3 axes se dessinent :

- l'axe 1 qui différencient les départements selon les résultats de LEPE et CHIR (quand le résultat de LEPE est élevé, celui de CHIR est faible et réciproquement, par exemple les départements 68, 67 s'opposent à 23, 87) ;
- L'axe 2 qui oppose les départements favorables à HUE à ceux favorables à BALL (quand le résultat de HUE est élevé, celui de BALL est faible et réciproquement, par exemple le département 93 s'oppose à 53) ;
- L'axe 3 qui classe les départements selon la forte abstention ABST et favorables à CHIR (par exemple les départements de la Corse 20A et 20B) ;

Donnons l'image des lignes et des colonnes ainsi sélectionnés (pour une qlt de 0,6 pour les lignes et de 0,5 pour les colonnes) à partir de la représentation graphique du plan 1&2 et 1&3 de la feuille graphes.

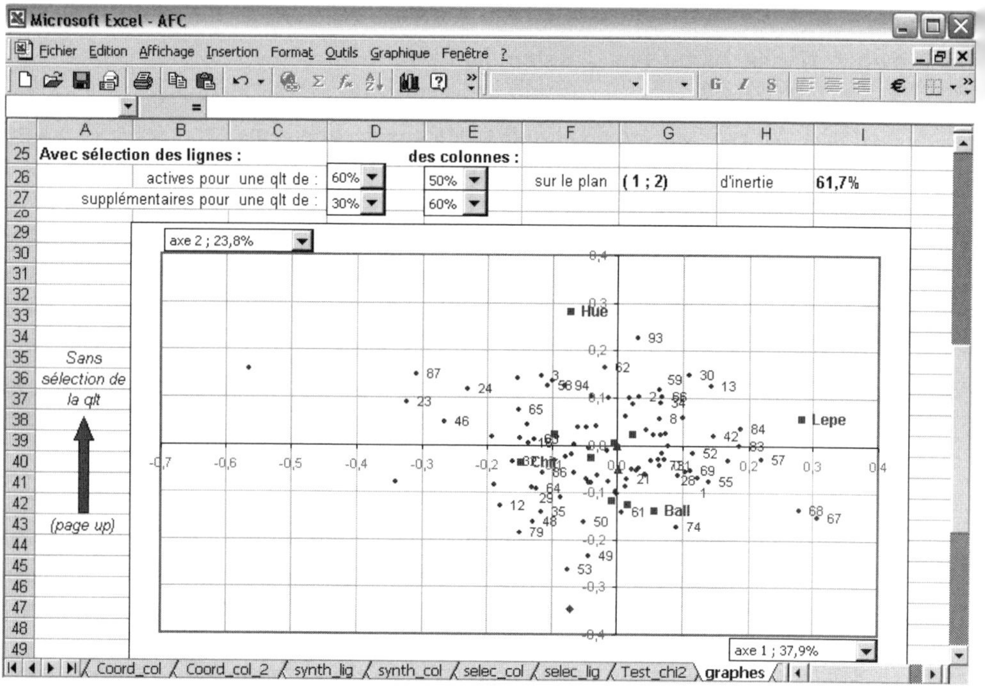

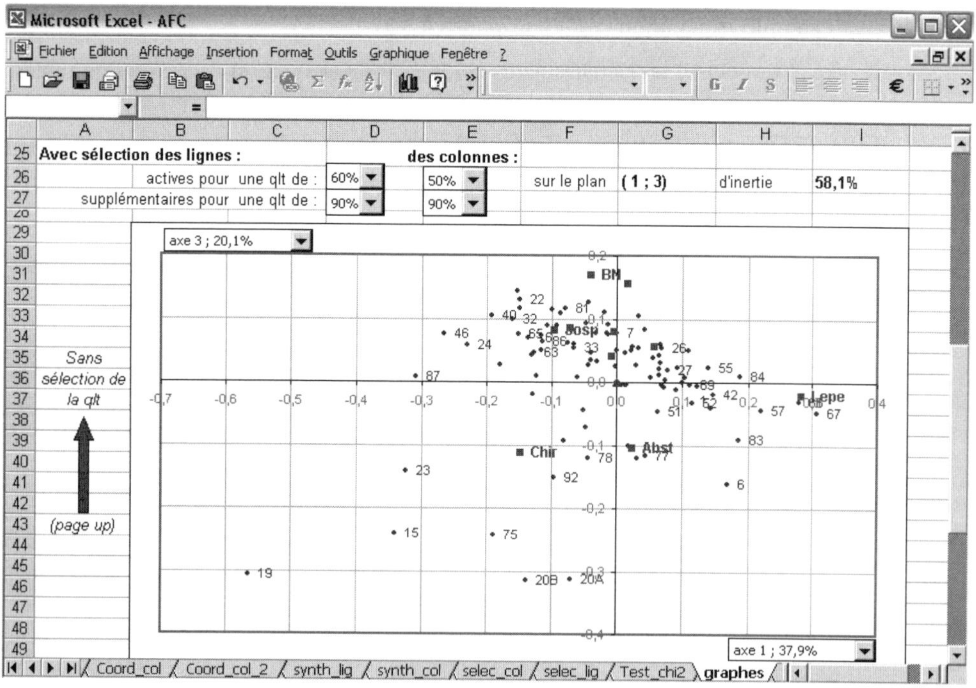

Figure 4.10-12 : Les plans factoriels 1&2 et 1&3 de la feuille graphes du classeur AFC (Ex_6) avec sélection des caractères lignes et colonnes bien représentés.

es éléments supplémentaires : nous avons choisi de prendre en colonne supplémentaire candidat Cheminade (CHEM). La ligne supplémentaire correspondant à la Vendée (85). es données supplémentaires ont été calculées à partir des données précédentes. Au ıargement de l'exemple 6 ces données ont été entrées, il suffit, pour qu'elles soient prises ı compte que vous précisiez dans le bloc K3:K4 leur nombre 1 puisque nous avions remis zéro leur compteur. La ligne 85 apparaît sur le plan 2&3 et est, comme on pouvait s'y :tendre, très proche du point VILL et de BN. CHEM, quant à lui , apparaît sur l'axe 3, avec ne qlt moyenne et est proche des petits candidats. Donnons la représentation du plan &3 issue de la feuille graphes du classeur AFC avec les éléments supplémentaires :

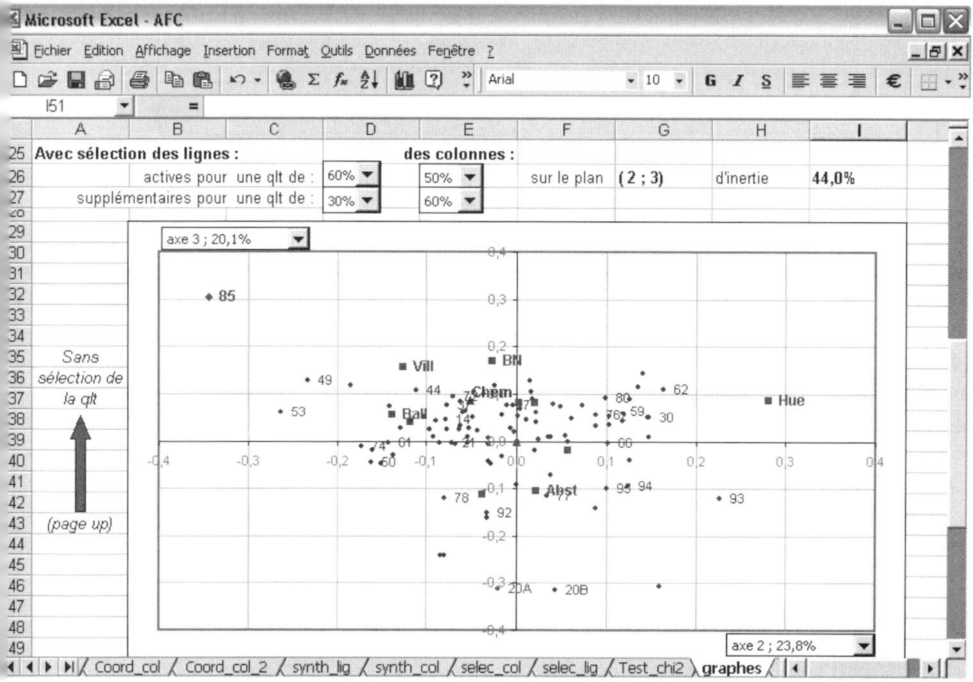

Figure 4.10-13 : Le positionnement des points supplémentaires sur le plan 2&3 du classeur AFC (Ex_6) avec sélection (feuille graphes).

Ɩous allons reprendre le plan 1&2 de la figure 4.9-12 en créant quatre zones selon les ésultats de LEPE et CHIR, et ceux de HUE et BALL. Les points sont ceux bien représentés :t les zones correspondront aux pourcentages de votes supérieurs à : 11,8% pour le candidat ـe Pen, 15,5% pour le candidat Chirac, 13,7% pour le candidat Balladur et 7,3% pour le :andidat Hue. La représentation ci-dessous donne, dans les rectangles les légendes des :ones qui correspondront aux départements de la carte.

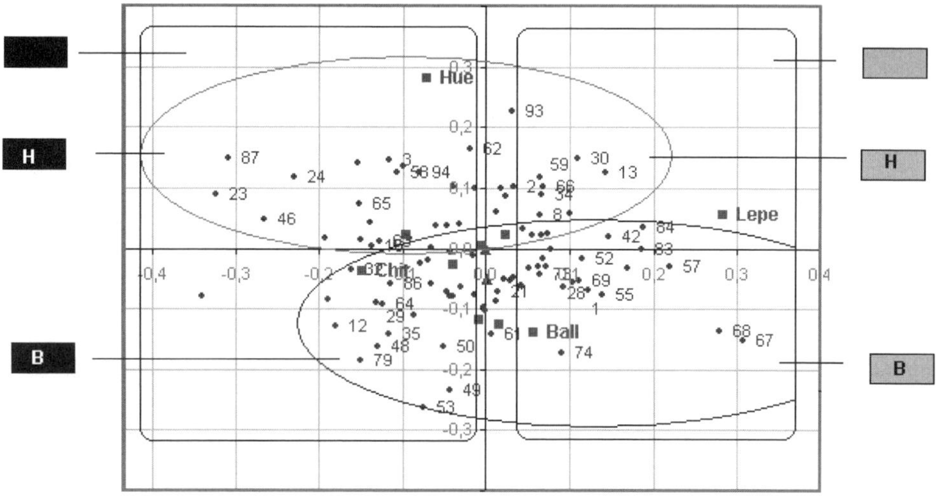

Figure 4.10-14 : La figure 4.10-12 avec les légendes de la carte de la figure 4.10-15.

Donnons avec les légendes ci-dessus la carte de répartition des votes correspondant au plan 1&2 des points bien représentés. La coloration noire correspond aux départements sélectionnés pour le candidat Chirac, grise pour le candidat Le Pen, une coloration noire (resp. grise) avec H en blanc correspond aux votes pour le candidat Hue (H) dans les départements des votes pour le candidat Chirac (resp. Le Pen), de même pour le candidat Balladur (B).

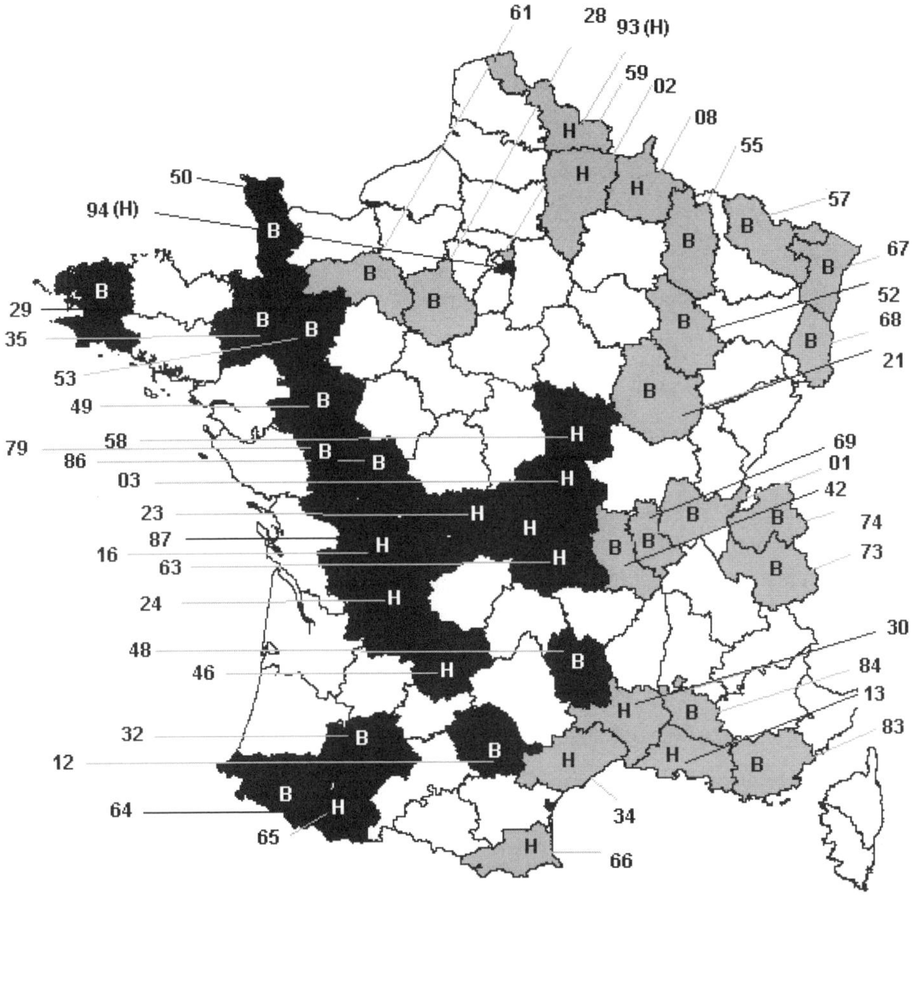

Figure 4.10-15 : La représentation des points bien représentés du plan 1&2 sur la carte de France.

4.10.3. Exemple 7 : données sociologiques

Nous vous proposons à titre d'application de vous exercer sur les données des résultats concernant le premier tour des élections présidentielles d'avril 2002 (réf. 20). Pour cela vous n'aurez qu'à charger les données en effectuant

Navig / Exemples / ex_7

Les lignes actives sont les départements de la France métropolitaine codés par leur numéro administratif.

Les dix colonnes actives sont les abstentions et les candidats ayant obtenus plus de 4% des suffrages :

Chir : suffrages exprimés pour le candidat Chirac ;

LePe : suffrages exprimés pour le candidat Le Pen ;

Josp : suffrages exprimés pour le candidat Jospin ;

Bayr : suffrages exprimés pour le candidat Bayrou ;

Lagu : suffrages exprimés pour la candidate Laguiller ;

Chev : suffrages exprimés pour le candidat Chevènement ;

Mamè : suffrages exprimés pour le candidat Mamère ;

Besa : suffrages exprimés pour le candidat Besancenot ;

StJo : suffrages exprimés pour le candidat Saint-Josse ;

Abst : abstentions (nb d'inscrits - nb de votants).

Les sept lignes supplémentaires sont les départements des DOM, TOM et collectivité territoriale (Guad (Guadeloupe), Mart (Martinique), Guya (Guyane), Réun (réunion), Mayo (Mayotte), Wall (Wallis-et-Futuna) et Nouv (Nouvelle-Calédonie)).

Les cinq colonnes supplémentaires sont les candidats ayant obtenus moins de 4% des suffrages (à l'exception du candidat Gluckstein qui n'est pas pris en compte) :

Made : suffrages exprimés pour le candidat Madelin ;

Hue : suffrages exprimés pour le candidat Hue ;

Mégr : suffrages exprimés pour le candidat Mégret ;

Taub : suffrages exprimés pour la candidate Taubira ;

Bout : suffrages exprimés pour la candidate Boutin.

Remarquez que les lignes sont classées par départements de région , par exemple les deux premiers départements représentent la région Alsace, ce qui vous permettrait de refaire une analyse sur les régions (il vous suffira d'exécuter des sommes sur les données de l'exemple 7, en créant un autre tableau R sur la feuille Exemples : les noms des régions sont indiquées dans le bloc M474 :M569 de cette feuille). Les colonnes sont classées par ordre décroissant de pourcentage de résultats exprimés, la première colonne donnant celui des abstentions, par exemple la colonne Abst représente 27,86%, puis celle de Chir avec 19,71% etc., ce qui vous permet par exemple, de déselectionner dans l'analyse des candidats aux scores faibles .

Annexe 1

A. Le calcul matriciel avec Excel, le classeur PEDAGO

Les calculs usuels en algèbre linéaire sur les matrices peuvent être effectués simplement dans le tableur Excel par appel à certaines fonctions f_x. En cliquant sur f_x on aboutit à un menu qui donne les fonctions pour certaines catégories. Dans la catégorie `Recherche&Matrices` nous trouvons la fonction `=TRANSPOSE` qui calcule la transposée d'une matrice, dans le répertoire `Math&Trigo` nous trouvons les autres fonctions, `=PRODUITMAT` pour le calcul du produit de deux matrices, `=DETERMAT` pour le calcul du déterminant d'une matrice et `=INVERSEMAT` pour le calcul de l'inverse d'une matrice.

Tous ces calculs matriciels deviennent très simples avec ces fonctions et sont présentés de façon interactive dans le classeur PEDAGO (ce classeur est protégé sans mot de passe, pour le déprotéger il suffit d'effectuer `Outils/Protection/Oter la protection de la feuille`). La seule chose à laquelle il faut prêter attention est le fait que le calcul d'une transposée de matrice, d'un produit de matrice et de l'inverse d'une matrice donne à nouveau une matrice. Comme il s'agit de formules matricielles on doit respecter la procédure suivante :

- sélectionner un bloc correspondant à la taille de la matrice à obtenir ;
- taper dans la barre de formule la formule matricielle de calcul ;
- effectuer `CTRL+MAJ+ENTREE` pour faire apparaître la matrice cherchée.

Notez que la formule apparaît avec des accolades ({}) sur la ligne des formules.

Le classeur PEDAGO vous rappellera cette procédure. Ce classeur comporte trois feuilles consacrées au calcul matriciel :

- la feuille `calculs matriciels`, sur laquelle sont rappelés et effectués les calculs élémentaires sur des matrices 2x2 ou 3x3 ;
- la feuille `op.lin. et matrices` reprend les calculs de la feuille précédente mais en associant cette fois les deux approches parallèles : système linéaire et matrice ;
- la feuille `op. lin., val et vect propre` part d'un système linéaire de deux équations a deux inconnues que l'on écrit sous la forme matricielle. Les coefficients de ce système ou les termes de la matrice associée peuvent être

modifiés. Les calculs des valeurs propres et des vecteurs propres sont explicités et effectués.

Ce classeur, comme nos autres classeurs, contient des cellules colorées en jaune clair qui sont déprotégées. Les calculs sont bien sûr interactifs et peuvent servir de modèles à des exercices de calculs en algèbre linéaire. Donnons à titre d'illustration la copie d'écran du début de la feuille `calculs matriciels` :

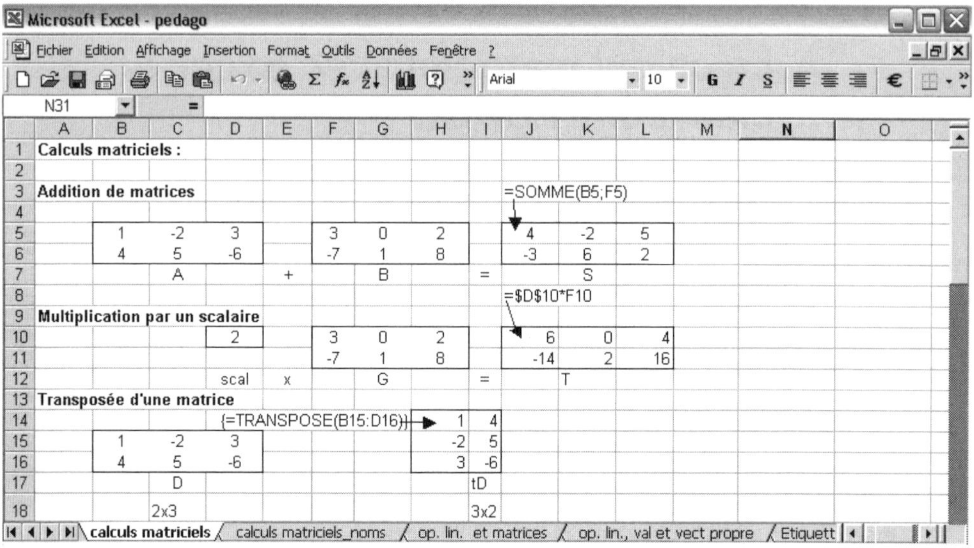

Figure a : La feuille Calculs matriciels du classeur PEDAGO (les matrices A, B et D, la valeur scal apparaissent colorées en jaune clair à l'écran et sont déprotégées).

B. Les systèmes de référence dans Excel

Excel permet trois systèmes de référence des cellules :

- Le système `A1`, qui est le plus courant, où on nomme les cellules ou les blocs de cellules par leur référence de colonnes (les lettres) et de lignes (les numéros). Par exemple, sur la feuille `calculs matriciels du classeur PEDAGO`, la matrice A est représentée dans ce système par `B5:D6`. C'est ce système qu'Excel utilise par défaut ;

- Le système L1C1 (lignes/colonnes), que vous pouvez activer en effectuant `Outils/Options/Général` puis cocher `Style de référence L1C1`,

  transforme les noms des colonnes en numéros et prend pour les blocs les références matricielles usuelles. Par exemple la matrice A est représentée dans ce système par `L5C2:L6C4`. Nous n'utilisons pas ce système de référence. N'oubliez pas de le décocher si vous l'avez activé.

- Le dernier système est celui qui donne des noms aux cellules. C'est un système très simple qui permet de lire dans la barre des formules les calculs effectués dans les cellules comme une formule mathématique. Nous reprenons sur la feuille calculs matriciels_noms les calculs que nous avons précédemment effectués mais avec ce nouveau système de notation. Nous allons donner le nom A à la matrice A, le nom B à la matrice B, etc. pour toutes les matrices de la feuille, pour cela effectuons sur la feuille calculs matriciels_noms : ctrl+F3 (les touches ctrl et F3 enfoncées simultanément). Un menu apparaît qui nous invite à définir un nom, tapons A dans la zone Noms dans le classeur, et dans la zone Fait référence à la référence de la matrice A :

  ='calculs matriciels_noms'!$B$5:$D$6 (vous pouvez aussi sélectionner directement cette matrice). Puis pour valider ce nom, effectuons Ajouter/OK. Procédons de même pour toutes les autres matrices (certains noms ne sont pas valides (par exemple C, L), vous serez prévenu par un avertissement sonore, il faut alors choisir un autre nom. Vous pouvez faire apparaître sur la feuille de calcul les noms et les références associées en effectuant

  Insertion/Nom/Coller/Coller une liste

  La liste de tous les noms sera collée à partir de la cellule sur laquelle vous étiez (prévoyez des lignes vierges suffisantes pour que vos cellules ne soient pas écrasées). Vous avez pu remarquer que sur les classeurs ACP et AFC, la dernière feuille, Noms, donne les noms de toutes les références utilisées...et elles sont nombreuses.

  Il suffit maintenant d'effectuer les calculs avec les noms. Par exemple pour calculer la somme des deux matrices A et B :

  - sélectionner un bloc correspondant à la taille de la matrice à obtenir ;
  - taper dans la barre de formule la formule matricielle de calcul =A+B;
  - effectuer CTRL+MAJ+ENTREE pour faire apparaître la matrice cherchée.

  Toutes les formules apparaissent de façons explicites : =A+B, =scal*C, =PRODUITMAT(E;F), =DETERMAT(M), =INVERSEMAT(X). Dans notre travail nous avons utilisé les noms et le système A1.

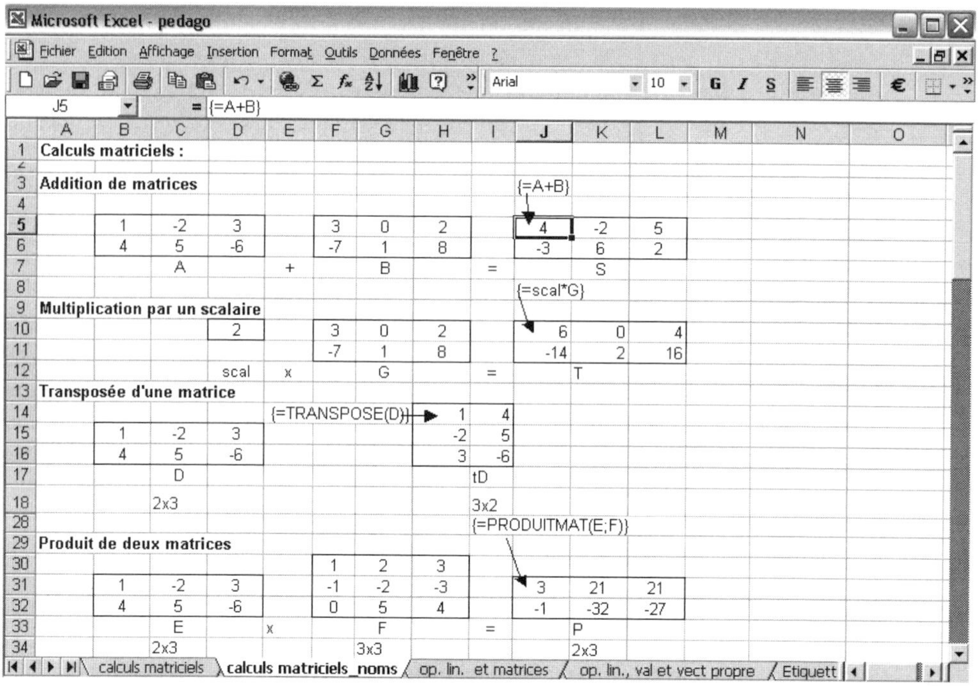

Figure b : La feuille Calculs matriciels_noms du classeur PEDAGO.

Remarque : nous avons utilisé très souvent une fonction de la catégorie `Recherche&Matrices` qui est la fonction `=DECALER()`. Cette fonction permet de sélectionner une partie d'une matrice. Elle a cinq arguments :

`=DECALER(réf;lignes;colonnes;hauteur;largeur)`

Prenons par exemple la matrice K précédente (bloc `C54 :E56`) et créons un nouveau nom DECK par `ctrl+F3` en tapant ce nom et sa référence

`=DECALER(K;0;1;1;2).`

Pour voir l'effet de cette fonction, cliquez sur le petit carré en bas à droite (avec une flèche rouge) de la fenêtre `Définir un nom`, vous verrez apparaître le bloc ainsi sélectionné : cette fonction a « décalé » la matrice K de 0 lignes, d'une colonne et a retenu sur la première ligne les 2 colonnes.

C. La dérivation matricielle

Rappelons les formules de dérivation matricielle :

Si X est un vecteur (m,1), A une matrice constante symétrique (m,m), a un vecteur constant (m,1) alors pour :

$$Y = X'AX \qquad \frac{\partial Y}{\partial X} = 2AX\ ;$$

$$Y = X'X \qquad \frac{\partial Y}{\partial X} = 2X\ ;$$

$$Y = X'a \qquad \frac{\partial Y}{\partial X} = a\ .$$

Si A n'est pas symétrique : pour Y = X'AX $\qquad \frac{\partial Y}{\partial X} = (A + A')X\ .$

Annexe 2

Les macro-instructions utilisées dans l'ouvrage

Comme nous l'avons précisé dans l'introduction, ce travail n'aurait pu voir le jour si :

- nous n'avions su afficher l'étiquette d'un point, c'est-à-dire le nom ou le libellé d'une variable, d'un individu, d'une modalité ligne ou colonne, affichage qui se doit d'être interactif ;
- nous n'avions pas de méthode de calcul interactif des valeurs propres pour des matrices carrées symétriques d'ordre supérieur ou égal à 3.

Ces deux problèmes ont été résolus par l'utilisation de macro-instructions d'Excel.

a) La macro-instruction Ident97

François Sermier (réf.14) a développé, à l'aide du langage VBA (Visual Basic Applications), une macro-instruction d'Excel (un ensemble de commandes écrites dans le langage VBA) qui permet d'associer interactivement une étiquette à un point d'un graphe repéré par son abscisse et son ordonnée. Curieusement, cette option importante est absente des options graphiques d'Excel, seules des valeurs de x ou y peuvent être associées aux points représentés. Prenons l'exemple suivant qui figure sur la feuille `Etiquettes` du fichier PEDAGO. Sur cette feuille, nous avons construit un nuage de points (le type de graphique « nuage » est le seul type de graphique d'Excel qui correspond à la notion mathématique de fonction y = f(x)) à partir d'un tableau de données figurant dans le bloc `A3:C7` , la colonne `A` de ce bloc contient les étiquettes, les colonnes `B` et `C` les abscisses et les ordonnées. En cliquant sur un point du nuage avec le bouton droit de la souris et en sélectionnant

`Format de la série de données / Etiquettes de données`

on peut choisir `afficher valeur` et dans ce cas les valeurs de y apparaîtront à côté des points du nuage (cas du bloc `A9:D19`), ou choisir `afficher étiquette` et dans ce cas les valeurs de x apparaîtront à côté des points du nuage (cas du bloc `A20:D30`), mais en aucun cas les « étiquettes », au sens « nom d'un point du nuage », ne peuvent être représentées.

Pour installer la macro-instruction qui permet d'afficher réellement les étiquettes des points d'un nuage il suffit d'ouvrir le fichier IDENT97. A l'ouverture de ce fichier on vous demandera si vous voulez Activer les macros, répondez OK à cette question, la macro est dès lors présente. Pour vous en assurer, sélectionnez

Outils / Macro / Macros

Trois macros apparaissent dans le menu :

- IDENT97.XLS!Identifiant : cette macro permet d'identifier les étiquettes que l'on souhaite associer aux points du nuage, il suffit pour cela de sélectionner les étiquettes choisies ;
- IDENT97.XLS!Etiquette : cette macro colle les étiquettes sur le graphe ;
- IDENT97.XLS!PasEtiquette : cette macro efface les étiquettes.

Nous allons, en utilisant ces macros, donner la procédure qui permet d'associer les étiquettes aux points (x,y) du nuage de l'exemple de la feuille Etiquettes du fichier PEDAGO.

Copions un des graphes précédents en E9. Supprimons-en les étiquettes par l'option :

Format de la série de données/Etiquettes de données/Aucune.

Avec le bouton gauche sélectionnons les points du nuage puis :

Outils / Macro / Macros choisissons alors IDENT97.XLS!Identifiant et Exécuter, on nous demande alors la Référence des étiquettes, sélectionnons le bloc A4 : A7 qui contient les étiquettes et confirmons par OK.

Pour coller ces étiquettes effectuons Outils / Macro / Macros choisissons alors IDENT97.XLS!Etiquettes et Exécuter.

Les étiquettes sont collées, si vous voulez les supprimer vous effectuerez Outils / Macro / Macros et choisirez IDENT97.XLS! PasEtiquette et Exécuter.

L'option Format des étiquettes de données... s'applique à nos étiquettes, nous avons par exemple choisi de les représenter au-dessus des points du nuage. Pour vérifier l'interactivité des ces étiquettes, vous pouvez changer le nom d'une étiquette, ce nouveau nom apparaîtra sur le nuage et remplacera l'ancien.

Remarque : le nom de la feuille de référence des étiquettes ne doit contenir aucun caractère spécial ni espacement, sinon le bloc des identifiants ne sera pas reconnu.

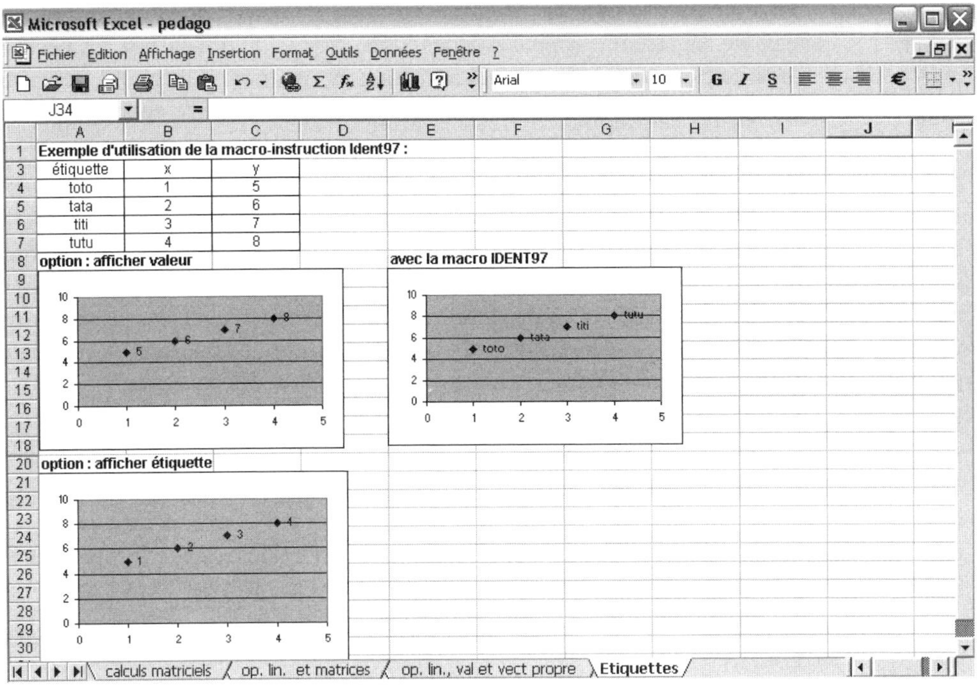

Figure a : La feuille Etiquettes du classeur PEDAGO pour le collage d'étiquettes aux données.

b) Les macro-instructions ou fonctions personnalisées ValP et VecP

Comme nous le précisons dans l'ouvrage, le calcul des valeurs propres ne peut-être effectué facilement si la taille de la matrice carrée dépasse 2. Nous avons donc eu recours pour le calcul des valeurs propres à une macro-instruction, plus précisément une fonction personnalisée, qui permet de calculer automatiquement et interactivement les valeurs propres d'une matrice symétrique spécifiée (la matrice doit être symétrique, ce qui est le cas des matrices pour lesquelles nous cherchons les valeurs propres).

Pour préciser l'emplacement où se trouve cette « macro », ouvrons par exemple le classeur PEDAGO. On vous demande si vous voulez `Activer les macros`, répondez `OK` à cette question qui prouve qu'une macro est présente dans ce fichier. Si vous sélectionner `Outils / Macro / Macros` vous ne verrez apparaître aucune macro, car en fait il s'agit d'une fonction personnalisée, c'est-à-dire une nouvelle fonction, programmée à l'aide du langage VBA, qui est utilisable comme toute autre fonction d'Excel. Pour voir la programmation de cette fonction, exécutez

```
Outils / Macro / Visual Basic Editor
```

Vous voyez alors s'afficher le module de programmation de deux fonctions : la fonction `=ValP()`, qui calcule les valeurs propres et la fonction `=VecP()`, qui calcule les vecteurs propres. Les lignes de programme font appel à un sous programme « jacobi ». Ce travail provient du Professeur L. Tatum du Baruch College, qui est un recodage en langage VBA d'un travail déjà existant dans « Numerical Recipes in Fortran » (réf. 15), François Sermier a adapté et simplifié ce module.

Donnons un exemple de l'utilisation de ces fonctions personnalisées dans la feuille `VPROPRE` du classeur PEDAGO. Sur cette feuille nous faisons calculer par les fonctions personnalisées les valeurs propres et les vecteurs propres de deux matrices symétriques, la matrice A 2x2 et la matrice B 3x3. Ces deux matrices A et B contiennent des valeurs issues de l'ouvrage, leurs cellules (en jaune clair) sont déprotégées et vous pourrez les remplacer par n'importe quelles valeurs à condition de respecter la symétrie des matrices.

Pour utiliser ces fonctions nous avons, comme pour toute fonction d'Excel, deux méthodes : sélectionner la fonction personnalisée dans la liste des fonctions ou taper directement le nom de la fonction. Nous pratiquerons la seconde méthode car la première ne nous permet d'obtenir qu'une valeur propre, bien que les deux ou trois valeurs propres calculées apparaissent dans le menu de la fonction. Calculons les valeurs propres et les vecteurs propres de la matrice symétrique A (2x2) qui figure dans le bloc `B5:C6` :

- sélectionnons le bloc `B12:C12` qui va recevoir les deux valeurs propres notées `l1` et `l2` ;
- tapons dans la barre des formules `=ValP(B5:C6)`, formule qui calcule les valeurs propres de A ;
- comme il s'agit d'un calcul matriciel effectuons `Ctrl+Majuscule+Entrée` pour insérer les résultats de calcul dans le bloc sélectionné.

Procédons de façon analogue pour le calcul des vecteurs propres :

- sélectionnons le bloc `B15:C16` qui va recevoir les deux vecteurs propres normés, en colonne, notés `u1` et `u2` ;
- tapons dans la barre des formules `=VecP(B5:C6)`, formule qui calcule les vecteurs propres de A associés aux valeurs propres précédentes ;
- comme il s'agit d'un calcul matriciel effectuons `Ctrl+Majuscule+Entrée` pour insérer les résultats de calcul dans le bloc sélectionné.

Les valeurs propres et les vecteurs propres de A sont ainsi calculés automatiquement et interactivement. Remarquez simplement que ces valeurs propres ne sont pas ordonnées. Vous pouvez reprendre ces mêmes procédures de calcul pour la recherche des valeurs propres et des vecteurs propres de B, matrice 3x3 du bloc E5:G7. Ces calculs peuvent être réalisés sur toute matrice symétrique.

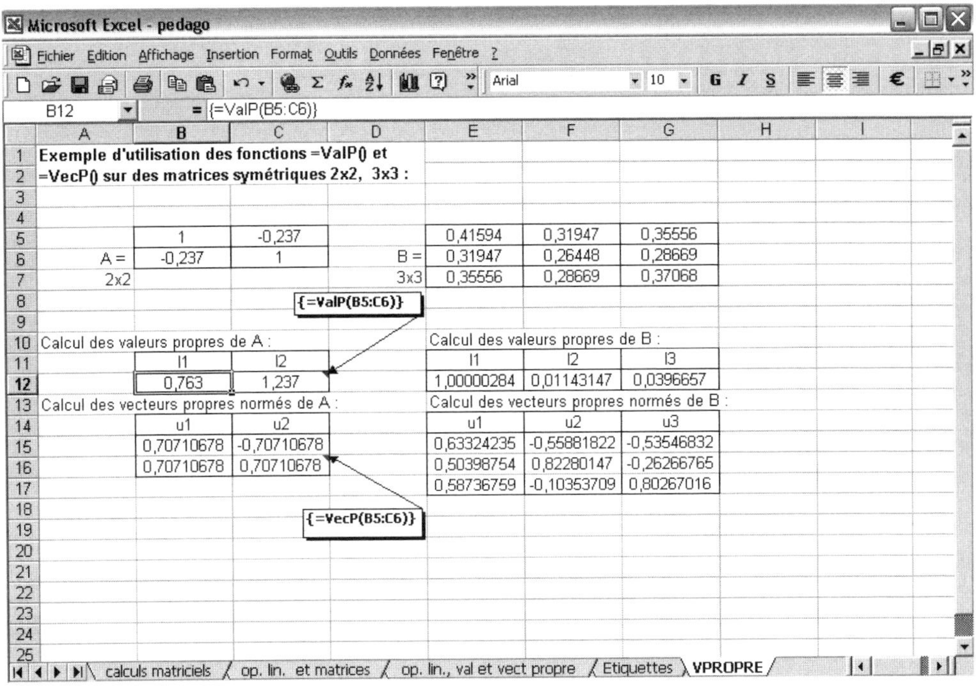

Figure b : La feuille VPROPRE du classeur PEDAGO pour le calcul sur un exemple des valeurs propres et des vecteurs propres par les fonctions personnalisées =ValP() et = VecP().

Annexe 3

Quel type de données utiliser en ACP et AFC ?

a) en ACP

L'ACP ne traite que des variables quantitatives car les calculs se font à partir de matrices du type variance-covariance ou corrélation. Ces variables statistiques quantitatives peuvent être discrètes ou continues. On peut aussi traiter des variables ordinales (par exemple des tableaux de notes), mais il faut que l'intervalle de variation soit suffisamment grand (par exemple 10 classes de notes). Les tableaux de rangs peuvent aussi être traités par l'ACP en classant par exemple les individus, par variable, du meilleur au plus mauvais.

L'ACP ne peut traiter des tableaux contenant des données manquantes. Si une donnée pour un individu est manquante vous devrez supprimer cet individu ou la variable correspondant à cette donnée manquante.

On peut utiliser des variables qualitatives dans une ACP en intégrant ces variables dans le libellé (la codification) de l'individu. Nous en avons donné un exemple dans le traitement des données du fichier AFRIQ. La fonction `=CONCATENER()` d'Excel permet en toute simplicité l'intégration de plusieurs variables qualitatives dans le nom de l'individu. Cette remarque vous permet aussi, en utilisant la fonction de `TRI` d'Excel, d'effectuer l'analyse sur une certaine partie des individus.

b) en AFC

L'AFC est un traitement spécifique pour les tableaux de contingence d'effectifs, c'est-à-dire qu'à l'intersection de la ligne i et de la colonne j du tableau figure l'effectif n_{ij} du nombre d'individus de l'échantillon vérifiant à la fois le caractère i de la variable-ligne et le caractère j de la variable-colonne.

On a aussi montré que l'AFC pouvait être effectuée sur tout tableau de mesures à condition que ces mesures soient positives. On peut ainsi dire que l'ACP et l'AFC sont deux techniques différentes pour traiter le même type de données et qui peuvent donner des approches différentes de ces données.

Annexe 4

a) Liste des fichiers du CD-Rom d'accompagnement

Le CD-Rom d'accompagnement contient quatre fichiers Excel 2000 (et/ou 97) : le classeur ACP (chapitres 1, 2 et 3 du livre), le classeur AFC (chapitre 4 du livre), le classeur PEDAGO (annexes 1 et 2 du livre) et le classeur Ident97 (annexe 1 du livre). Les classeurs ACP et AFC ont été réalisés dans la version 2000 du tableur Excel et c'est dans cette version que vous devriez les utiliser, mais si vous ne possédez que la version 97 vous pourrez néanmoins vous en servir mais vous ne pourrez pas effectuer les chargements automatiques des exemples des classeurs ACP et AFC.

Les feuilles sont généralement protégées par un mot de passe sauf les feuilles `Exemples` et les feuilles des représentations graphiques (afin que vous puissiez faire les présentations qui vous conviennent), la feuille `Données` est protégée sans mot de passe que vous pourrez déprotéger en effectuant

`Outils/Protection/Oter la protection de la feuille.`

Les cellules apparaissant en jaune clair ou orange sont déprotégées et servent à recueillir vos informations (données, choix de matrice, etc.).

A l'ouverture des fichiers ACP et AFC, vous devrez « activer les macros » et vous aboutirez sur une feuille de navigation qui vous facilitera les déplacements (lors de votre lecture) sur ces classeurs qui comportent un grand nombre de feuilles, mais vous pourrez bien sûr atteindre les feuilles souhaitées en cliquant, comme à l'ordinaire, sur l'onglet de la feuille. Nous donnons ci-dessous les copies d'écran des feuilles de navigation (la feuille `Navig`) des classeurs ACP et AFC.

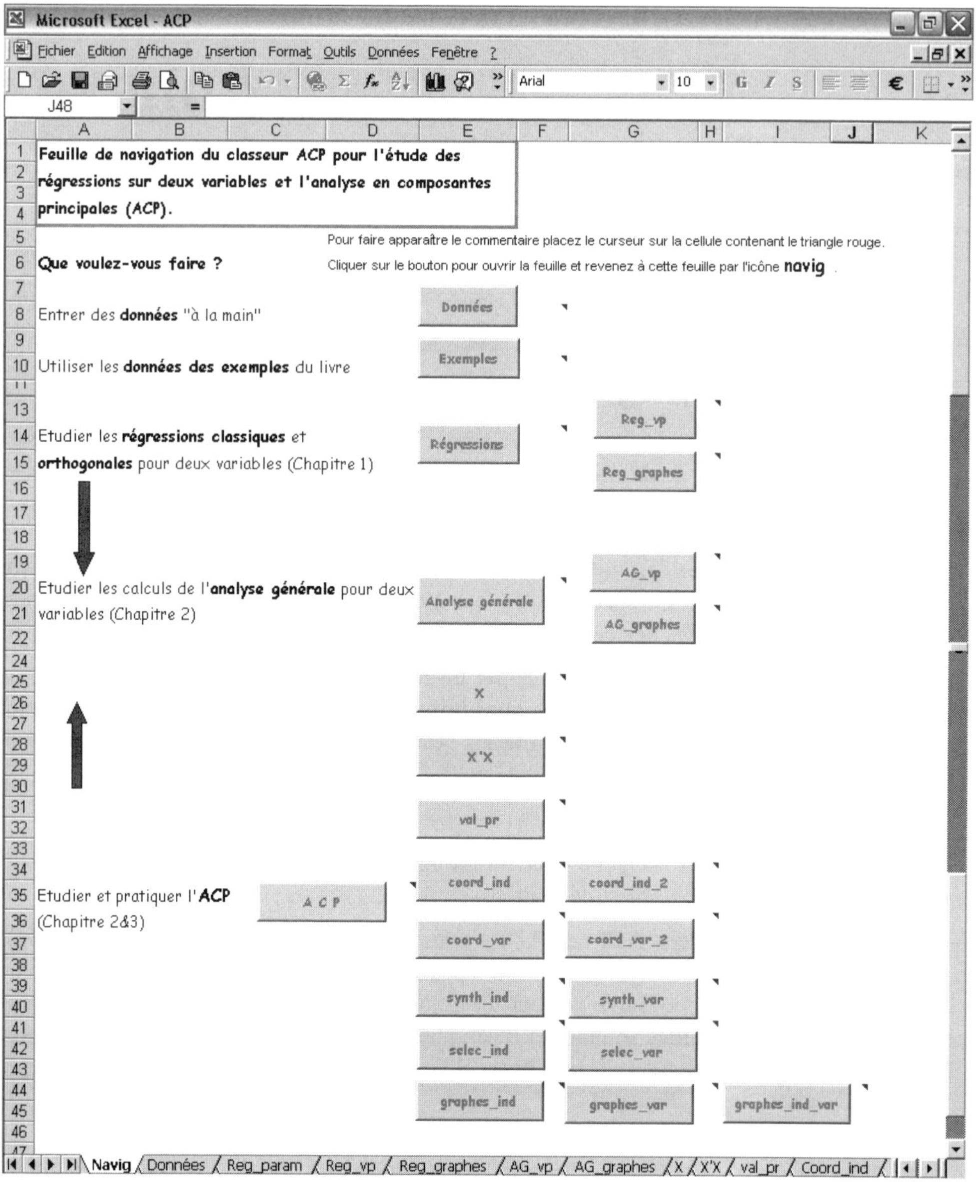

Figure a : La feuille Navig du classeur ACP.

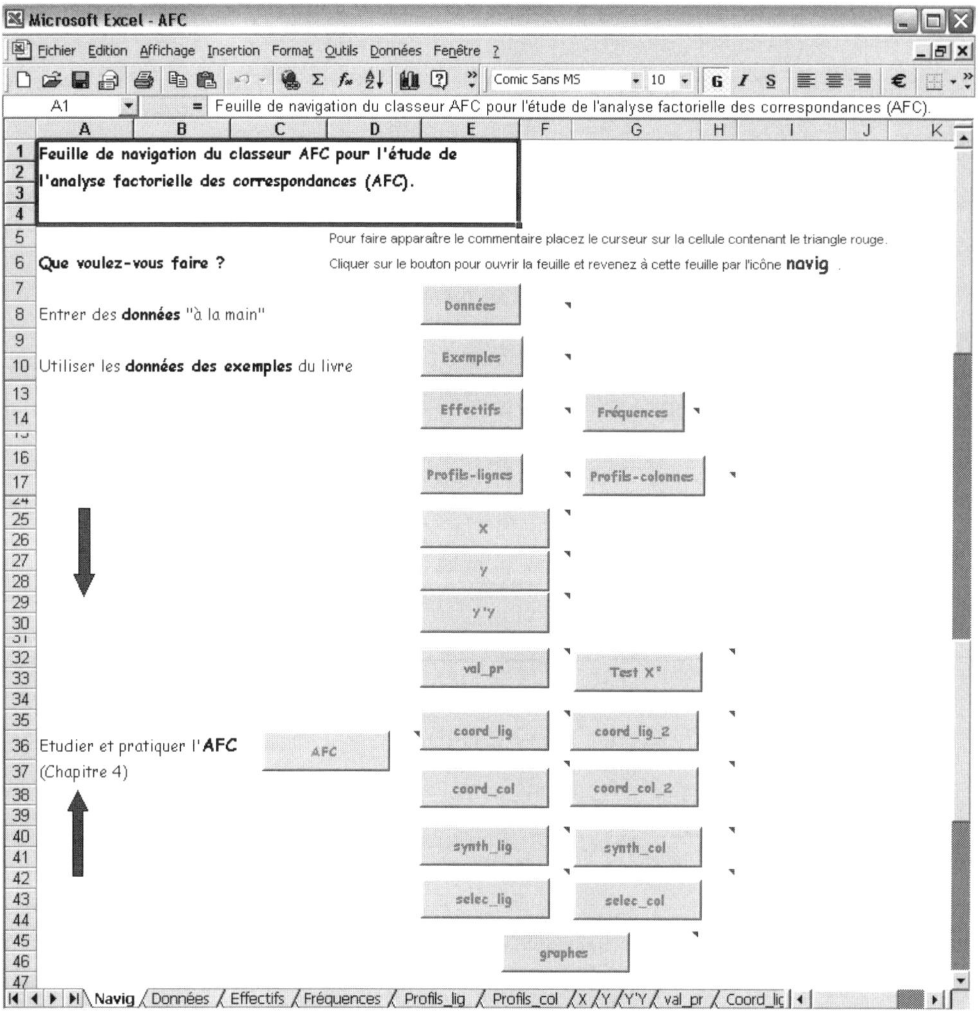

Figure b : La feuille Navig du classeur AFC.

b) Utilisation du CD-Rom d'accompagnement

Les fichiers des classeurs présents sur le CD-Rom d'accompagnement peuvent être exploités avec Excel 2000 (ou Excel 97, mais les exemples ne seront pas chargés automatiquement) ; ils portent l'extension .XLS.

Pour les utiliser, il suffit de les copier dans le répertoire de votre choix (par exemple `C:\STATMULTI`) au moyen du gestionnaire de fichiers `Explorateur` de Windows.

Travaillez seulement sur des copies des fichiers, conservez le Cd-Rom original en lieu sûr, enregistrez fréquemment votre travail en cours et effectuez souvent des sauvegardes !

Bibliographie

1 –	Bialès C.	*L'analyse statistique des données*	Chotard et associés éditeurs, 1988.
2 –	Dazy F , Le Barzic J.F.	*L'analyse des données évolutives – Méthodes et applications*	Editions Technip, 1996
3 –	Dervin C.	*Comment interpréter les résultats d'une analyse factorielle des correspondances,*	Publication STATITCF, 1992 *
4 –	Dodge Y.	*Statistique – Dictionnaire encyclopédique,*	Dunod, 1994
5 –	Escofier B., Pagès J.	*Analyses factorielles simples et multiples*	Dunod, 1988
6 –	Fénelon J.-P., Lebart L.	*Statistique et informatique appliquées,*	Bordas, 1975
7 –	Foucart T.	*Analyse factorielle – programmation sur micro-ordinateurs,*	Masson, 1985
8 –	Georgin J.-P.	*Probabilités et statistiques biomédicales*	Atlani, 1991
9 –	Georgin J.-P., Gouet M.	*Statistiques avec Excel*	Eyrolles, 1998
10 –	Georgin J.-P., Gouet M.	*Statistiques avec Excel 2000*	Eyrolles, 2000
11 –	Lebart L., Morineau A. et Fénelon J.-P.	*Traitement des données statistiques – méthodes et programmes*	Dunod, 1979
12 –	Philippeau G.	*Comment interpréter les résultats d'une analyse en composantes principales*	Publication STATITCF, 1986 *
13 –	Saporta G.	*Probabilités, analyse des données et statistiques*	Technip, 1990

14 –	Sermier F.	*Etiquettes de graphiques*	La lettre d'Excel, n°46 1998, n°30 – 1995 Editions MEV, Versailles
15 –	Site Internet 1	*Numerical recipes (pour la macro qui calcule les valeurs propres)*	www.geocities.com /wallstreet/9245/
16 –	Site Internet 2	*Pour les données démographiques (cliquer sur "structure d'âge de la population")*	drass/statiss/frames/fr95.ht
17 –	Site Internet 2	*Pour les données des exemples*	//lib.stat.cmu.edu/DASL /DataArchive.html
18 –	Tabard et al.	*Les conditions de vie des familles. Enquête UNCAF*	CREDOC, 1967
19 –	Tenehaus M.	*Méthodes statistiques en gestion*	Dunod Entreprise, 1994
20 –	Unicef	*La situation des enfants dans le monde*	Unicef, 1999
21 –		*Cahier résultats (Le premier tour des élections présidentielles)*	Le Monde (23 avril 2002)

* ITCF : Institut Technique des Céréales et des Fourrages – 8 avenue du Président Wilson – 75116 – Paris (tél : 01 44 31 10 00). Cet institut a produit un logiciel de statistique , sous DOS, « robuste » et de prix modique comportant notamment des modules consacrés à l'analyse multidimensionnelle des données.

Index

Table des matières

Annexes :

Achevé d'imprimer sur les presses de l'Imprimerie BARNÉOUD
B.P. 44 - 53960 BONCHAMP-LÈS-LAVAL
Dépôt légal : juillet 2007 - N° d'imprimeur : 705078
Imprimé en France